脆皮鱼条

锅巴鱼片

茄汁鱼片

清汤鱼圆

爆鱿鱼卷

高丽凤尾虾

椒盐大虾

炒凤尾虾

咕咾肉

青椒里脊丝

炒荔枝腰花

五香牛肉

炸鸡排

炸枚卷

京葱扒鸭

奶黄小饺

三鲜雪梨

开口笑

炸土豆松

元宝酥

双麻酥饼

蓑衣黄瓜

炸菜松

香炸土豆饼

鸡汁煮干丝

青菜包子

生肉包子

月牙蒸饺

"十三五"普通高等教育本科部委级规划教材

扬州大学出版基金资助项目

烹饪基本功训练教程

薛党辰　主编

参　编：吴登军　鞠新美
　　　　单贺年　何自贵

中国纺织出版社有限公司

内容提要

烹饪基本功是烹饪专业学生学习烹饪工艺时必须掌握的基础内容。本书改变了过去将单一的基本功训练安排到课堂教学中的传统设置，将基本功训练与菜肴制作、面点制作有机地结合起来，激发学生的学习兴趣，在训练中找出自己的不足，进一步提高自己的烹饪水平。通过学习，学生们可以进行一些具有代表性的菜肴和面点的制作，既实现了基本功训练的目的，同时又掌握了运用这些基本功制作要求很高、具有代表性的菜肴品种和面点品种的方法，为后续学习制作中国名菜、中国名点打下坚实的基础。

图书在版编目（CIP）数据

烹饪基本功训练教程 / 薛党辰主编 .–– 北京：中国纺织出版社有限公司，2020.7（2025.1重印）

"十三五"普通高等教育本科部委级规划教材

ISBN 978–7–5180–7223–1

Ⅰ.①烹…　Ⅱ.①薛…　Ⅲ.①烹饪 – 方法 – 高等学校 – 教材　Ⅳ.① TS972.11

中国版本图书馆 CIP 数据核字（2020）第 039219 号

责任编辑：舒文慧　　特约编辑：范红梅　　责任校对：楼旭红
责任印制：王艳丽

中国纺织出版社有限公司出版发行
地址：北京市朝阳区百子湾东里 A407 号楼　邮政编码：100124
销售电话：010—67004422　传真：010—87155801
http://www.c-textilep.com
中国纺织出版社天猫旗舰店
官方微博 http://weibo.com/2119887771
三河市宏盛印刷有限公司印刷　各地新华书店经销
2020 年 7 月第 1 版　2025 年 1 月第 6 次印刷
开本：710×1000　1/16　印张：22　插页：8
字数：397 千字　定价：49.80 元

前　言

　　烹饪基本功训练是烹饪专业的一门基础课程，是烹调工艺学和面点工艺学等课程的补充内容。本课程使学生在烹调、面点基本功的学习与训练过程中，从理论到实践，再由实践回到理论中去，循环往复，使烹饪技艺进一步提高。

　　"活到老，学到老"，学无止尽，只要愿意学习烹饪知识，就有新的烹饪知识需要学习。烹饪基本功不是天生就会的，需要后天有计划、有步骤、有目的地反复学习和训练才能掌握，一点儿也马虎不得。

　　本书遵循科学性、实用性、先进性、规范性的原则，编写过程中参考数本书籍与多种烹饪杂志，注重知识的应用性和可操作性。主要内容包括烹饪基本功基础知识、烹调基本功训练、面点基本功训练。全书将烹调基本功与菜肴制作、面点基本功与面点制作紧密地结合起来，在学习的过程中，既训练了基本功，又学会了一些有代表性的基础菜肴、基础面点的制作方法，可谓是一举两得。

　　本教材共分上、中、下三篇。其中上篇主要介绍烹饪基本功基础知识，中篇介绍烹调基本功训练，下篇介绍面点基本功训练。南京财经大学食品工程与科学学院单贺年、桂林旅游高等专科学校何自贵、江苏旅游职业学院鞠新美、江苏武进职业教育中心校吴登军编写了中篇部分内容，其余由扬州大学薛党辰编写，并对全书进行总纂和修改。

书中的缺点和错误在所难免，热忱期望同行和使用本教材的学生、教师对本书提出宝贵的意见，以便再版时能使之逐步臻于完善。

本教材由扬州大学出版基金资助，在编写的过程中，参考了部分著作和文献资料，得到了中国纺织出版社有限公司的大力支持，在此一并表示感谢！

编 者
2019 年 12 月

《烹饪基本功训练教程》教学内容及课时安排

章/课时	课程性质/课时	节	课程内容
第一章 （2课时）	上篇 烹饪基本功 基础知识 （6课时）		·概述
		一	烹饪基本功的内容
		二	烹饪基本功在烹饪中的地位
		三	练好烹饪基本功的途径
第二章 （2课时）			·烹调基本功知识
		一	刀工技能
		二	翻锅技能
		三	烹饪原料初加工技能
		四	调味技能
		五	烹调方法
第三章 （2课时）			·面点基本功知识
		一	面点制作
		二	水调面团制作
		三	膨松面团制作
		四	油酥面团制作
		五	米粉面团制作
		六	杂粮蔬果面团制作
第四章 （26课时）	中篇 烹调基本功训练 （124课时）		·家畜类原料菜肴制作
第五章 （26课时）			·家禽类原料菜肴制作
第六章 （26课时）			·水产类原料菜肴制作
第七章 （24课时）			·蔬菜类原料菜肴制作
第八章 （22课时）			·其他类原料菜肴制作
第九章 （14课时）	下篇 面点基本功训练 （60课时）		·水调面团品种制作
第十章 （14课时）			·膨松面团品种制作
第十一章 （14课时）			·油酥面团品种制作
第十二章 （12课时）			·米粉面团品种制作
第十三章 （6课时）			·杂粮蔬果面团品种制作

注：各院校可根据自身的教学特色和教学计划对课程进行调整。

目　录

上篇　烹饪基本功基础知识

中篇　烹调基本功训练

下篇　面点基本功训练

上篇 烹饪基本功基础知识

第一章

概　述

本章内容：烹饪基本功的内容
　　　　　　烹饪基本功在烹饪中的地位
　　　　　　练好烹饪基本功的途径

教学时间：2课时

教学目的：由教师讲述烹饪工艺基础的基本理论、烹饪工艺基础在烹饪实践中的意义。介绍学好烹饪基本功的方法，指出制作菜肴和面点，离开了烹饪工艺基础将寸步难行。

教学要求：1.让学生明白烹饪基本功训练的必要性。

　　　　　　2.让学生了解烹饪基本功包括哪些主要内容。

　　　　　　3.让学生了解烹饪基本功训练是循序渐进的，既要动脑，又要动手。

烹饪基本功就是在烹饪加工过程中，必须掌握的最基本的烹饪知识与烹饪操作技能。只有掌握了这些基本知识与基本操作技能，才能熟练地制作基本菜肴与面点，乃至于全国各地的名菜、名点。

第一节　烹饪基本功的内容

烹饪基本功的内容主要包括烹调基本功、面点基本功两部分。烹调基本功包括刀工技能、翻锅技能、烹饪原料初加工技能、调味技能、烹调方法等；面点基本功包括水调面团制作、膨松面团制作、油酥面团制作、米粉面团制作及其他面团制作等。

第二节　烹饪基本功在烹饪中的地位

烹饪基本功是一门独特的操作技术，在上古的时候人们就已经懂得用石制刀具切削烹饪原料。它也是一门综合性课程，涉及物理学、烹饪化学、生物学、营养学、饮食保健学、烹饪卫生学、烹饪美学、烹饪原料学、食品机械学、民俗学等。烹饪基本功要求把与烹饪相关的科学与技术视为一个整体，通过对多学科在烹饪基本功中的不同作用来研究烹饪基本功。因此，采用自然科学与社会科学相关学科相相合的研究方式是烹饪基本功的又一特色。在当今社会很有必要研究烹饪基本功训练及其相关理论知识。

当前，许多质地精良的烹饪设备应用于烹饪加工过程中，大大地提高了烹饪加工技术的科技含量。在不少地方，粉碎机、搅拌器、洗菜机、切片机、压片机、油炸锅、控温电铛等成了厨师们常用的厨房设备。这些机器设备具有加工工艺优良、规格大小一致、加工速度快等特点，因而被广泛应用。这使传统手工加工工艺受到了挑战。一些年轻厨师，过分依赖于这些机械设备，严重影响了厨师们苦练烹饪基本功的热情。甚至一些年轻的厨师，认为只要菜肴制作得好就可以了，因而忽视了烹饪基本功的训练，殊不知炒菜也需要基本功。烹饪行业的手工操作的特殊性，决定了其在相当长的历史阶段中，传统的烹饪还是以手工操作为主，机械产品为辅。

烹饪机械真能完全代替手工操作吗？实际情况证明，这是不可能的。烹饪技艺的许多加工过程都十分烦琐，决不是现在的简单机械能够完全代替的。烹饪技艺中有许多加工非常难以掌握，用机械设备难以实现，只能是一些简单的操作由烹饪机械或烹饪机器人代替，但目前还不可能完全代替手工劳作。手工操作仍是今后很长一段时间内，烹饪加工的主要工作方式。

无论烹制何种菜肴和面点，采用哪一种烹调方法，都离不开烹饪基本功，不具备这些烹饪基本功，也就谈不上烹饪专业。

基本功是磨炼出来的，不是一朝一夕能够突击完成的。烹饪基本功是烹饪专业的基础，也是做一名好厨师所不可缺少的基础课程。

刀功是厨艺一个很关键的部分，要经常练习方可熟练掌握。如何握刀，如何站位，都是有讲究的，一丝一毫不得马虎，不然，加工的菜品质量就会受到影响。通过一段时间的练习，熟练掌握各种刀法，而每一种刀法中又可分为许多种，如刀法切中可以分为直切、推切、拉切、锯切、铡切、滚切、翻切等。要熟练掌握各种烹饪原料适宜何种刀法进行处理，同时掌握原料经刀工后形成丁、丝、条、片、块、粒末、蓉泥的技法。翻锅技能同样也非常重要，所谓翻锅就是在烹制菜肴时所运用的动作。翻锅根据加工菜肴所需要的火候不同，有推、拉、转、翻、颠等动作，使原料均匀受热，一道菜肴能否得到食客的认可，翻锅起着很大的作用。想要灵活机动地掌握翻锅技术，制作出可口菜肴，决非是一日之功。

坚实的烹饪基本功，能够为从事烹饪专业的厨师打下牢固的基础。我国的烹饪技艺源远流长，许多惊人的技艺世代相传。

在中华烹饪中，刀功堪称一绝。可以单手切肉，肉片薄如纸；可在绸布上切肉丝，而绸布无损；可将猪耳朵切得细如毛发；可用前推后拉的推拉切的刀法切各种肉丝：细如发丝的姜丝、豆腐丝令人称奇；更有烹饪高人以人的脊背或以自己的大腿为衬垫切肉丝，更有甚者，可在光溜溜的脊背上剁肉馅；还有蒙眼剔鸭骨，蒙眼切土豆松等惊人绝艺。

山西面食源远流长，久负盛名，制作工艺出众，花色品种繁多。史书曾赞誉为"一面百样吃"。看上去普普通通的面粉，可以运用煮、蒸、焖、炒、烩、炸、烙、拌等方法，变化出300多种花样，上至高档面点，待客佳品，下至风味食品，时令小吃，应有尽有，风味迥异。制作出的面条，"好似鱼儿腾空跳"，根根如柳叶，粗细均匀，吃着筋软爽口。我国流传下来的烹饪瑰宝，如果没有长时间的烹饪基本功训练，能"艺出天惊"吗？

是否具备扎实的基本功是衡量一名合格厨师的标准，因此要想成为优秀的厨师，就必须在掌握烹饪基础知识的前提下，苦练基本功。

第三节　练好烹饪基本功的途径

首先，要明确指导思想，坚持高标准严要求，将烹饪基本功牢牢地训练好。厨师大多从粗加工和精加工做起，对烹饪的理解也是从那时开始的，如果没有对烹饪技术兢兢业业的刻苦学习，哪里还谈得上发展。对一个厨师来说，烹饪理论知识和对饮食文化的理解固然重要，但更重要的还是看他有没有过硬的烹饪技艺。许多传统名菜就需要非凡的烹饪技艺，这些菜肴原料一般属于高档原料，制作讲究，实际操作中难度较大，普通厨师在一般情况下很难达到这样的水平。

其次，烹饪基本功训练要注意操作姿势的正确性。在平时的练习中，要强调姿势正确、动作规范、精益求精。正确的基本功姿势是以后能加工出合格菜肴的重要保证，不规范的动作不仅无法加工出合格菜肴，还会对操作者的身体造成损害。只有扎实学好烹饪基本功才能准确地制作出合格菜肴。

第三，基本功要循序渐进，不能急于求成。在实际操作中，应把基本功的训练同菜点制作有机地结合起来，烹饪基本功不是一朝一夕练就的，而是在长期的实践中摸索出来的，并在实际工作中注意总结、研究。如"拳不离手，曲不离口""夏练三伏，冬练三九""三天不练手生"的俗语，可见苦练烹饪基本功的重要性。

第四，基本功要巧练。要注意用烹饪基本理论知识指导烹饪基本功的训练。虽然传统的烹饪基本功还是以手工操作为主，但在操作中应注意研究在加工过程中的一些变化，如花刀形成机理、刀工对肉馅持水性的影响、大翻锅的力学原理分析等，通过理论联系实际，将基本功训练科学化、规范化，使训练达到事半功倍的效果。虽然烹饪器械可以在厨房的各个加工环节上起到一定的作用，但决不可以完全代替烹饪手工操作，在以后的很长一段时间内，烹饪基本功仍然占有一定的地位。

总　结

1.烹调基本功与面点基本功既有联系，又有区别，是烹饪基本功内容的两个方面。

2.烹饪基本功是制作菜肴和面点品种的基础。

3.烹饪基本功训练要循序渐进，遵循训练规律，才能打下扎实的基础。

思考题

    1.什么叫烹饪基本功？它包括哪些内容？

    2.烹饪基本功在烹饪中的地位如何？

    3.练好烹饪基本功的途径有哪些？

第二章

烹调基本功知识

本章内容： 1.刀工技能

2.翻锅技能

3.烹饪原料初加工技能

4.调味技能

5.烹调方法

教学时间： 2课时

教学目的： 讲述烹调的基本理论，烹调基本功在烹调实践中的意义，并运用物理学、营养学、美学、化学、生物学、饮食保健学、卫生学、微生物学、食品机械学等知识，丰富烹调工艺基础知识内容，使学生懂得怎样操作，以及这样操作的原理。

教学要求： 1.让学生明白掌握烹调工艺基础知识的必要性。

2.让学生了解烹调工艺基础知识包括哪些主要内容。

3.让学生了解基本功训练是循序渐进的训练，既要动脑，又要动手。

4.让学生掌握烹饪工艺基础知识，以理解为主，不可强记硬背。

烹调基本功是制作菜肴的过程中必须掌握的基本知识和基本技能。主要内容有刀工技能、翻锅技能、烹饪原料初加工技能、调味技能、烹调方法等。通过反复训练这些技能，为制作菜肴打下坚实的基础，是制作合格菜肴的保障。

第一节　刀工技能

一、刀工的目的和操作姿势

刀工是根据菜肴的制作要求，运用各种不同的刀法，将烹饪原料加工成一定形状的操作过程。

（一）刀工的目的

烹饪原料多种多样，质地相差甚远，所用烹调方法不尽相同，制作出的菜肴数目繁多，原料加工后的形状多种多样，以适应制作不同菜肴的需要。刀工处理有以下几点作用：一是便于烹调。各种烹饪原料质地不同，加热成熟的时间也不相同，而通过刀工处理后，使原料搭配在一起，加热时能够同时成熟，成为一份全熟的菜肴；二是便于调味。烹饪原料经刀工处理后，由大变小，整齐划一，在加工过程中，加入调味品能均匀地渗透到原料中去，形成复合的美味；三是食用方便。整块的原料若不经刀工处理，食用时一般不备刀叉，有诸多不便，如特大块的鸡、鸭、鹅等原料在食用时不方便，尤其是那些"樱桃小嘴"的人，食用极为不便，而经过刀工处理后，则十分方便；四是增加美感。经过刀工处理后的原料，具有美丽的外形，能增进人们的食欲。如加工成葡萄形、菊花形、核桃形、松鼠形、青蛙形、竹节形、蝙蝠形、寿字形、麦穗形、麻花形等形状，丰富了原料的外观，又使菜肴美味可口。

（二）操作姿势

刀工是一种细致而又有一定劳动强度的手工操作，需要有健康的体质和持久的耐力，再加上所用的刀具都比较锋利，稍有大意，容易受伤。所以，在进行刀工操作时，站立姿势要正确，持刀手法要符合要求。

1. 站立姿势

双脚呈八字型，两腿直立，挺胸收腹，与操作台距离约5cm。双肩水平，双臂收拢，自然放松靠两肋。双目正视，颈部自然微弯，重心垂直，目光注视砧板上的两手。

2．持刀手法

手心贴紧刀柄，小指与无名指屈起紧握刀柄，中指屈起握刀箍，食指上端与拇指相对捏住刀背，前端与拇指相对捏住刀身。握刀时手腕要灵活用力，操作时经常利用锯切时产生的线速度，轻松地将烹饪原料分割开。

二、刀法种类

刀法是指刀具对原料切割的具体行刀技法。依据刀具与原料切割时形成的角度不同，可分为平刀法、斜刀法、直刀法和其他刀法四大类型。平刀法，刀具切割时与原料保持水平的所有刀法，加工后原料平滑、宽阔而扁薄，故行业中又称为"片""批"。斜刀法，刀具切割时与原料保持一定角度的一类刀法，经加工处理后原料具有一定坡度，呈平窄、扁薄的形状，故行业中叫"斜批"或"斜片"。直刀法，刀具切割时与原料保持垂直的一类刀法，直上直下，成型原料精细、平整规一，故行业中叫"切"或"剁"。其他刀法，指以上平刀法、直刀法、斜刀法以外的各种刀法。

（一）平刀法

平刀法在用刀具切割原料时，刀面始终与砧板平行。依据刀具用力方向不同，平刀法又可分为平刀批、推刀批、拉刀批、锯刀批、抖刀批和旋刀批等技法。

1．平刀批

平刀批是将刀具放平，使其与砧板平行，刀刃片入原料，一刀片到底的一种刀法。平刀批在操作时手要按稳原料，不得摇动。刀刃进入原料后平行向前推进，不得上下移动，以防止原料批得不光滑。这种刀法适用于易碎的软性原料，如豆腐、豆腐干、肉皮冻、熟鸡血、熟鸭血等。

2．推刀批

推刀批是左手按着原料，右手将刀从原料的侧面进刀，控制好进刀厚度，由里往外运刀，着力点在刀的后端。这种刀法适用于脆、韧性原料，如榨菜、冬菜、白菜、茭白、竹笋等。

3．拉刀批

拉刀批是左手按原料，右手持刀，刀刃朝左，刀面与原料平行，运刀时刀由外向里拉，着力点在刀的前端。这种刀法操作时刀面始终与原料平行，左手手指平按在原料上，力度适宜，使所加工的原料不摇动即可。左手五指应分开一些，以便观察每片的厚薄，随着刀的片进，左手的手指尖应翘起。刀刃的中部先片入原料，然后刀向左下方拉片，顺势一刀片下原料。这种刀法适用于韧性稍强的动物性原料，如鸡脯、腰子、猪肝、瘦肉等。

4. 锯刀批

锯刀批又称推拉批，是推刀片与拉刀片两种刀法的结合。运刀时，像拉锯一样来回推拉直至原料批开。锯刀批可根据原料的厚薄、形状，从原料的上部或下部开始批入原料。这种刀法适用于韧性较强、软烂易碎或形体较大的原料，如面包、火腿、熟鸡肉等。

5. 抖刀批

抖刀批是将刀刃批入原料后，刀身均匀地上下轻微抖动，使刀在原料内呈波浪状前进，直到批开原料。抖刀批主要用于美化原料的形状，使片出来的原料表面有波浪状的花纹。这种刀法适用于一些固体性较好的原料，如豆腐干、蛋糕、皮蛋等。

6. 旋刀批

旋刀批是将原料放在砧板上，将左手按稳原料，刀面与砧板平行，刀刃先批进原料，原料均速向右滚动，刀刃向左均速批进，这样可以批出较长的光滑片。这种刀法适用于根茎类、瓜果类原料，如萝卜、土豆、黄瓜、竹笋等。旋刀批难度较大，在操作时应注意砧板要平、原料表面要光滑、原料滚动速度与刀刃行进速度相同。

平刀法在运刀时，用力要大小相等，方向保持一致，否则容易出现批出的原料凹凸不平的现象。

（二）斜刀法

斜刀法在运刀时，刀面与砧板既不垂直，也不平行，呈一定夹角。依据运刀时刀身与砧板的角度不同，斜刀法可分为正斜批法与反斜批法两种。

1. 正斜批法

左手按原料，刀刃向左，与原料的角度为 40° ~ 50°，一刀一刀地根据要求批下原料。

操作时注意刀刃进入原料的位置、刀身的角度，以控制片形的厚薄，这样自左向右一片片地批完。在批的过程中，有像磨刀的动作，故又称为磨刀片。这种刀法适用于质软而带有韧性的原料，如鸡肉、腰子、肫肝、鱼肉等。

2. 反斜批法

反斜批法就是在运刀时，刀背向里，刀刃向外斜，刀面稍微倾斜，运刀方向由内向外的批法。操作时左手按稳原料，以左手中指第一关节抵住刀面，以均匀的速度缓慢后移，以控制片的厚度，使片形厚薄一致。运刀的角度大小应根据所片原料的厚度和对原料成型的要求而定。运刀时，左手向后移动一点，右手持刀片下一片，有节奏地反复移动，将原料批完。这种刀法适用于脆、韧、易滑动的原料，如蒜段、葱段、熟牛肉、猪肚等。

（三）直刀法

直刀法是刀身与砧板始终保持垂直的刀法。直刀法依用力的大小可分为切、剁、排三种。

1. 切刀法

切刀法一般用于无骨的原料。在操作时，将刀对准原料，运用腕力，由上而下运刀，刀刃提高离原料约 2cm，向下切割原料。依据用力的方向不同又分为直切、推切、拉切、锯切、铡切、滚料切、翻刀切等刀法。

（1）直切。将刀对准原料，用力垂直向下，切断原料。由于直切的速度较快，快速上下垂直运刀，又称为"跳切"。直切要求左右手有节奏地配合，运刀时，左手五指自然弯曲，中指的第一关节抵住刀面，根据原料厚薄要求，调整向后移动的速度。右手握住刀柄，刀面紧贴左手的中指第一关节，并和左手向左移动。在加工时，注意一些质地较滑的原料（如切土豆）不能堆得太高或切得过长，同时刀身要注意垂直上下，不能偏内斜外，使加工后的原料整齐、均匀、美观。这种刀法适用于脆性原料，如萝卜、土豆、白菜、竹笋、榨菜等。

（2）推切。推切是运用推力，对准原料，刀刃垂直向下，由内向外推切下去，着力点在刀刃的后端，一刀推到底。操作时右手握刀要稳，依靠小臂和手腕的力量运力，力量要均匀有规律。这种刀法适用于小而薄的韧性原料，如豆腐干、百叶、里脊肉、鱼肉等。

（3）拉切。拉切是将刀刃对着要切割的原料，垂直进刀，刀刃不是平行向下，而是刀前端略低，刀后部略抬高呈一定的角度，向后边拉边切，刀的着力点在刀的前部。这种刀法适用于韧性较强的原料，如牛肉、猪肉、羊肉等筋膜较多的肉类。

（4）锯切。锯切也叫推拉切，它是推切、拉切的结合运用，一推一拉，拉锯式地切下去。操作时注意左手按稳原料，右手持刀推切与拉切时，着力点前后交替，用力均匀，使刀刃始终在一条直线上，否则切下来的原料形状、厚薄不一。锯切要求以慢速切入原料，加强磨擦强度，直切至 2/3 时再垂直切下去。这种刀法适用于有韧性、质地松散或较坚硬的原料，如羊糕、熟牛肉、火腿、面包等。

（5）铡切。铡切运刀时，像铡刀切草一样将原料切开。铡切时右手握住刀柄，左手手掌按着刀背前部分，并将刀刃的前部按在原料上，然后将刀对准要切割的原料，迅速铡切下去。这种刀法适用于带壳、体形小、形圆易滑或带细小骨头的原料，如螃蟹、花椒、虾米、干辣椒、熟鸡蛋等。

（6）滚料切。滚料切又称滚刀切，在切料时，左手按住原料，右手持刀，刀刃稍偏外直切下去，每切一刀将原料滚动一下，滚动角度不超过 90°，把原

11

料切成不规则的多边形。若调整刀与原料的角度，可以切出多种块形。这种刀法适用于圆形或扁圆形及质地脆嫩的原料，如白萝卜、胡萝卜、黄瓜、竹笋、莴苣等。

（7）翻刀切。翻刀切是用刀推切原料后，顺势向右一翻，一刀接一刀地切下去。这种刀法适用于易产生连刀的韧性原料，如猪肝、牛肝、羊肝等。

2. 斩刀法

斩又称为剁，是右手持刀，刀刃距原料 5cm 以上，垂直用力，快速斩断原料的刀法。根据用力的大小又可分为直斩、排斩、跟刀斩、拍刀斩四种刀法。

（1）直斩。右手持刀，将刀扬起，运用小臂的力量，迅速垂直向下，斩断原料。直斩运刀时，左手按原料，离待斩的地方稍远，右手举刀直斩而下，故又叫直斩。

直斩应一刀将原料斩断，否则易产生碎骨、碎肉，影响原料的加工质量。这种刀法一般适用于含有小骨头的原料，如猪排骨、鱼段、鸡块等。

（2）排斩。双手持刀，刀刃垂直上下，从左到右，再从右到左，反复有规则、有节律地连续斩，是制肉蓉、菜泥的刀法。斩的节奏一般为马蹄声居多。操作时要注意先将原料加工成细小形状（如切成厚片或小块），再进行排斩。在斩的过程中，为防止肉粒粘刀、飞溅，斩时可洒入少量清水或葱姜汁。这种刀法适用于无骨软性原料，如各种肉类及部分蔬菜原料。

（3）跟刀斩。跟刀斩是将刀刃先嵌进要斩原料的部位，刀与原料同时起落，垂直向下斩断原料的刀法。跟刀斩在操作时，两手要紧密配合，左手捏住原料，右手持刀，先对准要斩的部位，直斩一刀，使刀刃嵌在原料中，然后刀与原料同起落斩断原料，斩下时捏原料的左手可离开原料。跟刀斩一般适用于一刀不易斩断的原料，如猪头、羊头、猪蹄髈、大鱼头等。

（4）拍刀斩。拍刀斩是先将刀刃嵌进原料，左手掌猛击刀背，斩断原料的刀法。其刀法、适用原料与跟刀斩相似。左手掌在击刀背时，手掌要绷紧，肌肉要紧张，使左手掌拍刀时不受伤。

3. 排刀法

排刀法是运用排斩的刀法，不能使原料斩断，只使之骨断、筋断，肉质疏松的刀法。通过排刀法处理，支撑肉的骨头和起连接作用的筋络被斩断，使肉质变得松散，而使原料变得易于造型，便于入味。如清炖鸡孚菜肴中的鸡肉经排刀后，肉质变得疏松，猪肉与鸡肉易于黏合；扒鸡通过排刀使身躯易于造型；白酥鸡则通过排刀法而使之松嫩并有利于虾缔的黏接等。依据排刀的不同运刀部位，又有刀跟排与刀背排之分。

（1）刀跟排。刀跟排是用刀后跟部刀刃在原料肉面进行排剁，使之骨折、筋断的刀法。这种刀法适用于肉类原料中筋较多的原料，如猪肉、牛肉等。

（2）刀背排。刀背排是用刀背对原料肉面排敲，使之肉质松散的刀法。这种刀法适用于对猪排、牛排的加工。整鱼通过刀背排的处理，利于取肉。

（四）其他刀法

除了平刀法、直刀法、斜刀法之外的刀法皆称为其他刀法。这些刀法多数不能将原料加工成型，作为辅助性刀法使用。有些虽然能使原料成型，但由于适用原料较少，而使用极少。这些刀法主要有削、剔、刮、拍、撬、剜、剐、割、铲、敲和剖刀等。因它们在运用时易于操作，只要一般掌握即可。

第二节　翻锅技能

翻锅是烹调菜肴时的一项对锅的使用技术。具体地讲，翻锅是运用锅与手勺相互配合、相互协调的作用使菜肴原料在锅中翻动一定角度的一项技术。

中国菜肴多数用锅加热。制作锅的材质有铁、不绣钢、铜、铝和陶瓷，以铁器占绝大多数。在形态上主要有弧形锅与平底锅，以弧形锅居多；在结构上有单锅、火锅与蒸锅，以单锅为主；在用途上有烧炒锅、炖焖锅、煎烙锅等，以烧炒锅为主。

目前使用的锅具基本上都是弧形锅，相当于在圆球形上削下来的一部分，相当于球形的 1/3、1/2、2/3 等截形。由于弧形锅底部与火焰的距离不完全相等，所得到的热量也就不同，造成由锅底传热到锅内原料的温度不均匀。这就需要厨师在加热过程中，对锅具采用不同的操作方法使原料在锅中均匀受热。

厨师对锅具的操作方法主要有旋、拌、翻等方法。旋，即左手握锅，通过晃动，使锅中的原料在锅中顺一个方向旋转，或运用手勺、手铲拨动原料，使原料在锅中变换位置。通过晃锅，能调换原料在锅中的位置，使原料在锅中的温度保持一致。拌是指用手勺或手铲在锅中将原料作上下拌动，使之混合、均匀受热。拌时手勺应幅度稍大，使不同位置的原料调换位置，达到均匀受热的目的。以上这两种对锅具的操作方法比较容易掌握，不需要过多的学习。而对锅具的操作方法"翻"，难度比较大，需要一段时间的刻苦训练才能熟练掌握。

翻是将原料在锅中翻动，适用于炒锅的操作。它需要运用腕力或臂力将锅前端向上运动，锅的后端向下运动，锅中的原料在滑动时呈抛物线形运动，使锅中原料移位，从而达到翻锅的目的。

根据翻锅的幅度大小和方向性不同，翻锅主要分为小翻锅、大翻锅、后翻锅、左翻锅和右翻锅五种。

一、小翻锅

小翻锅又称为颠翻，是将原料在锅中部分翻动的一种操作方法。具体操作方法是：左手握住炒锅，端起后使锅的前端略低，使锅中的原料向前滑动，再将锅向前送出，接着突然向后上方拉回，使锅中原料在惯性作用下被抛出后落回锅中，这样使锅中部分原料翻了180°，还有一部分原料未翻过来，接着重复上述动作。

同时，小翻锅还必须与手勺配合操作，推着原料翻身。在炒锅向前送时，手勺紧贴炒锅的底部，顺势推原料的后面一起向前运动，为原料翻身提供了方便。

小翻锅在烹调过程中，使用频率特别高，能够使原料受热均匀，成熟一致。小翻锅一般适用于一些加热时间较短的烹调方法，如炒、爆、熘、煎、塌、挂霜、拔丝等烹调方法，以及烹调过程中煸炒、勾芡、调味、拌和原料等辅助操作。

二、大翻锅

大翻锅是将原料在锅中全部翻转180°的一种操作方法。在锅中的原料经过大翻锅后，既要全部翻转180°，又要求翻过来的原料完整，原料本身的形状不能破坏，还要求原料在翻转的过程中，避免卤汁四处飞溅。在翻锅技艺中，大翻锅是难度较大的一项操作技能。

具体操作方法是：先用左手将炒锅中的原料晃动，俗称晃锅，晃锅就是左手端起炒锅，让锅内原料做逆时针方向大旋转，避免锅中原料粘锅，而影响翻锅。如勾芡、烧制卤汁等较稠浓的菜肴时等，通过晃锅使锅中原料受热均匀，减少粘锅的可能。当原料在锅中晃动得比较滑爽时，再进行翻锅的拉、送、扬、托四步骤。拉，就是将炒锅向里拉回；送，就是将炒锅向外送出；扬，就是运用扣腕的动作，使原料向前作开口向上的抛物线运动时稍微改变方向，使之呈一个反方向的抛物线，即一个开口朝下的一种抛物线；托，就是锅收回后，在原料接触锅的一刹那，同时下移，以减少原料接触锅时的反冲力，从而减少锅对原料的作用力。大翻锅中的拉、送、扬、托四个动作是一气呵成，无论是哪一动作稍有失误，都会影响到大翻锅的质量。

大翻锅一般适用于扒菜，如整鱼煎皮、涨蛋翻身、煎揭菜肴的翻锅等。

在大翻锅时要注意：锅中卤汁要特别少，以防翻锅时卤汁飞溅；翻锅前要将原料在锅中晃动，以保证翻锅时能产生一定的惯性；大翻锅时要完成好翻锅的每一步动作。

三、后翻锅、左翻锅、右翻锅

后翻锅、左翻锅、右翻锅的操作方法与小翻锅基本相同。后翻锅，就是原料从后向前翻，适用于一些菜肴原料中卤汁较多，这样翻可以使卤汁不溅到自己身上。左翻锅，就是原料从左向右翻过去，右翻锅则相反。后翻锅、左翻锅和右翻锅在实际工作中，一般使用较少，故只要了解有这种翻锅方法即可，一般不要求熟练掌握该翻锅技术。

第三节　烹饪原料初加工技能

烹饪原料初加工，就是将烹饪原料中不符合食用要求或对人体有害的部位进行清除和整理的一项加工程序。

在正式刀工处理前，需要进行初加工这一程序，对于不同的烹饪原料，所使用的初加工技法不尽相同，而性质比较接近的烹饪原料的初加工技法有着很大的相似之处，因此我们应根据烹饪原料的具体特点和烹调要求进行合理的加工。常用的初加工方法有宰杀、洗涤、剖剥、拆卸和涨发等。

一、果蔬原料的初加工

果蔬原料的初加工主要分为摘剔初加工和清洗初加工两方面。

（一）果蔬原料的摘剔初加工

果蔬原料的摘剔初加工，是指去除不能食用的根、叶、皮、筋、壳、籽核、内瓤、虫眼等杂质。摘剔初加工方法主要有摘、敲、剥、撕、刨、刮、剜等。

在加工过程中，应尽可能保持原料形体的完整性、美观性，根据具体烹调要求灵活掌握初加工方法，使之符合菜肴制作的要求。同时，要减少浪费，综合运用原料，如削制菜心时，一些摘削下来的菜叶、菜茎，还能制作馅心或制作其他菜肴。

果蔬烹饪原料去皮方法一般采用刀削去皮或机械去皮，但有些品种还需要使用浸烫去皮、碱水去皮、油炸去皮等方法。

1. 浸烫去皮法

浸烫去皮法就是将需要去皮的原料放入沸水中短时间烫制，使果蔬原料的表皮突然受热变性，与内部肉质结合减弱，然后迅速去皮。这种去皮方法一般适用于成熟度较高的桃、番茄、枇杷等果蔬原料。

2. 碱水去皮法

碱水去皮法就是将要去皮的原料放入调制好的碱水中，并通过搅拌去除原料表皮的方法。所调制碱水的浓度要根据具体原料来确定，碱液浓度、浸泡时间要掌握好，否则达不到要求。原料去皮后，还要将原料放入清水中漂去碱质。这种方法，适用于莲子、杨花萝卜（又名扬花萝卜、樱桃萝卜）等。

3. 油炸去皮法

油炸去皮法就是将要去皮的原料放入温油锅中炸制，然后捞出沥去油，轻轻搓去表皮。这种方法适用于干果原料，如花生、桃仁、白果等。

（二）果蔬原料的清洗初加工

清洗加工就是将果蔬原料表面的虫卵、污染物等去除干净，常用的洗涤方法有流水冲洗法、盐水洗涤法、高锰酸钾溶液洗涤法等。

1. 流水冲洗法

流水冲洗法就是将待摘剔的原料放入流动的水中冲洗，将吸附在原料表面的泥沙和农药冲洗干净。这种洗涤方法适用于绝大多数果蔬原料的清洗。

2. 盐水洗涤法

盐水洗涤法就是将待洗涤的原料放入 2% 浓度的盐水中，浸泡 20min，然后再用清水漂洗干净。这种洗涤方法适用于虫卵较多的蔬菜原料，特别是原料内有幼虫的豆荚类原料，用盐水浸泡后不仅可以使蔬菜表面的虫卵脱落到水中，还可以使原料体内的幼虫逃出。

3. 高锰酸钾溶液洗涤法

高锰酸钾溶液洗涤法就是将待洗的原料放入 0.2% ~ 0.5% 的高锰酸钾溶液中，浸泡 5min，再用凉开水洗去表面的高锰酸钾溶液。这种洗涤方法适用于直接生食、不需要加热的蔬菜和水果原料。

二、禽类原料的初加工

家禽主要有鸡、鸭、鹅、鸽、鹌鹑等，它们的初加工技法基本相同，主要包括宰杀、褪毛、开膛、洗涤等步骤。

（一）宰杀

禽类原料的宰杀方法主要有放血宰杀和窒息宰杀两种。

1. 放血宰杀

放血宰杀就是用割断喉部的气管和血管，然后将血液放出致死。宰前准备一只碗，碗中放入少量清水，加入 2% 的盐，然后割断气管和血管，将血液流入盐水碗中待用。宰口的大小要控制好，既要便于放血，又不能影响菜肴造型。以鸡为例，用左手大拇指和食指捏住鸡颈，并将颈皮向后拉，使气管和血管集中在一起，拔去宰口部位的鸡毛，右手持刀将气管和血管割断，放下刀，迅速将鸡头朝下，使血液流入事先准备好的盐水碗中。

2. 窒息宰杀

窒息宰杀主要适用于鸽、鹌鹑等小型禽类。一般是将其颈捏断（很快就死亡），少数放冷水中窒息致死。

（二）褪毛

褪毛有湿褪和干褪两种。

1. 湿褪

家禽一般都用湿褪法，野禽既可用湿褪法也可用干褪法。采用湿褪法褪毛时，应根据季节和禽类原料的老嫩掌握好水的温度，温度低不容易褪毛，但温度过高又会破坏表皮，一般烫老禽的水温度高（90℃左右），烫仔禽温度低（80℃左右）；冬季烫禽的水温略高，夏季烫禽水温略低；体大的禽类烫的水温高，体小的禽类烫的水温稍低。此外，鸡、鸭、鹅、鸽的爪子烫制的时间稍长，应先放入水中浸烫，褪毛的同时将嘴部的角膜和爪部老皮一起去除。

2. 干褪

干褪法就是直接从动物体表拔去羽毛。一般要等原料完全死后，趁禽体还有余温时把羽毛拔掉。拔毛时要逆向逐层进行，一次拔毛不宜太多，否则容易破坏禽皮。

（三）开膛

开膛的目的是为了清除内脏，但开膛的部位则需根据具体菜肴的要求进行选择。常用的开膛取内脏的方法有腹开、背开和腋开三种。

1. 腹开

腹开，又称小开。先从颈翅间划一小口取出嗉囊，再从离肛门3cm的腹部横开一条5cm长的刀口，再从开口处取出内脏及肺叶，最后冲洗干净。

2. 腋开

腋开，又称肋开。先从颈翅间划一小口取出嗉囊，再在左侧翅膀下斜开一条4cm左右的刀口，然后从开口处取出内脏、肺叶。操作时注意不能拉破禽胆，最后冲洗干净。

3. 背开

背开，又称大开。直接将背部全部剖开，取出内脏，冲洗干净。剖脊背时，刀刃注意不要进入腹内过深，以防损害内脏。背部剖开后，脊背上剖断的小骨较锋利，易划破手，应注意安全。

（四）内脏整理

禽类原料中的内脏也是较好的烹饪原料，在菜肴制作中使用较多。常用的为禽的肫、肝、心、肠、脂肪等。

1. 肫

肫又称胃，加工时先撕去表面的油，再从侧面将其剖开，倒去内容物，用清水冲去附着的少量残物，然后撕去内层的皮，洗净，以备烹调菜肴使用。鸭肫皮较难去除，可用刀刃刮，或用刀刃批去。

2. 肝

肝即禽的肝脏，先放入水中摘去胆囊，撕去表面的筋膜，用清水洗净。如果胆汁溢出应涂上少量小苏打，浸置 2min（小苏打可以使胆汁由不溶于水，随清水洗去），再用清水洗净胆汁，以免影响整个菜肴风味。

3. 心

整理心时应撕去表面膜皮，切掉顶部的血管，挤去心内的淤血，然后用刀将其剖开，放入清水中冲洗内部污物。

4. 肠

整理肠时先挤去肠内的内容物，用剪刀剖开后刮洗，再用刀在内壁轻轻刮一下，然后加盐搓揉，用清水冲洗干净即可。

5. 脂肪

一般老鸡、老鸭或老鹅的腹腔中都有一定数量的脂肪，不能像猪板油一样入锅熬炸，应该放在碗中加葱、姜、黄酒，上笼蒸出油，经过滤以后油清、色黄、味香。

（五）洗涤加工

禽类原料的洗涤主要是洗去表面的血污，去净表面的细毛。洗涤方法多采用流水冲洗法。对死后宰杀的禽类则要采取先浸泡，再用流水冲洗法，这样才能去掉肌肉中部分腥味较重的血污，以减少腥味。

三、畜类原料的初加工

畜类动物的加工绝大多数都在专门的屠宰加工场进行，烹饪加工只对畜类原料的胴体及内脏进行加工。胴体的加工主要是去除残毛、污物等不能食用的部分。内脏加工是畜类原料加工的重点，也是烹饪专业学生必需掌握的加工技艺。下面以猪内脏为例说明。

（一）猪腰

猪腰是猪的肾脏器官，它中心的腰臊有较浓的腥臊味，短时间加热制作成的菜肴都要将它去除。加工时先撕去表面的腰膜，然后用刀从侧面平批成两半，再用刀分别批去腰臊，但要掌握好刀法，既要去净腰臊，又不能去肉过多，同时还要保证腰面的平整。有些特殊菜品需要保留腰臊，如砂锅炖酥腰、蛋白拌酥腰等，加工时应先在猪腰表面剞儿道深纹，刀深至腰臊，然后放入凉水中浸泡1h，再经焯水后放入锅中加入清水、葱段、姜片、黄酒等加热30min左右，使腰肉成熟，再用清水洗净后进行炖制。

（二）猪心

先撕去表面的外皮，用刀修齐顶端的血管，用斜批法剖开心室，清水洗去心脏内的瘀血。

（三）猪肺

肺是猪的呼吸器官，内部分布着许多毛细血管，在猪肺内有瘀血和杂质，一般采用灌洗的方法进行洗涤。初加工方法是将主气管接入自来水笼头，用绳扎紧后，注入水，待水将猪肺充满，将气管松开，放掉灌进去的水，再接着灌水，重复灌水、放水的动作，直到猪肺表面银白色、无血斑时，切开肺管，焯水后洗净即成。

（四）猪肠、胃

肠和胃的外表附着很多黏液，内壁也残留着一定的污秽杂物，加工时要采用里外翻洗的方法进行洗涤，同时加入盐和醋反复搓揉，以除去黏液和异味，再用剪刀剪去内壁的脂肪，用清水反复冲洗，直到无异味即可。

（五）猪脑

猪脑非常细嫩，一般采用漂洗的方法进行加工。加工方法是先将原料放入容器中，缓缓注入清水，浸泡一会儿以后水变浑，将水倒出换清水再浸泡，反复多次进行，直至漂洗干净。

（六）猪蹄

猪蹄的形态不规则，夹缝或凹的地方不易洗净，加工时应先用刀反复刮洗，待杂毛、老皮去净，再用水冲洗即可。

四、鱼类原料的初加工

鱼类原料的品种很多，从生长的环境看有淡水鱼和海水鱼之分，从体表结构看有有鳞和无磷之别，形态多样，品种繁多，加工和处理的方法大致相同。主要有去鳞、去黏液、去鳃、去内脏等。

（一）去鳞

绝大多数鱼体的外表都被有鳞片，这些鳞片起到保护鱼体的作用，多数没有食用价值，加工时应去除。刮鳞时用刀、钢丝刷或电动去鳞器，从鱼尾至头逆鱼鳞生长方向刮去鳞片，注意头部和腹部的小鳞片也必须刮除干净。另有一些特殊鱼的鳞片（如鲥鱼），鳞片中含有较多脂肪，烹调时能够改善鱼肉的嫩度和增加鲜味，可以保留。

（二）去黏液

一般无磷鱼的体表有黏液。这些黏液有较重的腥味，而且非常黏滑，不利于加工和烹调，应全部清除，加工方法一般有浸烫法和盐醋搓洗法两种。

1. 浸烫法

表皮无鳞，但带有较多黏液的鱼类，可以用沸水浸烫，使黏液凝结，然后再用干抹布将黏液抹尽，或用刀轻轻刮去黏液。如鲴鱼、泥鳅、鲶鱼、鳝鱼、鳗鱼等。烫制的时间和水温要根据鱼的品种和具体烹调方法灵活掌握。下面以鳝鱼为例，介绍其烫制方法。

先用锅将清水烧沸（水和鳝鱼比是 3∶1），加入葱、姜、黄酒、醋、精盐，然后倒入活鳝鱼，迅速盖上锅盖，直到鳝鱼在锅中不再动弹，全部死去，待锅中水沸腾时应注入少量凉水控制温度，烫制过程中用刷把轻轻推动鳝鱼，使黏液从体表脱落，直到鱼嘴张开到 90° 即可。葱姜、黄酒主要起去腥增香的作用，醋除了有去腥增香的作用外，还有利于黏液的脱落和增加鳝背光泽的作用，盐主要是防止烫制过程中肉质松散，使鳝鱼保持弹性和嫩度，醋的浓度在 4% 左右，盐的浓度在 3% 左右。余好后的鳝鱼应立即捞入清水中漂洗，将残留的黏液和杂物洗净备用。

用浸烫法除了用来烫无鳞鱼外，还可以去除鱼皮表面的沙粒。如巴沙鱼皮表面附有较多的沙粒，将巴沙鱼放入沸水中烫 1min 左右，捞出刮去沙粒，刮沙时要经常用手试摸表皮有无沙粒（因沙粒较硬，很容易摸出来），直到完全去除。

2. 盐醋搓洗法

对于一些菜肴（如油爆鳗花、生炒鳝丝等），在去除黏液时不能采用熟烫的方法，否则会影响菜肴制作质量，只能采用盐醋搓洗法将黏液去除。加工方法是：将宰杀去骨的鳗鱼肉或鳝鱼肉放入盆中，加入盐、醋后反复搓擦，待黏液起沫后用清水冲洗干净，沥去水分即可。

（三）去鳃

鳃是鱼的呼吸器官。鱼类具两个鳃，去鳃时要全部去除。形体较小的鱼可直接用手摘除，或用刀后跟挖除；形体较大或骨刺坚硬的鱼去鳃时，要用剪刀剪断鳃弓两端，然后取出，切不可直接用手拉拽，以防伤手。

（四）去内脏

鱼经去鳞（或去黏液、去沙）、去鳃后，需要去内脏，去内脏一般有三种方法，需要用何种去内脏的方法，应根据菜肴要求、原料特点灵活掌握。

1. 剖腹去内脏法

用刀从腹部剖开（不能划破鱼胆）将内脏从腹部取出，这种方法极为普遍，绝大多数的鱼类都是采用这种方法，如红烧鱼、奶汤鲫鱼、将军过桥等菜肴。

2. 鳃处去内脏法

在肛门前1cm处用刀划1cm深的刀口，割断肠脏后再用两只筷子从嘴部插入腹腔，将内脏及鱼鳃一起搅出。对于一些外形需要保持完整的菜肴原料，可以采用这种去内脏的方法，如叉烤桂鱼、八宝鲈鱼等。

3. 背部去内脏法

用刀从鱼脊背处沿脊骨剖开，将内脏从脊背处掏出，洗净腹腔。这种方法适用于腹部需要完整的一些菜肴原料，如荷包鲫鱼、清蒸鲥鱼等菜肴。

去内脏时应注意取舍，有的需要加工，留作他用。如鱼鳔是鱼腹腔内的沉浮器官，去内脏时应留作他用，因其含胶原蛋白较丰富，口感宜人，加工时，先将它剖开，用精盐搓揉，再用沸水烫一下，洗净后即可烹调。少数鱼肠应留作他用（如黑鱼的肠），用剪刀剪开，用精盐搓揉，洗净后即可。

另外，去除内脏时，鱼腹腔内的黑膜应去除干净。方法是用干抹布抹掉或用手撕去。

五、两栖爬行类原料的初加工

两栖类原料主要有人工养殖的蛙类、龟鳖类等。

（一）蛙类的初加工

常见品种有青蛙、牛蛙等。他们的加工方法大致相同，下面以牛蛙的加工为例加以说明。首先用刀背将牛蛙敲昏，然后从腹部用小刀划一刀口，摘除内脏（肝、心、油脂可留用），斩去前肢、后肢及头部，然后用清水洗净即成。

（二）龟鳖类的初加工

中华鳖，又称甲鱼、水鱼、团鱼等，是常用的烹饪原料。甲鱼的初加工都是活宰，因死甲鱼不能食用。甲鱼死后，其内脏极易腐败变质，肉中的组氨酸转变成有毒的组胺，对人体有害。甲鱼加工程序是：将甲鱼腹部朝上，四爪朝天，其必然要借助头部才能翻过身，当甲鱼的头伸出时，用左手中指与食指、无名指夹住甲鱼颈部，并往外拉，右手从颈根处割断气、血管，放掉血液，再用刀斩断颈骨（以防甲鱼头再次缩回身体内部），在其腹部划一个"十"字，掏出内脏，保留心、肝（摘去鱼胆），放入沸水中烫2min，至外膜能用手指甲刮下，捞出放入清水中，刮去甲鱼外表所有的膜，斩去指爪尖部，撕去腹腔中的黄油，洗涤干净即可。

六、节肢动物和软体类原料的初加工

（一）甲壳类原料的初加工

甲壳类烹饪原料主要包括虾和蟹两大类。

1. 虾的初加工

虾的初加工主要是剪去额剑、触角、步足，体型较大的需要剔去背部沙肠，大龙虾一般不需剪去触角，因为触角中也长有虾肉，而且装盘时起装饰作用。在虾长虾卵的季节，加工时要将虾卵保留，经烘干后可制成虾子，是非常鲜美的鲜味调味料。

2. 蟹的初加工

将蟹静养于清水中，让其吐出泥沙，然后用软毛刷刷净骨缝、背壳、毛钳上的残存污物，最后挑起腹脐挤出蟹肠中的污物，用清水冲洗干净即可。加热前可用棉线将蟹足捆扎，以防受热后蟹足脱落，蟹黄流失。死蟹不能食用，易引起组胺中毒。

（二）软体类原料的初加工

软体烹饪原料品种常用的有田螺、鲍鱼、河蚌、目鱼等。

1. 鲍鱼的初加工

将鲜活鲍鱼洗净后，用不锈钢小刀剥壳取肉，并去除内脏，加入精盐搓洗后用清水冲洗，然后剪去嘴和外套膜，逐只洗净黑膜，加工和烹煮鲍鱼时应尽量不与铁、铜等金属用具接触，因为鲍鱼与这些金属接触后容易变成黑色。

2. 泥螺加工

将泥螺放入清水中静养一天，使它吐净腹中的泥沙，静养时可在水中放入少量植物油，便于泥沙排出，然后刷洗外壳泥垢，用铁钳夹断尾壳，便于吸食。如果需要直接取肉，可将外壳击碎，然后逐个选摘，切不可将碎壳混入肉中。然后去除残留的沙肠，用盐轻轻搓洗，再用清水冲洗即可。

3. 河蚌加工

用薄型小刀插入两壳相接的缝隙中，向两侧移动，割开前、后闭壳肌，然后再沿两侧壳壁将肉质取出，摘去鳃瓣和肠胃，用木棍轻轻将蚌足捶松（因蚌足肉质紧密，加热时不易酥烂），将蚌肉放入盆中加盐搓洗，去黏液，再用清水冲洗即可。

4. 蛏、蛤蜊的加工

先将鲜活的蛏、蛤蜊用清水冲去外壳的泥沙，然后放入 2% 的食盐溶液中，浸泡 0.5h，使其吐沙（体型较瘦的吐沙速度慢一些），然后用清水冲洗干净即可。

5. 墨鱼的初加工

墨鱼的初加工除保留外套膜和足须外，其他如皮膜、眼、吸盘、唾液腺、胃肠、墨囊、胰脏及腭片和齿舌都要去除，包埋于外膜内的内壳可保留作药用。批量加工时要将体内的生殖腺保留，雄性生殖腺可干制成墨鱼穗，雌性产卵腺可干制成乌鱼蛋，两者都是著名的海味原料。

第四节　调味技能

味是指食物在人口腔中经味觉器官感受的性状，味觉器官的感受称为味觉。人体的味觉感受器是味蕾，主要分布在舌面的乳突中，以舌黏膜褶处的乳突侧面最为稠密，特别在舌的背面、舌尖和舌的侧缘，少部分分布在咽喉、软腭、会咽处。味觉感受器是一种化学感受器。口腔中的唾液是天然的溶剂，与烹饪原料中的成分混合，刺激味觉。但这种刺激在极少数情况下是单一的，多数情况下是复合的、综合的，与物理味觉、心理味觉共同完成。物理味觉是指由于菜肴的硬度、黏度、温度等物理因素刺激口腔或咀嚼而产生的物理刺激。适宜的硬度、黏度、温度是菜肴产生良好味觉必不可少的条件。心理味觉是指由于菜肴的色泽、形状、用餐环境等因素对人产生的心理反应。幽雅的用餐空间和美观的菜肴形状，令人心旷神怡，并启发人们品味。一般情况下菜肴色泽呈暖色能增进食欲，如红色最能促进人们的食欲，使人精神振奋；橙色次之；黄色稍低，但使人心情舒畅。蓝、黄绿、绿、紫色对食欲的促进作用都较差。味蕾受到刺激后通过神经中枢传给大脑，由大脑思考后判断出具体的味觉。

调味简单来说就是调和滋味，运用调味手段将调味品和原料性味调成菜肴美味的过程。菜肴原料通过调味，可以起到四方面的作用：一是使淡味的原料获得鲜美的味道。如豆腐等原料，本身没有什么滋味，需要用调味品来调制出菜肴的味道，若用咸鲜类调味品可调出咸鲜味的豆腐菜肴；若用麻辣味的调味品，则能调出麻辣味的豆腐菜肴，依此类推，能调出多种味道的豆腐菜肴。二是能改变和确定菜肴的滋味。如猪肥肠原料本身味道不佳，通过调味，使异味去除，香味增加。三是能增加菜肴的色彩。如加入有色调味料，既调味又增加颜色。四是能去除原料中的一些腥异味。

一、调味的三个阶段

（一）加热前调味

菜肴原料在加热前加入调味品，以改善原料口味、色泽、质地（含水量）等品质，通常称为基本调味或调内口。加热前调味主要运用拌的方法，对菜肴原料进行腌渍，时间由十分钟到数小时不等。所加入的调味品不同，叫法有时也有区别。通常加入精盐为主的叫腌（腌肉、腌白菜），加入糖为主的叫糖渍（糖渍藕片、糖渍白菜），加入以醋为主的叫醋渍（醋渍黄瓜、醋渍莴苣）。加入的调味品有干有湿，加入调味品后原料表面液体较少的为干腌法，反之为湿腌法，先干腌后湿腌的叫混合法。

（二）加热中调味

菜肴原料在加热过程中加入调味品，这是以菜肴为对象的调味过程，是菜肴调味的主要阶段，又称为主要调味。菜肴加热过程中的调味，有利于调味品的分解、渗透、黏附、混合，达到呈味的较佳效果。加入调味品的次数有多有少，有一次调味、两次调味、多次调味。对于一些旺火短时间加热的烹调方法，以一次性调味（如兑汁）居多，如炒、熘、烹、爆等烹调方法；对于加热时间长的烹调方法，调味以两次或两次以上居多，如炖、焖、煨、煮、烧、扒等烹调方法，在原料刚入锅时加入部分调味品，在菜肴原料成熟时，经过试尝卤汁后，再加入适量调味品，使菜品符合制作要求。

（三）加热后调味

菜肴加热成熟后加入调味品，这种调味的手段是补充前面调味不足而进行的调味，故又称辅助调味。如炸猪排菜肴，原料经油炸后撒上花椒盐。这种调味适用于炝、拌、炸、蒸、烤、白灼等烹调方法，在烹调过程中不能彻底调味，需要进行补充调味。这类调味方法主要有跟碟法、撒拌法、调汁淋拌法等。跟碟法，就是将所需调味品放入调味碟中，与菜肴同时上桌，由客人自己蘸食，如葫芦虾蟹，配上花椒盐一起上桌。撒拌法，就是将干粉类调味品撒在菜肴上，再经拌匀入味，如干炸大虾，将虾炸熟后撒上香料粉拌和均匀即成。调汁淋拌法，就是将调好的料汁浇淋在菜肴上，清蒸菜肴和炝拌菜肴常用此法，如生炝河虾，将洗干净的活河虾放入玻璃碗中，另取一只小碗，放入香菜碎、精盐、酱油、白糖、浓香型白酒、味精、胡椒粉、辣椒酱、芝麻油、姜末、蒜泥，拌和均匀，活虾上桌，临吃时，由服务员将拌虾的卤汁倒入活虾中，迅速盖上碗盖，此时活虾突然受到浓烈调味品的刺激拼命挣扎，就像河虾在碗中上下"跳舞"，从而引起人们的食欲。

二、复合味的调制种类

菜肴的味是一种复杂的生理感受。单一味是指只用一种味道的呈味物质调制出的滋味。烹调学上的单一味主要有咸味、甜味、酸味、辣味、香味、鲜味、苦味七种，严格地说，单一味只能出现在调味品的分类上，只有一种味道的菜肴是不存在的。

复合味是菜肴的根本味道，每一种菜肴都是复合味的充分体现，是菜肴制作必须要训练的一项基本内容。复合味是指用两种或两种以上呈味物质调制出的综合味道。虽然原料本身具有一定的味道，但是这种味往往是通过调味后才呈现出来的，可见，菜肴的主要味道是由加入的调味品来决定的。复合味调制出的味因调味料的组配方式不同而不同，可以产生许许多多的味道，如咸鲜、香咸、咸辣、酸甜、酸辣、麻辣、香辣、五香、酱香、香糟、蒜泥、姜汁、芥末、甜香、烟香、陈皮、糊辣、红油、怪味、鱼香、家常、荷香、玫瑰、竹香、豉香等味，各种味道之间有差异，各有特色，这反映了我国菜肴调味的丰富多彩。

（一）咸鲜味

咸鲜味主要以精盐、鲜味剂（味精、鸡精等）调制而成，根据不同菜肴的风味要求，也可酌情加酱油、白糖、芝麻油及胡椒粉等，特点是咸鲜清香。在调制时，须注意咸度适宜，突出鲜味，如菜肴清炒虾仁、滑炒鲜贝等菜肴。

（二）香咸味

香咸味与咸鲜味相似。调制时应以香味为主，辅以咸鲜味，如菜肴香炸仔鸡、芝麻鱼排等。

（三）椒麻味

椒麻味是椒麻辛香，多用于冷菜调味，主要调味料有精盐、花椒粉、米葱末、酱油、味精、芝麻油等。调制时花椒应选用优质大红袍花椒，用以调拌菜肴，如菜肴椒麻耳丝、椒麻肚片等。

（四）五香味

五香味浓香馥郁，口味咸鲜，特别适用于冷菜，热菜有时也用之。调制时，用香料加盐、料酒、姜、葱等烹制食物原料，或加水制成卤水烹制。所用香料通常有八角、丁香、小茴香、甘草、豆蔻、肉桂、草果、山奈、花椒、白芷等数种，可根据菜肴需要，适当选用，如菜肴五香大肠、五香烧鹅等。

（五）酱香味

酱香味多用于热菜，以甜酱、精盐、酱油、味精、芝麻油调制而成，可加入白糖、胡椒粉及姜、葱、味精等。其特点是酱香浓郁，咸鲜带甜，如菜肴酱爆肚尖、酱汁茭白等。

（六）烟香味

烟香味风味独特，适用于冷菜和热菜的调味。其烟香来自熏制原料的不完全燃烧，如锅巴屑、茶叶、樟叶、花生壳、白糖、糠壳、锯木屑等不完全燃烧时产生的浓烟，以此熏制菜肴原料，使菜肴附有烟熏香味，如菜肴熏蛋、熏白鱼等。

（七）陈皮味

陈皮味适用于冷菜，特点是陈皮味芳香，麻辣回甜，主要以陈皮末、精盐、酱油、香醋、花椒、干辣椒末、姜末、葱花、白糖、红油、醪糟汁、味精、芝麻油等调制而成。调制时，应注意陈皮的用量不宜过多，以防味苦，白糖、醪糟汁仅为增鲜，用量以略感回甜为宜，如菜肴陈皮鸡丁、陈皮兔丁等。

（八）咸甜味

咸甜味适用于热菜，特点是咸甜并重，带有鲜香，主要以精盐、白糖、味精等调制而成。调制时，咸甜两味可有所侧重，或咸略重于甜，或甜略重于咸，如菜肴红烧肉、天香藕等。

（九）酸甜味

酸甜味也称糖醋味，特点是甜酸味浓，回味咸鲜，广泛用冷菜、热菜调味。以白糖、醋为主要调味品，佐以精盐、酱油、姜末、葱花、蒜泥等调味品调制而成。调制时，须以适量的咸味为基础，重用糖、醋，以突出酸甜口味，如菜肴醋熘鳜鱼、熘变蛋等。

（十）荔枝味

荔枝味也就是小糖醋味，多用于热菜，特点是酸甜似荔枝，咸鲜在其中，主要以精盐、香醋、白糖、酱油、味精、料酒、姜末、葱花、蒜泥等调味品调制而成。调制时，须有足够的咸味，并在此基础上显出一定的酸味和甜味，甜味应略小于酸味，如菜肴荔枝鱼片、菠萝鸡片等。

（十一）香糟味

香糟味适用于热菜，也用于冷菜，特点是糟香醇厚，咸鲜而回甜。调制时，主要调味品有香糟汁（或醪糟汁）、精盐、味精、芝麻油、冰糖、姜、葱等，如菜肴糟熘鱼片、糟熘鸭舌等。

（十二）甜香味

甜香味以白糖或冰糖为主要调味料，可适量加入食用香精、蜜饯、水果、干果仁、果汁等，如菜肴八宝糯米饭、蜜汁山药等。

（十三）咸辣味

咸辣味以咸、辣味道为主，鲜、香为辅，主要由精盐、辣椒、味精及葱、姜、蒜等调制而成，如菜肴辣子鸡丁、辣椒烧肉等。

（十四）酸辣味

酸辣味适用于热菜，特点是醇酸微辣，咸鲜味浓，调味品以精盐、醋、胡椒粉、味精、料酒为主。调制时，要掌握以咸味为基础，酸味为主体，辣味相辅助的原则，如菜肴醋椒鳜鱼、酸辣肚片等。

（十五）麻辣味

麻辣味适用于冷菜、热菜的调味，特点是麻辣味厚，咸鲜而香，主要由辣椒、花椒、精盐、味精、料酒等调制而成。辣椒和花椒的运用要因菜而异，有的用干辣椒，有的用泡辣椒，有的用辣椒粉、辣椒砖，有的用花椒粒，有的用花椒碎、花椒粉。根据不同菜肴，可适量加入白糖、醪糟汁、豆豉、五香粉、芝麻油等，如菜肴麻婆豆腐、棒棒鸡丝等。

（十六）家常味

家常味适用于热菜，以豆瓣酱、精盐、酱油等调制而成，也可适量加入辣椒、料酒、豆豉、甜面酱、味精等，特点是咸鲜微辣，如菜肴家常海参、家常豆腐等。

（十七）鱼香味

鱼香味适用于冷菜、热菜的调味，特点是咸甜酸辣兼备，姜葱蒜香浓郁，主要以泡红椒、精盐、酱油、白糖、醋、姜末、蒜泥、葱花等调味品调制而成，如菜肴鱼香肉丝、鱼香茄子等。

（十八）蒜泥味

蒜泥味适用于冷菜，特点是蒜香味浓，咸鲜微辣，主要以蒜泥、精盐（或酱油）、芝麻油、味精等调味品调制而成，如菜肴蒜泥黄瓜、蒜泥白肉等。

（十九）姜汁味

姜汁味是姜汁醇厚，咸鲜微辣，适用于冷菜、热菜调味，主要有姜汁、精盐、酱油（或不用）、味精、醋、芝麻油等调味品调制而成，如菜肴姜汁肉片、姜汁猪爪等。

（二十）芥末味

芥末味适用于冷菜，特点是芥辣冲鼻，咸鲜酸香，以芥末酱、精盐、醋、味精、芝麻油等调味品调制而成，如菜肴芥末鸭掌、芥末猪腰片等。

（二十一）怪味

怪味适用于冷菜，特点是咸、甜、麻、辣、酸、鲜、香并重，主要以精盐、酱油、辣油、花椒粉、白糖、醋、芝麻酱、熟芝麻、芝麻油、味精等调味品调制而成。调制时，要求比例恰当，互不压抑，如菜肴怪味生仁、怪味鸡丁等。

（二十二）茶香味

茶香味多用于热菜，特点是茶香味浓，咸鲜微辣，一般由茶叶、茶油、生姜、葱白、精盐（或酱油）、味精等调制而成，如茶香鲈鱼、茶香锅巴等。

（二十三）荷香味

荷香味一般适用于热菜的口味，主要以荷叶、熟大米粉、姜末、葱花、酱油、白糖、味精、精盐、南乳汁等制作而成，如菜肴荷叶粉蒸鸡、荷叶粉蒸肉等。

（二十四）玫瑰味

玫瑰味一般适用于甜菜的口味，其香味迷人，诱人食欲，主要以玫瑰酱、白糖、精盐、茄汁等调制而成。要求玫瑰酱色红味香，突出玫瑰香味，如菜肴玫瑰荔枝、玫瑰藕片等。

（二十五）豉香味

豉香味一般适用于热菜，主要以豆豉（斩蓉）、蒜泥、姜末、鲜汤、老抽、白糖、味精、香菜末、植物油等调制而成，要求豉香味浓，色泽棕红（不能呈黑色），如菜肴豉香鳊鱼、豉香鲈鱼等。

三、香味调制的种类

香味是气味分子扩散进入鼻腔，与嗅觉细胞之间发生反应的愉快感受。人的鼻腔后孔与咽相通，气流在刺激鼻腔的同时，对口腔也产生一定程度的影响，从而易产生口鼻腔的共同判断，故将鼻腔对气味的感受称为嗅觉，被判断的气体称为气味。

构成嗅觉感受器的嗅觉细胞存在于鼻腔上端的嗅黏膜中。嗅黏膜是人的鼻腔前庭部分的一块嗅感上区，有许多嗅觉细胞和其周围的支持细胞，在上面密集排列形成嗅黏膜，嗅觉细胞由嗅纤毛、嗅小泡、细胞树突和嗅细胞体等组成。人类鼻腔每侧约有 2000 万个嗅觉细胞，当挥发性气流进入鼻腔时，其嗅感物质先溶于嗅黏液中，与嗅纤毛相遇而被吸附，使嗅觉细胞表面部分电荷发生改变，产生电流，使神经末端接受刺激而兴奋，转换成电信号传达到大脑嗅区，从而产生了嗅觉感受。

食物的香气分为植物性香气、动物性香气、食物的焙烤香气、食物的发酵香气四种类型。植物性香气主要指蔬菜类、水果类和菌类香气以及植物性食用香料的香气等。蔬菜类香气成分主要是一些硫化合物；水果中的香气成分主要为有机酸、酯类和萜类化合物。动物性香气主要是指畜肉类、禽肉类、鱼类、虾贝类浸出物的挥发成分。牛肉浸出物的香气成分已知的有硫化氢、丙酮、乙醛、丁二酮、甲酸、丙酸、丁酸等，而构成特征香气的成分是呋喃酮。猪肉与牛肉的香气成分相似，但两者的香气却不同。食物的焙烤香气是食物原料在非水性加热的情况下所产生的香气。食物的发酵香气来源于发酵，有酒香、糟香、酱香、腐乳香、霉菜香、泡菜香、臭鳜鱼香、臭豆腐香、酸奶香、臭苋菜香、麻虾香、臭百叶香、臭干子香、臭咸蛋香、臭肉香等。

生的臭，熟的香，通过烹饪能产生许多美妙的香味。烹饪调香主要有十种方法。

（一）着香法

着香法是使菜肴具有另一种香味，而本来的香味有所改变的方法。如菜肴竹筒鸡，以新鲜的竹筒为盛器装盛鸡肉，使鸡肉增添了一种竹香味，使本来鸡香味与竹香味混合成一种复合的新型香味。

（二）附香法

附香法是指在不掩盖原料香味的基础上，又增加新的香味。如菜肴天香藕，本来只有藕和糯米的香味，当加入糖桂花后，菜肴便又多了一种桂花香味，这些香味之间互不相盖，相得益彰。

（三）增香法

增香法就是对原来香味的强度进行增加，一些高汤精粉、骨香粉就具有增强性。菜肴加入一些鸡精等鲜味成分后，汤汁、原料的鲜香味会增强。

（四）矫香法

矫香法是通过一些化学变化，矫正本味，使之更为清醇、端正，如烹调过程中利用酒的酯化作用，去除肉类的腥异味，增加香味的方法。

（五）溶香法

溶香法是将含有香味的原料通过熬煮，使香气溶入液体的方法。如卤水的卤汤即是如此。

（六）脱臭法

脱臭法是使不良气味分解挥发的方法。在烹调过程中，调料、配料中能去除腥异味的物质（如葱、生姜、药芹、洋葱、醋、胡椒等），有去除不良气味的重要作用。

（七）覆盖法

将原有香味完全覆盖，如麻辣仔鸡中的浓麻辣味对仔鸡的腥异味有遮蔽的作用。

（八）合香法

合香法是将多种香味聚合在一起的方法，火锅中的红汤里有二十几种香料，但所形成的香味只有一种复合的香味，这就是一个典型的数香合一的例子。

（九）饰香法

饰香法是指在主香味后点缀一两个香味，使余香味优美。如炒腰花、炒猪肝等菜肴，在菜肴装盘前，淋入香醋，增加菜肴的香味，使菜肴的味道更好。

（十）抑香法

抑香法是指使强烈香气变得柔和，有限地减弱香气强度。如烹饪原料青蒜的蒜香味浓烈，很少单独制作成无配料的菜肴，若与其他淡味的原料相配，则青蒜的味道减淡，所配的原料的香味被青蒜增强。如青蒜炒百叶、青蒜炒慈姑、青蒜炒肉丝、青蒜烧牛肉等菜肴，原料可以使青蒜味变得美味可口，百叶、慈姑、猪肉丝、牛肉受青蒜气味的糅合，变得更香。

第五节　烹调方法

烹调方法是指将烹饪原料经加工后，通过加热和调味，制作成一份能直接食用的菜肴的方法。我国常用的烹调方法有几十种之多，它的分类以传热介质为依据，可分为以水为主要传热介质的烹调方法、以油为主要传热介质的烹调方法、以气体为主要传热介质的烹调方法、以固体为主要传热介质的烹调方法、以非加热为主的烹调方法。这五类烹调方法之间互相联系，有时制作一份菜肴需要用几种烹调方法，每一种烹调方法烹制不同的原料，所使用的火力、加热时间也有一定的区别，这就需要在练习时，掌握它们各自的特点，灵活掌握火候，正确调味，使制作的菜肴符合设计的要求。

烹调方法是菜肴制作的最重要的过程，该过程完成质量的好坏，将直接关系到菜肴制作的成败，是烹饪专业的学生特别要注意训练的一项基本功内容。

一、以水为主要传热介质的烹调方法

以水为主要传热介质的烹调方法是指在加热烹制的过程中，以水为主要传热介质将原料加热成熟。常用的以水为传热介质的烹调方法有炖、焖、煨、煮、烧、扒、氽、涮、熬、烩、卤、酱、蜜汁等。

（一）炖

炖是指将经过加工处理的大块或整形的原料，放入陶或瓷质地的砂锅中，用大火烧沸后转小火烹制成熟的一种烹法。炖依具体的制作方法又分为隔水炖和不隔水炖两种。

1. 隔水炖

隔水炖是通过隔水加热使烹饪原料成熟的烹调方法。将原料经加工、焯水洗净后放入陶、瓷器具中，加清水及葱、姜、酒，盖上盖并用纸封住缝隙，置于小锅内（锅内水量低于器具，以水沸时不溢进器具为宜），盖严锅盖，用旺火长时间加热即成。还有一种隔水炖的方法，就是将原料及汤汁放入陶或瓷器具，置于笼屉中，旺火猛蒸而成，此法又谓蒸炖。

隔水炖法原料汤汁受热稳定，封盖严密，菜肴香味不易挥发，汤汁清澈如水。

2. 不隔水炖

将原料经加工、焯水后洗净，放入砂锅中，加水及葱、姜、酒，置旺火上烧沸，撇去汤面上的浮沫，盖上盖，转用小火加热3h左右，再经调味即成。此法操作简捷，但成菜效果不及隔水炖的方法。

炖制菜肴的特点：汤浓味鲜，本味突出，滋味醇厚，质地酥烂。

炖的制作关键如下：

隔水炖：要用密封纸将器具密封好；锅内水不能高于器具；加热时间符合菜肴要求。

不隔水炖：为防止粘锅底，要垫竹箅或骨头、笼垫等垫在砂锅的底部；水量适中，以淹没主料3cm左右为宜，以免中途加水，影响菜肴质量；控制火候，防止汤汁耗得太多；依原料要求，控制加热时间。

炖的菜肴有清炖蟹粉狮子头、三套鸭、清汤火方、清炖圆鱼、火腿炖银肺等。

（二）焖

焖是将经过炸、煎、煸、炒、水煮等初步熟处理的原料，加入有色调味品和汤汁，用旺火烧沸，撇去浮沫，改用小火使之成熟，收稠卤汁至稠浓的烹调方法。

焖菜根据所加入的调味品不同，成菜色泽有差别，可分为红焖、黄焖。

焖菜特点：成菜形态完整，汁浓味厚，软嫩鲜香。

焖的制作关键：一般用砂锅焖制；焖制时注意不要粘底；掌握放汤的量和焖制的时间。

焖的菜肴有黄焖鱼翅、黄焖鳗、砂锅野鸭、红酥鸡等。

（三）煨

煨是将经炸、煎、煸、炒、煮等初步熟处理的原料，放入陶质器具，加葱、姜、酒、汤汁等无色调味品，用旺火烧开，转小火长时间烹熟的一种烹法。

煨是加热时间最长的烹法之一，适用于质地较粗老的动物性原料，炊具用陶质器具，有砂锅、砂吊、陶罐、陶瓮、坛子等。

煨菜的特点：汤清味厚，味道鲜美，质地酥烂。

煨菜制作关键：应选择味道鲜美、新鲜的原料来烹制，加热时的火力要小；锅中汤沸后，应撇去浮沫，否则汤汁易浑；锅中水不宜过满，以免加热过程中溢出，使陶质炊具烧裂。

煨的菜肴有芽菜煨火腿、佛跳墙、淡菜煨牛筋等。

（四）煮

煮是将原料或经过初步熟处理的半制品，经切配后加多量汤或清水，旺火烧沸后转中小火加热成熟的烹调方法。

煮依加热时是否用汤汁，可分为白煮、汤煮。

1. 白煮

白煮又称水煮、清煮，是把原料或半制品直接放入清水中煮熟的方法。煮时不加调味料，有的加黄酒、姜、葱等以去除腥臭等异味。食用时把主料捞出，经刀工处理装盘后，外带调味碟蘸食，如清煮咸大马哈鱼、白云猪手等。

2. 汤煮

汤煮以鸡汤、肉汤、白汤、清汤等煮制原料的烹调方法。这种煮的方法适用于大多数煮的菜肴。

煮菜的特点：汤宽汁浓，汤菜各半，不需勾芡，口味清鲜。

煮菜的操作关键：煮制时，要控制好火候；煮制的卤汁宜根据加热时间的长短来控制卤汁数量。

煮的菜肴有大煮干丝、煮百叶、黄豆煮鳊鱼等。

（五）烧

烧是将经切配加工和初步熟处理（炸、煎、煸、煮）的原料，加适量汤水和调味品，用旺火烧开，转中小火烧透入味，旺火烧至汤汁稠浓的一种烹调方法。

烧菜的特点：汤汁少（约为主料的1/4）而浓稠，质地软嫩，口味鲜醇。

烧按色泽特色分为红烧、白烧、干烧、葱烧等。

1. 红烧

红烧因成菜色泽为棕红色而得名，适用于色泽不特别鲜艳的烹饪原料。原料烹制前一般经过焯水、过油、煎炒等初步熟处理方法制作成半成品,以汤和有色的调味品(酱油、糖色等)加热烧成红色,至原料成熟、卤汁稠浓即成,如红烧鲤鱼、卤汁面筋等。

2. 白烧

白烧是指原料经汽蒸、焯水等初步熟处理后,加汤或水及无色调味品进行烧制的烹法。汤汁多为乳白色,勾芡宜薄,使其清爽悦目,色泽鲜艳,如翡翠蹄筋、白汁江团鱼等。

3. 干烧

干烧是指菜肴烹制成熟后汤汁全部渗入原料内部或包裹在原料表面的烧制方法,色泽棕红。烧制时先将原料炸或煎上色后,加入豆瓣酱、肉末、泡辣椒、葱、姜等,大火烧沸后,转用小火慢慢加热,将卤汁自然收浓,包裹在原料表面,见油不见汁,如干烧鳊鱼。

4. 葱烧

葱烧是指原料经焯水等初步熟处理后,加入经炸或炒呈金黄色的葱段、葱油及其他调味品烧制成菜的方法。其葱香浓郁,葱呈金黄色,无焦枯颜色,如葱烧海参、葱烧蹄筋等。

烧菜的操作关键:加入豆瓣酱、甜面酱、番茄酱,注意它们易粘锅底;胶质含量丰富的原料应自来芡烧,其他尽量少勾芡;根据原料质地和菜肴要求,掌握烹制时间。

(六)扒

扒是将经过初步熟处理的原料整齐入锅,加汤、水及调味品,小火烹制收汁,保持原形装入盘中的烹调方法,通常用于制作宴席头菜。用料多为高档原料,如海参等;或用于整只、整块的鸡、鸭、蹄髈等;或用于经过刀工处理的条、片等植物原料。

扒菜的特点:选料精细,讲究切配,原形原样,不散不乱,略带卤汁,鲜香味醇。

扒菜的操作关键:加热时注意不要粘锅;翻锅时注意菜肴形状的完整和整齐性。

扒的菜肴有扒烧白菜、扒烧整猪头、扒蹄等。

(七)汆

入水为汆,汆是将经加工好的细小原料投入调好味的烧沸的汤(水)锅中,见锅中汤汁再沸时,即起锅装入碗中的烹调方法。

汆菜的特点:汤量多,主配料少,质地细嫩爽口,汤鲜味醇,主配料一般加工成细小的形状，便于成熟。

汆的操作关键：原料要加工，这样容易成熟；一般需要鲜汤来烹制菜肴；锅中的汤汁要沸、火力要大；原料入锅快速划开，使原料受热均匀。

汆的菜肴有汆腰片、汆猪肝、汆鸡片、榨菜肉丝汤等。

（八）涮

涮是火锅的一种特殊食用方法，是由食用者将厨师加工好的原料放入火锅中，来回晃动至熟后食用的一种烹调方法。

火锅既是炊具又是餐具。动植物性原料均可涮制。原料须经加工成净料，肉类加工成薄片、花刀块。蘸食的调味品一般有芝麻酱、黄酒、腐乳、辣油、卤虾油、腌韭菜花、香菜末、葱花、精盐、味精等，分别放在小碗或小碟中。由食客根据自己的喜好边涮边蘸食；也有的放入汤中调味。涮法由食用者自涮自食，热烫鲜美，饶有情趣，"一烫当三鲜"。

火锅所配的素菜很多，一些特色原料还有好听的名字，如虎筋（粉丝）、虎爪（金钢脐）、虎骨（馓子）、虎皮（锅巴），另外还有一些常见的植物性原料如菠菜、芽菜、豌豆苗等。

红汤（辣汤）火锅常用的有花椒粉、胡椒粉、八角、丁香、豆蔻、香叶、草果、甘草、砂仁、小茴香、陈皮、牛骨汤、牛油、姜、葱、黄酒等调味品。

涮的操作关键：难熟的原料应先放入火锅中加热；选用动物的"精料"，需要加工得较薄；夹料放入火锅涮时应烫熟后再食用，否则就是吃生料。

涮的菜肴有毛肚火锅、鸳鸯火锅、羊肉火锅、鱼头火锅、什锦火锅等。

（九）熬

熬是将小型原料加汤水或加调味品，用旺火烧沸后，转中、小火长时间煮至熟烂的烹调方法。多用于蔬菜、豆腐和畜、禽、鱼类原料，适用于大锅菜、家常菜等。特别常用的是熬粥。

熬菜的特点：有汤有菜，原料酥烂，清鲜不腻。

熬菜的操作关键：绿叶菜注意色泽不能变黄，否则会降低菜肴的价值；烹制蔬菜应加入少量动物性油脂来烹调，有时还加入鲜汤。

熬的菜肴有熬白菜、白菜熬豆腐、虾米熬白菜等。

（十）烩

烩是将几种易熟或经熟处理的小型原料放入锅中，加汤水，用中火烹制成菜的一种烹调方法。动植物性原料和加工性原料均可混合烩制。烩制前原料经刀工处理成大小相近的形状，并经焯水、过油等初步熟处理，少数鲜嫩易熟的原料也可生朵。

烩菜的特点：汤宽汁稠，口味鲜浓或香醇，质地软嫩。

烩菜的操作关键：调整不同原料的成熟度，使之成熟一致；原料之间的形状要相似；不可长时间加热；汤汁量要适中。

烩的菜肴有烩三丁、烩鱼肚、烩鸭四宝、烩三鲜等。

（十一）卤

卤是将经加工的原料放入卤汁里，以中、小火煨煮至熟或熟烂并入味的烹调方法。

卤适用于猪、牛、羊、鸡、鸭、鹅、内脏、各种蛋类以及香菇、蘑菇、豆腐干、百叶、素鸡等。卤制品称卤货，或称卤菜，卤汤多用香料调配制成，具有醇厚浓郁的鲜香味，滋味隽永，宜于下酒。卤汁有红卤、白卤、清卤（盐水）等，每种卤汁的具体配方又各有特色，有的视为传家之宝，以保持其独特风味，使产品久享盛名而不衰。

卤菜的操作关键：火力运用恰当；投料次序有先有后，保证成熟一致；加入卤汁的香料需用纱布包起来。

老卤的调制：卤汁使用一段时间后，要加入煮火腿、煮肉的新汤汁，以增加卤汁的浓度和风味；参照吊汤的方法，用鸡腺子提清卤汁内的杂质，以保持老卤的纯净。

保存老卤的方法是：撇去浮油，滤清杂质并烧沸；容器须洗净散热，用开水烫两次，然后放入卤汁；置于通风阴凉（或冰箱）处，罩上罩子，待其自然冷却，不可搅动；应经常煮沸杀菌。

另外卤过豆制品的卤汁易酸败，故不可将全部卤汁用于卤制豆腐品。在卤豆制品时，应按需要量舀出卤汁应用，卤后所剩卤汁也不可倒回卤罐。

卤的菜肴有卤猪头肉、盐水鹅、卤口条、卤肥肠等。

（十二）酱

酱就是将加工的原料放入酱汁中烧沸，小火将原料加热至熟烂的一种烹调方法。凡酱的菜肴必须用酱，当锅中放有一定黏度的酱后，应注意避免粘锅底，否则会使汤汁产生焦苦味，因酱传热较慢，最好用夹层锅加热，原料不容易烧焦。

酱菜的特点：酱香浓郁，光亮味厚。

酱菜的操作关键：少数酱口味较咸，应注意用量，并掌握菜肴用盐量；放入酱后，火力不宜过大。

酱的菜肴有酱汁茭白、酱汁春笋、酱鸭等。

（十三）蜜汁

蜜汁是白糖与冰糖或蜂蜜加清水后，将加工过的原料加热成熟的一种烹调方法。蜜汁适用于白果、百合、桃、梨、枣、莲子、香蕉等含水较少的干鲜果品及它们的罐头制品，以及山药、红薯等块根蔬菜和银耳等，也用于火腿等动物性原料的烹制。

将原料放入锅中加水和糖，直接熬煮到原料酥烂，卤汁稠浓。某些不易熟的或易散碎的原料，可放碗中加糖等，上笼蒸熟后，取出翻扣在盘或碗中，滗出甜汁入锅收浓，再浇淋在菜肴上。

蜜汁的操作关键：甜度适中，制品应香甜软糯。

蜜汁的菜肴有蜜汁山芋、蜜汁山药、蜜汁莲子、蜜汁甜桃等。

二、以油为主要传热介质的烹法

以油为主要传热介质，就是以各种食用油脂为传热介质，将烹饪原料加热成熟的一类烹调方法。除了以油为传热介质外，还有其他的辅助传热介质，共同将原料加热成熟，但必须是以油为主要传热介质。常用的以油为主要传热介质的烹调方法有炸、溜、爆、炒、烹、煎、贴、塌等。

（一）炸

炸就是以大量油为传热介质使原料成熟的烹调方法。

炸可用于整只原料（如鸡、鸭、鹌鹑、鸽），也可用于经过加工的丁、丝、条、片、块、段等小型原料。

炸的菜肴特点：酥、脆、松、香。

根据原料的质地和操作工艺的不同，炸可分为挂糊类炸、非挂糊类炸两类。非挂糊类炸指的是清炸，挂糊类炸包括干炸、酥炸、软炸，此外还有卷包炸。

1. 清炸

清炸是原料不经挂糊、上浆，只用调味品浸渍后，即投入油锅中炸制成熟的烹调方法。一般是先用五六成热的油将原料炸至八成熟，捞出，再放入八成热的油锅中复炸一次，至原料色泽金黄，且外表质地符合菜肴要求，如清炸仔鸡、清炸菊花肫、炸八块等。

2. 干炸

干炸是将原料用调味品腌渍，再经拍粉或挂糊，然后投入油锅中炸熟的一种烹调方法。

$$
干炸
\begin{cases}
拍粉炸 \\
挂水粉糊炸 \\
挂脆皮糊炸 \\
挂脆浆、酥糊炸 \\
挂蛋粉糊炸
\begin{cases}
蛋黄糊炸 \\
全蛋糊炸 \\
拍粉拖蛋糊炸 \\
拍粉拖蛋糊沾粉炸（粉料有面包粉、芝麻、松\\子仁、核桃仁、开心果、腰果、椰蓉、花\\生米等）
\end{cases}
\end{cases}
$$

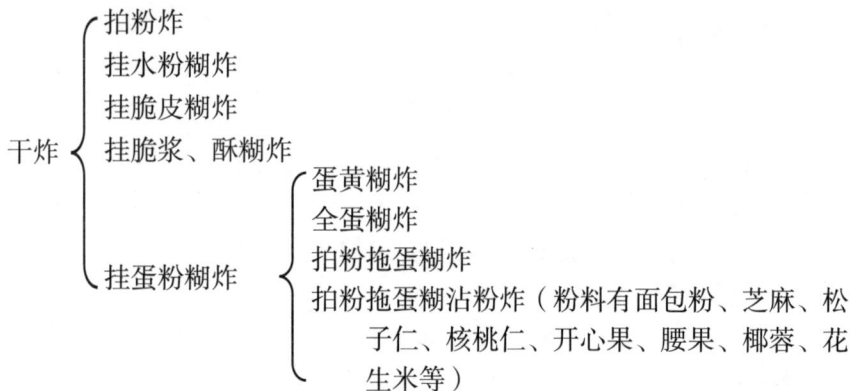

干炸的特点：成品外脆酥，颜色金黄。

干炸的菜肴有干炸刀鱼、干炸里脊等。

3. 酥炸

酥炸是将原料煮或蒸至熟烂后，挂糊或直接用热油炸制成熟的烹调方法。

酥炸的菜肴有香酥鸭子、脆皮乳鸽等。

4. 软炸

软炸是将质嫩而型小的原料经腌渍入味挂糊后，放入中等油温的油锅中炸制成熟的烹调方法。软炸分两步骤：一是将原料炸制定型，色泽一致；二是用四五成热的油炸至成熟。软炸的菜肴表面一般色泽洁白，质地软韧。操作时，油温不宜过高，否则成品外表是变脆，色泽变黄，不符合菜肴的要求。

软炸的菜肴有软炸口蘑、软炸麻花腰等。

5. 卷包炸

卷包炸就是将加工成小型无骨的原料经调味后，用薄而有一定韧性的片状原料包卷起来（如豆腐皮、蛋皮、猪网油、糯米纸、无毒玻璃纸、春卷皮等），再放入油锅炸至成熟的烹调方法。

卷包炸的菜肴有三丝鱼卷、春卷、纸包虾仁、香酥蛋卷、炸枚卷、蚝油纸包鸡等。

炸菜的制作关键：凡用于炸的油在炸制前应将油加热，使油内的水分挥发掉，尤其是素油；油量一般是原料的 2 倍以上（2 ~ 5 倍为佳）；要掌握好火力、油量、油温与原料（数量、性质、特点）之间的关系。

（二）熘

熘就是将调制好的卤汁浇淋在成熟的主料上，或将主料投入卤汁中快速翻拌均匀成菜的烹调方法。熘法适用于新鲜的鸡、鸭、鱼、肉、蛋，以及质地鲜嫩的蔬菜。主料一般加工成整只或丁、丝、条、片、块等细小的形状，常用过油、汽蒸、焯水、水煮等法初步熟处理。以旺火加热，快速操作，以保持主料脆酥、滑软或鲜嫩的口感特点。

熘菜成熟的三步骤：先使主料成熟，再制作熘菜卤汁，最后将主料和熘汁拌和在一起。

根据熘的菜肴成熟后，原料质地特点可分为脆熘、滑熘、软熘三种方法。

1. 脆熘

脆熘又称焦熘、炸熘，是将主料浸渍入味后，拍上干淀粉或挂糊，炸至外表酥脆、内部鲜嫩，然后将烹制好的卤汁浇到主料上，或将主料入锅与卤汁拌匀成菜的烹调方法。

脆熘的菜肴有咕咾肉、熘变蛋、醋熘桂鱼、菊花青鱼等。

2. 滑熘

滑熘是指将主料上浆后，以三四成热的油将原料滑熟，再与熘汁一起拌匀成菜的烹调方法，又称滑油熘。

滑熘的菜肴有滑熘肉片、糟熘鱼片、熘仔鸡等。

3. 软熘

软熘是将主料（固体或液体）经蒸熟后或煮熟后，将熘汁浇淋在原料上，或将烹制的熘汁与主料拌匀成菜的烹调方法，又称蒸煮熘。

软熘的菜肴有如西湖醋鱼、豉汁鳊鱼、豆瓣鲜鱼等。

熘菜的操作关键：熘汁的芡一次勾准，否则会混浊；熘汁分次加入油脂，以增加光泽，还能使卤汁在锅中加热时翻出的气泡又多又大，即行话讲的"活汁"；注意淀粉的质量，掌握淀粉的使用量；熘汁的量应稍多。

（三）爆

爆是将初加工的原料经刀工美化，再用沸水浸烫或滑油后，与配料、卤汁翻拌成菜的一种烹调方法。爆的原料一般是脆韧性动物性原料，如肫仁、肚仁、鱿鱼、墨鱼、海螺、猪腰等。爆因传热介质不同有油爆、汤爆、水爆；因调味料不同有酱爆、辣爆、葱爆、芫爆等。

爆的菜肴特点：形态美观，脆嫩爽口，亮油包芡。

爆的操作关键：脆韧性原料含水量较多，注意成熟后容易渗水；加热火候严格控制，既要注意翻卷造型，又要兼顾原料质地脆嫩；原料刀工美化一致，刀距、刀深、大小相等；原料的上浆应在入锅前进行，拍粉的原料入锅前应抖去余粉。

爆的菜肴有爆炒腰花、爆双脆、爆鱿鱼卷、爆乌鱼花、葱爆羊肉、葱爆牛肉等。

（四）炒

炒是以少量食用油，旺火快速烹炒小型原料，调味至成菜的烹调方法。炒法用于各类烹饪原料,加工的形状为丁、丝、条、片、末等。烹炒时油量宜少,旺火热油炒制,翻炒手法要快且匀。

炒法根据原料特点及成菜特色分为滑炒、生炒、熟炒、干炒、软炒等。

1. 滑炒

滑炒是将加工成小型的主料经上浆滑油,再以少量油与调料配菜炒制成菜的烹调方法,又称上浆滑油炒。

滑炒的菜肴特点:成菜柔软滑嫩,色泽光亮,亮油包芡。

滑炒的菜肴有炒鱼片、芙蓉鱼片、韭黄肉丝、炒猪肝等。

2. 生炒

生炒又称煸炒,原料不上浆,不滑油,卤汁不勾芡,合称"三不"。

生炒的菜肴有炒韭菜、生煸草头、炒药芹等。

3. 熟炒

熟炒是将已熟的或半熟的主料经细加工后,直接以少量油烹制成菜的烹调方法。

熟炒的菜肴有回锅肉、炒肥肠、炒肚片等。

4. 干炒

干炒又称干煸,是用少量油把原料内部的水分煸干,再加入调味料煸炒,使调料渗入原料内部,表面见不到卤汁的烹调方法。干炒适用的动物性原料有牛肉、猪肉、羊肉、鳝肉、兔肉等;植物性的原料有冬笋、茭白、豇豆、胡萝卜等。

干炒的菜肴有干煸牛肉丝、干煸鳝丝、干煸兔条、干煸冬笋、干煸茭白等。

5. 软炒

软炒又称芙蓉炒,用于液体原料或加工成蓉泥的固体原料,用少量食用油炒制成熟的烹调方法。炒牛奶应加入蛋清搅成糊状;炒蓉泥应用清汤稀释成糊状,用水或油烹制成粥状菜品。

软炒的菜肴有大良炒鲜奶、鸡粥鲍鱼、鸡蓉鱼肚、鸡粥菜心等。

软炒的操作关键:炒菜前要炝锅,以防粘锅;菜肴中卤汁数量应适量;根据菜肴的要求,控制火力的大小;炒制时应分次加油。

(五)烹

"逢烹必炸",烹是将新鲜细嫩的原料加工成细小的形状,用旺火热油炸成外酥内嫩,再烹入事先调好的调味汁,颠翻成菜的一种烹法。

烹的菜肴特点:菜肴外酥香,里鲜嫩,爽口不腻。

烹的操作关键:调制好兑汁芡,数量与口味符合菜肴要求;掌握好入锅炸制的油温高低与成熟度。

烹的菜肴有炸烹仔鸡、烹带鱼、炸烹大虾等。

（六）煎

煎是以少量油小火将原料煎熟，使两面煎至金黄色的烹调方法。用来煎的烹饪原料生熟皆可，需加工成扁平形状，上浆、挂糊或拍粉再进行煎制，煎制品可先浸汁入味，或煎后拌味、烹汁调味、蘸调味料食用。

煎的方法：先煎一面后煎另一面，油以不淹没原料为准，采用晃锅或拨动的手法，使原料受热均匀，色泽一致。

煎的菜肴特点：成品不带汤汁，色泽金黄，外酥脆，里软嫩。

煎的操作关键：锅要炝滑；控制火候，使菜肴原料受热均匀；油量高度是原料高度的一半。

煎的菜肴有煎茄夹、荷包蛋、煎蛋饺、糟煎桂鱼、蛋煎瓜片等。

（七）贴

贴是将几种原料粘合在一起，放入锅中只煎一面，使煎的一面呈金黄色的烹调方法。"贴"既有加工成型的意思，又有成熟的含义。贴多用于肉质软嫩的原料，原料数量一般为两种以上，一种作底，另一种原料与底料粘在一起成型，多数中间有连接料。

贴的操作关键：控制锅中油量，并将肥膘渗的油脂及时淴出；控制火力的大小。

贴的菜肴有锅贴鳝鱼、锅贴干贝、象眼鸽蛋、锅贴豆腐等。

（八）塌

塌是将原料挂糊、拍粉后煎至两面呈金黄色，并烹入兑好调味品的汤汁，再用小火收干卤汁的烹调方法。

塌的操作关键：锅要炝热炝滑，再放入原料；注意锅中温度一致；加的汤汁和调味品口味宜淡些。

塌的菜肴有锅塌豆腐、锅塌里脊、锅塌大虾、糟塌鱼片等。

三、以气体为主要传热介质的烹调方法

以气体为主要传热介质的烹调方法，指在烹调过程中的传热介质是以气体为主（如蒸汽、热空气）将热量传给原料，使原料成熟的一类成熟方法。以气体为主要传热介质的烹调方法有蒸、烤、熏等。

（一）蒸

蒸是指利用蒸汽传热使原料成熟的一种烹调方法。蒸法适用于制作菜肴、主食与小吃，也用于菜肴的初步熟处理和餐具消毒等。

蒸的器具有笼屉（形状有方、圆两类）、甑、蒸箱、蒸柜、蒸锅等。用于蒸的火力要大，时间短，成品富含水分，口感较好。

蒸菜的操作关键：蒸汽的压力视菜肴品种要求而定；严格控制蒸的时间。

蒸的菜肴在数只笼屉中放置次序：汤汁少的菜放上面，汤汁多的菜放下面；淡色的菜肴放上面，深色的菜肴放下面；甜味的放上面，咸味的放下面；先上桌的放上面，后上桌的放下面。

蒸的菜肴有清蒸鳊鱼、肉末炖蛋、荷叶粉蒸鸡等。

（二）烤

烤是利用柴草、木炭、煤、可燃气体（天然气、液化气、煤气）、太阳能、电为能源所产生的辐射热，使原料成熟的一种烹调方法。烤法适用于动植物性原料。烤制时间的长短决定于原料形体、性质的不同及风味的要求。烤制过程中一般不进行调味，原料在烤前浸渍入味，烤制成熟后佐调味品食用。

烤的菜肴特点：外皮酥脆，内部鲜嫩或酥烂（如叫花鸡）。

烤法通常先将生原料进行修整，腌渍或加工成半成品再进行烤制。整只或大块的动物性原料则需烫皮后涂上糖色、晾皮等处理，有的需要用其他原料（猪网油、黄泥）包裹后再烤制。烤一般使用烤炉，根据烤炉的不同，烤可分为明炉烤、暗炉烤两类。

1. 明炉烤

明炉烤是指用敞口式火炉或火盆将原料烤制成熟的方法。明炉烤对设备要求不高，但烤的时候辐射热易散发，原料受热不均匀，需要经常调换原料的位置与角度，使之成熟一致、色泽相近。明炉烤依烤的方法不同，可分为叉烤、网烤、串烤、炙烤。

（1）叉烤，就是用特制的烤叉插进原料中，然后置于明火上烤制，如烤乳猪、金陵烤鸭等。

（2）网烤，就是将原料用网格固定，再上烤叉烤至成熟的方法。网烤的原料一般是碎小或不能直接上烤叉的原料，需要用铁丝或铜丝制作成的丝网盖成长方形或椭圆形，再用铁叉插上烤制，如叉烧桂鱼、叉烧长鱼方、叉烧豆腐等。

（3）串烤，就是用特制的铁扦或银扦，串上调制好的薄片原料，烤至成熟的方法。串烤需用长槽形敞口烤炉，内烧木炭或电，将原料入味后串在扦上，边烧烤边翻动，有时可刷上调味汁、油，撒上粉料，烤至原料成熟，香气较浓即成，如新疆的烤羊肉串等。

（4）炙烤，就是在盒内烧火，盒上架一排铁条或蒙上铁网，将已浸渍入味的原料铺上，用筷子翻拨使之全部成熟。这是北方烤肉的方法，有烤肉的香味，边烤边吃，成品鲜嫩。这种既在火上烤，又在铁条上烙的成熟方法称为炙。炙烤适用于形体较小的原料，如北京烤肉等。

2. 暗炉烤

暗炉烤又称焖炉烤，是将原料挂在烤钩上，或放在烤盘里，然后送进可以封闭的烤炉内烤制的方法。此法温度稳定，原料受热均匀，烤制时间短，如北京烤鸭等。

烤的操作关键：原料外表抹饴糖时，应趁热抹在原料表面；注意原料部位烤的次序；勤换部位烤，使之受热均匀，成熟一致。

（三）熏

熏是将经加工处理的原料置于熏锅的架子上，利用熏料的不完全燃烧所生成的烟、蒸气、液体和微粒固体的混合物使原料成熟的烹调方法。

熏多用于动植物性原料，也可用于豆制品和蔬菜，原料可整熏，也可切成条、块熏制。熏时原料置于熏架上，其下放入熏料（锯末、松枝、甘蔗枝、花椒、茴香、茶叶、白糖、锅巴等），将锅置火上，其不完全燃烧产生带有香味的烟，烘熏原料致熟。

熏制菜肴的特点：成品色泽红黄，具有各种烟香，风味独特。

熏的分类按原料生熟不同，分为生熏、熟熏；因熏制设备不同，有缸熏（敞炉熏）、锅熏、室熏（房熏）；因熏料不同有锯末熏、松柏熏、茶叶熏、糖熏、米熏、樟叶熏、甘蔗楂熏、混合料熏等。平时菜肴制作中多数是生熏和熟熏。

1. 生熏

以生原料熏制，熏后就可直接食用，如生熏黄鱼、樟茶鸭子等。

2. 熟熏

原料经初步熟处理后再熏制，如茶叶熏鸡、松子熏肉、熏鸽蛋、熏狗肉等。

熏的操作关键：熏锅应密封；熏锅的盖应离料有一定距离（约3cm）；用于密封锅边的纸呈黄色时说明就快成熟了。

四、以固体为主要传热介质的烹调方法

在加热过程中，传热方式主要以固体物质为主的烹调方法有拔丝、挂霜、焗（盐焗、泥焗、砂焗）、烙等。

（一）拔丝

拔丝就是将糖熬成能拉出丝的糖液，包裹于炸过的原料上的烹调方法。拔丝依所加原料不同可分为油拔、水拔、水油拔、干拔。

糖液裹在原料上后应装盛在抹有油的盘内，寒冷季节可托一沸水碗在盘下保温，可延长拔丝出时间。吃拔丝菜还应备一开水碗，与拔丝菜一起上桌，供食者挟食物拔丝后蘸一下，快速降温，既避免糖衣伤口腔，又可使糖衣变脆不粘牙。

拔丝的操作关键：炸出来的原料间隔裹糖液的时间越短越好；把握好熬糖出丝的一瞬间；冬天要缩短炸制入锅时间和裹糖时间，并带开水碗垫在盘底；糖液易溅出伤人，注意安全。

（二）挂霜

挂霜是将糖加入适量水熬浓（115℃），再把炸好的原料放入拌匀，并使之迅速冷却，冷后凝结一层糖霜的烹调方法。

挂霜菜肴的特点：洁白如霜，柔软如绵，入口易化，香甜可口。

挂霜的操作关键：水糖的比例要合适，以1∶2为宜；投料时间要准确及时，糖浆温度为115℃时最佳；火力应用中小火；熟料裹糖汁后要立即降温，不停翻拌，蒸发水分，使糖结晶。

挂霜的菜肴有挂霜生仁、挂霜腰果、挂霜丸子等。

（三）焗

焗是运用密闭式加热，促使原料自身水分汽化致熟的烹调方法。

焗多见于广东（如盐焗鸡），江苏称盐焗为盐焐（如南通盐焐狼山鸡）。据传盐焗原为沿海煮盐的盐民创制，将较小的动物性原料（如鸟、蛙、鱼等）洗净，用纸包裹，埋入热盐中，利用热辐射使之成熟后取食。

焗法有五种：物料焗、炉焗、瓦罐焗、镬上焗、酒焗。

物料焗利用盐或石灰、蛎灰等物料焗制。用盐焗的有东江盐焗鸡，用生石灰焗的有广西桂林无火烹鸡，用蛎壳灰焗的有福建厦门无火烧鸡。均将鸡洗净，焯水后涂酱油，晾干，将调味料装入鸡腹（或先码味），以砂纸或锡纸、荷叶等裹严，埋入生石灰或蛎壳灰中，泼水使生石灰或蛎壳灰生热后将鸡焗熟。厦门一带在焗制时为测定鸡是否成熟，同时埋入鸭蛋，按预定时间取出，如鸭蛋成熟，则埋入第二个，至第三个鸭蛋成熟，鸡即成熟可食。

焗的操作关键：要一次成熟（若不熟再焗就很难成熟），注意各处传热均匀。

五、以非加热为主的烹调方法

以非加热为主的烹调方法指主要加工程序不需要加热，只要调味和刀工处理就能成菜的一类烹调方法，主要有拌、炝、腌、醉、泡、冻等。

（一）拌

拌是用调味品直接调制原料成菜的一种烹调方法。它适用于各类原料，动物性原料一般先经初步熟处理，然后再加入调味品拌和成菜。为了便于入味，原料加工成小而薄的形状（如丁、丝、条、片等），有的经改刀成块后，拍碎了再拌。拌菜多数现吃现拌，也有的先经用盐或糖腌渍，拌时挤去汁水，再调拌成菜。拌的调味品因菜肴品种不同而有变化，有的仅用精盐、酱、醋、糖调拌；有的用芝麻油、酱油、味精调拌；有的事先调制好调味汁再调拌；有的在基本调味的基础上另加蒜泥、葱油、姜末、腐乳汁、虾油、芝麻酱等调味料调拌。

拌的菜肴特点：口感鲜嫩或柔脆，清鲜爽口。

拌的分类：按原料生熟不同，有生拌、熟拌、生熟拌；因拌时原料温度不同，有凉拌、热拌。

拌的操作关键：原料要新鲜；不宜生食的要经熟处理；刀工处理时生熟分开；调味料有时要经过消毒。

拌的菜肴有拌干丝、香干拌菠菜、拌黄瓜等。

（二）炝

炝就是将原料加工成丝、条、片等，焯水或过油后捞出，趁热（也有凉的）用具有较强挥发性物质的调味品，如用花椒油、花椒粉、芥末、胡椒粉等调拌成菜肴的一种烹调方法，适用于鲜活动物性原料和应时蔬菜。

根据初步熟处理方法不同，炝有滑油炝、焯水炝两种。多数原料适于炝法，加工成丝、片、丁、花刀等形状，一般不上浆，经初步熟处理，加炝制调味品，迅速翻拌，使汤汁蘸裹主料，入味成菜。

炝的菜肴特点：清新爽口，鲜香脆嫩，适于下酒。

炝的菜肴有炝虎尾、炝凤尾虾、炝蚶子、炝茭白等。

（三）腌

腌是将原料浸入调味卤汁中或与调味品拌匀，以排除原料内部部分水分，使调味汁渗透入味成菜的一种烹调方法。

腌主要适用于植物性原料，可整腌，也可改刀成小型的条、块、丁、丝、片后再腌。腌制的调味品主要为精盐，其他还有柠檬汁、白糖、味精、芝麻油等。

腌的操作关键：特别要注意操作卫生；要注意装盘形状美观，原料搭配色泽鲜艳。

腌的菜肴有辣白菜、糖醋萝卜、蓑衣莴苣等。

（四）醉

醉是指用大量酒、盐浸渍原料的烹调方法，主要适用于动物性原料及少量植物性原料，如蟹、虾、鸡、鸭、鹅、鹅掌、螺、鱼、蚶、莴苣、笋、豌豆苗等。

醉根据原料的生熟可分为生醉、熟醉两种。

醉的操作关键：原料洗涤干净，注意操作卫生；控干、沥尽水分。

醉的菜肴有维扬三醉（醉虾、醉螺、醉蟹）、醉鸡、酒醉豆苗等。

（五）泡

泡是将新鲜蔬菜放入一定浓度的盐溶液中长时间浸泡，利用乳酸菌发酵至原料成熟的一种烹调方法。泡的菜肴称为泡菜。制作泡菜的盛器为特制的坛，为凹糟式小口大肚平底的泡菜坛，凹口处可用水封口，盖上盖碗，具有良好的密封性能。

泡菜特点：咸酸适口，微带甜辣，鲜香清脆。

泡的菜肴有泡萝卜条、泡辣椒、泡豇豆等。

（六）冻

冻又称为水晶法，是利用胶质冷却凝固原理制成菜肴的一种烹调方法。

冻一般制作甜菜、冷菜，是夏季的时令菜，可以加入胶质添加剂（如猪皮、琼脂、果胶、鱼胶粉等）。也有直接利用主料所含的胶质经较长时间熬煮，再冷却后成为成品（如黄豆鲫鱼冻）。

冻的操作关键：凝胶的浓度适中；低温环境。

冻的菜肴有西瓜冻、菠萝冻、羊糕、冻蹄等。

总结

1.烹调基本功中的刀工技术、原料初加工技术、加热调味是互相联系、互相影响的，需要全面提高。

2.刀工技术是烹调基本功训练中的基础。刀工技术的好坏将直接影响到菜肴的质量。

3.烹饪原料初加工是使不同性质的烹饪原料符合烹调的要求，否则将对菜肴质量起到反作用。

4.味是中国菜肴的核心，应根据菜肴的口味和调味原则进行正确调味。

5.掌握和熟练运用各种烹调方法。菜肴加热成熟的过程与调味密切联系，是红案厨师制作菜肴的核心技术。

思考题

1.在刀工操作过程中，怎样持刀和站位？

2.平刀法有哪些种类？各适用于哪些烹饪原料？

3.斜刀法有哪些种类？各适用于哪些烹饪原料？

4.切刀法有哪些种类？各适用于哪些烹饪原料？

5.翻锅有哪些方法？应注意哪些方面？

6.家禽的初加工步骤有哪些？开膛有哪几种具体方法？

7.甲鱼如何初加工？

8.调味有哪三阶段？各有何特点？

9.常用的复合味的种类有哪些？

10.烹饪过程中主要有哪些调香方法？

11.以水为主要传热介质的烹调方法有哪些？操作关键、代表菜肴有哪些？

12.以油为主要传热介质的烹调方法有哪些？操作关键、代表菜肴有哪些？

13.以固体为主要传热介质的烹调方法有哪些？操作关键、代表菜肴有哪些？

第三章

面点基本功知识

本章内容：1.面点制作

2.水调面团制作

3.膨松面团制作

4.油酥面团制作

5.米粉面团制作

6.杂粮蔬果面团制作

教学时间：2课时

教学目的：讲述面点工艺基础知识的基本理论，面点基本功在面点实践中的意义，运用物理学、营养学、美学、饮食保健学、卫生学、食品机械学等方面知识，丰富面点基本功内容，使学生懂得怎样操作，以及操作原理。

教学要求：1.让学生明白面点工艺基础学习的必要性。

2.让学生了解面点工艺基础包括哪些的主要内容。

面点是指利用面粉与水、油、糖、蛋等调制成面团，通过制皮、制馅、成型和熟制等工艺过程制作成的具有一定色、香、味、形的各类食品。通常习惯将麦制品称为"面"，如面粉、面条、面饼、面包、各种面皮等；米、豆制品等称为"粉"，如豆粉、米粉、粉条、粉饼、粉片等。实际上，面和粉都是对粮食研磨粉碎成的细小颗粒的称谓。在多数情况下，整粒谷物粮食被直接制作成"饭""粥"，而面粉则被用于制作"面点"。

点心是正餐之前的充饥之物，饭前饭后的小食，均可称为点心。点心包括饼、馒、糕、团、面、饭、小吃、茶食等。面点与点心既有联系，又有区别，不能混为一谈。

我国面点品种繁多，风味诱人，全国各地都有特色面点。面点制作是我国烹饪技艺的一个重要部分，也是烹饪必修的两个专业（烹调专业、面点专业）之一。烹饪专业的学生有必要熟练掌握面点制作技术，使面点制作技术不断向前发展。学习面点，要先练习面点基本功，同样，要想学习特色面点品种，更需要练习面点基本功。面点基本功是学习面点的基础，是每一个面点操作者需要具备的硬功夫，一点都含糊不得。

第一节　面点制作

一、和面

和面是整个面点制作中最初的一道工序，也是一个基本的环节，面和的好坏，直接影响到面点制作能否顺利进行以及成品的品质。

（一）和面的要求

和面是为便于面点制作而进行的一项操作技术，是面点操作中最基本的程序，是必须要掌握的一项基本功。

1. 和面的站立姿势要正

调和数量较多的面粉时，需要有一定强度的臂力和腕力，为了便于用力，必须有正确的姿势，以减轻劳动强度。正确的和面姿势应是身体站立端正，两脚分开，站成丁字步，不可左右倾斜，上身要向前稍倾，和面操作台要高度适宜，这样才能便于使力。

2. 和面掺水量要适中

和面时的掺水量受到许多因素的制约，如面粉本身的含水量，室温的高低，空气的湿度，以及制品本身的对掺水量的要求等。制作的面点数量越多，掺水量出入越大。在和面时，一定要根据品种规定的掺水量操作。手工操作掺水时，一般需要分次掺入，切勿一次加入大量的水，因为一次掺水过多，粉料一时吸收不进去，水易溢出，流失水分，反而使粉料拌和不均匀。但第一次加水也不能太少，第一次掺水不足，则和拌不透。所以，要分两三次掺入，并且在第一次掺水拌和时，要观察粉料吸水的情形，如粉料吸不进水或吸水少时，第一次要少加一点水，第一次掺水量以粉料的70%为好。分次掺水可掌握所用粉料的吸水情况，以便准确掺水。对初学者来说，最好分次掺水和面。

3. 和面的手法要熟练

无论哪种手法，都要讲究动作迅速、干净利落，这样面粉才会掺水均匀。特别是烫面，如果慢了，不但掺水不匀，而且生熟不均，成品内有白团块，影响制品的质量。

4. 和面的质量要符合面点制作要求

面团和好后要做到：一是匀、透、不夹生；二是符合制品对面团性质的要求；三是面团和得有光泽，手不粘面，操作台（盆、缸）不粘面，也就是和面时做到的"和面三光"：手"光"、面"光"、操作台"光"。这里的"光"是指手和操作台不粘有面团，面团上比较光滑，和面不拖泥带水。

（二）和面的方法

和面的方法大体可分抄拌法、调合法、调和法三种，其中以抄拌法运用较多。

1. 抄拌法

抄拌法就是将面粉放入缸（盆）中，中间扒一坑塘，放入第一次水（占总水量的60%～70%），双手伸入缸中，从外向内，由下向上，反复抄拌。抄拌时，用力均匀，手不沾水，以粉推水，促使水、粉混合，使面成为雪花状；这时可加第二次水（占总水量的20%～30%），继续双手抄拌，使面成为结块的状态（又称葡萄面）；然后把剩下的水浇在上面，搓揉成为面团，达到"三光"。这种和面手法适用于数量较多的冷水面团和发酵面团的调制。

2. 调合法

调合法就是将面粉放在操作台上，中间扒一坑塘，将水倒在中间，双手五指张开，从外向内进行调合，面成雪片后，再掺适量的水，拌和在一起，揉成光滑的面团。若调和少量的冷水面、烫面和油酥面时，可将面粉放操作台上，中间扒一小坑，左手掺水，右手和面，边掺边和。调冷水面团直接用手调制；调制沸水面团时，右手拿工具如擀面杖等，操作要灵活，动作要快，让沸水与面快速结合均匀，以使面粉均匀受热，不产生夹生现象。

3. 搅合法

搅合法就是在盆内和面，中间扒一坑，左手浇水，右手拿擀面杖搅合，边浇边搅，搅匀成团，一般用于烫面的调制。搅合时，搅动的速度要快，幅度要大，面和好后，要散尽面团中的热气，便于下一步的操作。

二、揉面

揉面根据操作方法不同可分为捣、揉、揣、摔、擦五种。

（一）捣

捣是在面团和好后，放在缸盆内，双手握紧拳头，在面团各处用力向下捣压，力量越大越好。当面团被捣压挤向缸的周围时，再将它叠拢到中间，继续捣压，如此反复多次，一直把面团捣透上劲。一些制品的咬劲要求较高，调制这样的面团时，必须捣遍、捣透，这种面团比调制一般面团的时间要长些。

（二）揉

揉是调制面团的重要动作，它可使面团中淀粉膨润黏结，使蛋白质均匀吸水，产生弹性的面筋网络，增强面团的劲力。揉匀揉透的面团内部结合紧密，外表光润爽滑，符合制品的需要。

1. 揉的姿势

揉面团时身体不能紧靠操作台，两脚分开，站成丁字步，身体站正，上身向前稍弯曲。在揉制少量面团时，主要是用右手使劲，左手辅助用力，使面团摊开面稍大，五指张开，用力均匀。

2. 揉的手法

双手掌跟压住面团，用力逐渐向外推动，把面团摊开；从外逐步推卷回来成团，翻上"接口"，再向外推动摊开，揉到一定程度，改为双手交叉向两侧摊、摊开、卷叠、再摊开、再卷叠，直到揉匀揉透、面团光滑为止。对于较小面团的揉制方法是：左手拿住面团一头，右手掌跟将面团压住，向另一头推开，再卷拢回来，翻上"接口"，继续再推、再卷，反复多次，直到揉匀为止。揉大面团时，为了揉得更加有力、有劲，也可握住拳头交叉揣开，使面团摊开的面积更大，便于揉匀揉透。

3. 揉的关键

揉的关键是既要使面团"有劲"，又要使面团揉"活"。所谓"有劲"，就是揉面的手腕必须用力。所谓揉"活"，就是用力适当，刚和好的面，水分没有全部渗透均匀时，用力要轻一些；待水分渗透均匀，面团胀润易揉时，用力就要加重。在操作过程中，要顺着一个方向，不能随意改变方向，否则，面团内形成的面筋网络就容易被破坏；同时，摊开、卷拢也要有一定的次序，这样才能将面揉得光滑。揉面所用的时间应根据面粉吸水情况而定，有的需要长一些，有的可能短一些，这取决于成品要求。对要求劲力大的面团，要用力多揉，揉得越多，越柔软、洁白，做出成品的质量越好。相反，不需多揉的，适当揉匀或少揉，防止影响成品的质量。

（三）揣

揣就是双手握紧拳头，交叉在面团上揣压，边揣、边压、边推，把面团向外揣开，然后卷拢再揣。揣比揉的劲大，能使面团更加均匀。特别是量大的面团，都是要有揣的动作。还有一些面团要沾水揣，操作方法和上述一样，所不同的就是手上要沾点水，而且只能一小块一小块地进行。

（四）摔

摔分为两种手法。一种是双手拿着面团两端，举起来，手不离面，与面同上下摔在操作台上，摔匀为止。一般来说，摔和揣结合使用，使面团更加润滑。另一种是稀软面团（如春卷）的摔法，用一只手拿起，脱手摔在盆内，摔下、拿起、再摔，摔匀为止。

（五）擦

擦主要用于油酥面团和部分米粉面团。具体方法是：在操作台上将油与面和好后，用手掌跟把面团一层一层往前推，边推边擦，面团推擦成平面后，滚回至身体前面，卷拢成团，仍用推擦法继续向前推擦，擦匀擦透。擦的方法能使油和面结合均匀，增强面团的黏性，制成成品后，能减少松散状态。

三、搓条

搓条的操作方法是：取面团一块，双手十指分开，掌跟按在长条上，来回推搓，边推、边搓，使条向两侧延伸，成为粗细均匀的圆柱形长条。面团较大时，可用刀切成长条，再进行搓条。搓条的基本要求是：条呈圆形，光洁，粗细一致。在搓条时需注意：一是两手掌跟用力均匀，两边用力平衡；二是用手掌跟推搓，不能用掌心，掌心有凹塘，使条的表面按不平。圆条的粗细根据剂子重量而定，剂子较小，搓条需要搓得较细，反之条搓得越粗。

四、下剂

下剂又称为摘剂、揪剂、掐剂。下剂根据手法不同，可分为摘剂、挖剂、拉剂、切剂等。

（一）摘剂

摘剂的手法是：剂条搓匀后，左手握住（但不能握得太紧，防止压扁剂条），左手虎口上露出剂子大小的圆柱体，右手大拇指、食指和中指同时捏住，与左手大拇指靠紧，顺势使劲往下一摘，即摘下一个。摘下一个剂子后，左手握住剂条也要顺势转一个小的角度，再露出圆柱体，右手顺势再摘。每摘一次，剂条转一角度，这样使摘下的剂子比较圆整、均匀。剂条转一定的角度，也可以用右手在摘剂时连转带拉，既摘下剂子，又把剂条转身变圆，摘出圆柱体剂子，左手只是跟着抓捏即可。总之，摘剂的双手需要配合默契，一摘一露，把一个个的剂子摘下，撒上面粉，逐只横截面朝上，整齐地放在操作台上。这种方法常用于饺子、包子等不太粗的剂条。

（二）挖剂

挖剂又叫铲剂，用于大馒头、大包、大烧饼、火烧等较粗的剂条。这种剂条既粗剂量又大，左手没法拿起，右手也没法摘下，所以要用挖剂的手法。具体做法是：搓条后，面团放在操作台上，左手按住，右手四指弯曲，从剂条上面四指向下一挖，就挖下一只剂子。然后，把左手往左移动，让出一个剂子截面，右手进而再挖，一只一只挖下。挖剂为长圆形，有秩序地放在操作台上，适当撒上少量的面粉，便于后续的操作。

（三）拉剂

馅饼面团比较稀软，不能摘也不能挖，就采用拉的方法。右手五指抓住一块，拉下一块。拉剂适用于含水量较多的面团。

（四）切剂

切剂就是利用刀具将面团切成大小符合要求的块形。制作火烧的面团质地较软，搓条不方便，一般放在操作台上，按平按匀，再切成方形剂子，擀成圆形即可。也可用于直接切成方形的剂子，如刀切馒头，既是剂子又是半成品（即不需要再经过揉搓就成生坯）。

以上的下剂方法，以摘剂方法使用较多。无论采用何种方法下剂，剂子必须均匀一致，大小相等。

五、制皮

面点中很多品种都要制皮，便于上馅和成型，制皮是制作面点制品的基本功之一。由于具体品种的要求不同，制皮方法也是多种多样，有的下剂后再制皮，有的不下剂就直接制皮，常用的有按皮、拍皮、捏皮、摊皮、压皮、擀皮等方法。

（一）按皮

按皮就是用手掌来按皮，将下好的剂子，用右手掌按成边缘薄、中间较厚的圆形面皮。按时注意用掌跟，不用掌心。从掌跟的左边先按下，再移至右边，小拇指顺势向后带一下，将皮子顺时针转动一角度，重复刚才的动作，直到将皮子压至符合要求。若手法熟练，可以用双手同时按皮。如一般包子的皮，可以采用双手按皮的方法。

（二）拍皮

拍皮也是一种简单制皮法：下好剂子，不用揉圆就戳立起来，用右手手指揿压一个，然后再用手掌沿着剂子周围用力拍，边拍边顺时针转动方向，把剂子拍成中间厚、四周薄的圆形皮子。适用于大包子之类的品种。这种方法单手、双手均可进行，单手拍，是拍几下转一下，再拍几下；双手拍时左手拿着面皮转动，右手掌拍即可。

（三）捏皮

捏皮适用于米粉面团如汤团之类品种，先把剂子揉匀搓圆，再用双手手指捏成凹塘，边缘变薄，面积变大，使其便于包馅收口。

（四）摊皮

这是需要经过加热才能制成皮子的方法，主要用于制作春卷皮。制作春卷皮的面团是筋性强的稀软面团，拿起要往下流淌，用普通方法制不成皮，所以必须用摊皮方法。摊皮时，将平底锅置于小火上，右手拿起面团，不停上下抖动，待锅面上的皮受热成熟时取下，再摊下一张。摊皮技术性很强，摊好的皮要求形圆、厚薄均匀、没有沙眼、大小一致。

（五）压皮

压皮就是借助工具的制皮的方法。下好剂子后，用手略按，然后右手拿刀，放平压在剂子上，左手按住刀面，向下挤压，同时刀面按顺时针方向转动一角度，成为一边稍厚、一边稍薄的圆形皮。澄粉面团制品多数采用这种制皮方法。

（六）擀皮

擀皮是制皮中最主要、最普遍的方法，技术性也较强，是必须要掌握的基本功之一。用擀的方法制作的品种较多，擀皮的工具和方法也不尽相同。

1. 水饺皮擀法（包括蒸饺、汤包等）

小擀面杖分为单杖和双杖两种。北方多数是用单杖，单杖为圆柱形。单杖擀皮时，先把面剂放在操作台上，用左手掌按扁，并以左手的大拇指、食指、中指三个手指捏住边沿，一面向后边转动，右手即以面杖在剂子的1/3处推轧面杖，不断地重复转动与滚压，转动和滚压用力要均匀，这样就擀成中间厚、四边略薄的圆形皮子。

双杖擀皮是用双手按擀杖两端制皮的方法，所用的擀杖有两根，为枣核形。操作时先把剂子按扁，以双手按面杖，右手向前推，左手向后拉，使剂子面积不断变大。擀时两手用力要均匀，两根面杖要平行靠拢，不能分开，并要注意擀杖在皮子上的着力点在皮子的边缘，使皮子符合制品的要求。

2. 馄饨皮擀法

这种擀法以手工擀制出的成品口感更好。这种做法用大块面团和大擀面杖。擀时，先将面团揉匀、揉光滑，用擀面杖向四周均匀擀开，包卷在面杖上，双手压面，向前推滚，每推滚一次，打开，拍上干淀粉（以防止粘连），再包卷推滚。推滚时两手用力要匀，保持各个部位厚度均匀，直至擀成又薄又匀的大薄片，再拍上干淀粉，叠成折扇形，用刀切成方形的小块，即成馄饨皮。如切成细条，即刀切面。其他如大饼、花卷、烧饼也是采用这种方法，先擀成大厚片，均匀抹上油、盐、芝麻酱等，卷起来再擀圆形，即成大饼；花卷、烧饼则在成条后，下剂子，再进行成型。

3. 烧卖皮擀法

用橄榄形擀杖或鸭蛋形走槌擀皮，要求擀成荷叶边，中间略厚呈圆形，即所谓的"荷叶边""金钱底"烧卖皮。操作时，在操作台上，先把剂子按扁按圆，擀皮时，多数用一根擀杖来擀。一种是用中间粗两头细的橄榄杖双手擀制，擀时面杖的着力点应放在边上，左手按住擀杖的左端，右手按住擀杖右端，用力推动，边擀边转（须向同一方向转动），将皮子边擀成有波浪花纹的荷叶形边，用力要均匀；同时，荷叶边要擀得均匀，并且擀成圆形，切勿将皮子边擀破。另一种是使用鸭蛋形走槌，其手法与橄榄杖擀皮方法大致相同，主要是两手按住鸭蛋形擀杖的两端，用力压住剂子的边缘，边擀边转。关键在于两手用力要均衡，向同一方向来回转动，并注意擀杖在剂子上的着力点是否在皮子的边缘。总之，擀制烧卖皮的技巧比较复杂，比擀一般的坯皮难掌握，必须经过反复练习，才能擀得符合制品的要求。

六、上馅

上馅又称为打馅、包馅、拓馅，是制作有馅心品种的一道工序。上馅的好坏将直接影响成品质量。如上馅不符合要求，就会出现馅心外溢，形状不完整。由于面点品种不同，上馅的方法分为包上法、拢上法、夹上法、卷上法和滚沾法等。

（一）包上法

包上法是上馅最常用的方法，面点的大多数品种（如包子、饺子等），都采用这种方法。但这些品种的成型方法并不相同，如无缝、捏边、卷边、提摺、提花等。因此，上馅的数量多少、部位、方法也就随之有异。

无缝包类面点品种，如鸭蛋包、葫芦包、寿桃包等，馅心较少，一般馅心包在中间，包好即成，关键是不能将馅心包偏。

捏边类面点品种，如油饺等，馅心应放在皮子中间，呈橄榄形，然后再合拢捏紧，馅心也就正好在皮子的中间。

提摺类面点品种，如鲜肉包等，馅心较大，包捏时为提摺成圆形，馅心要放到中心。提花之类品种，一般与提摺上馅相同，有的要根据品种变化而定。

卷边类面点品种，如酥饺等，馅心放入后，经过绞边后，成熟时不易漏馅，故难度系数较小。

大馄饨和水饺的上馅方法相同，小馄饨的馅心很少，是用细小扁刮子挑馅，拓在皮子上端，往下一卷，再一捏即成。

（二）拢上法

拢上法适用于各种烧卖的上馅，所用的馅心较多，放在中间，上好后拢起捏住，不封口，上面露馅。

（三）夹上法

夹上法即一层皮料一层馅心，将馅心夹在中间，上馅均匀而平，少数品种需夹上多层馅心。适用于蒸、烤类面点品种。

（四）卷上法

卷上法是将摘下的剂子擀成片状，部分或大部分放上馅，然后卷成筒形，再做成制品，成熟后能看到露出的馅心。

（五）滚沾法

滚沾法主要是元宵、藕粉圆子等具体品种的上馅方法。它不是包入法上馅，而是将馅料制成圆形小块，洒上一定量的水分，放入干粉中，通过摇晃，裹上干粉，有时需要滚几次达到一定大小，才能符合制品的要求。

第二节　水调面团制作

水调面团是指将水加入面粉中（有些需加入少量食盐、小苏打等），经过揉揉调制成的面团。

水调面团的特点是组织严密，质地坚实，内无蜂窝孔洞，体积不膨胀，故又称为"死面""呆面"。水调面团富有劲性、韧性、可塑性、延伸性，熟制后成品爽滑筋道，有咬劲，具有弹性而不疏松。水调面团是面点制作工艺中最基本的面团，使用较为普遍。

根据调制水调面团在调制时加水的温度，一般分为冷水面团、温水面团和沸水面团三种。由于水温对面粉的影响较大，面团各自的性质也有较大变化。

一、水调面团的调制原理

面粉中主要含有淀粉、蛋白质，它们都具有一定的亲水性，但这种亲水性随着水的温度变化而发生相应的变化。其中影响面团性质的是淀粉的糊化和蛋白质的变性，从而形成不同水温面团的性质。

（一）淀粉的性质

淀粉随着水温的逐渐升高而颗粒膨胀，逐渐糊化，黏性增强。在常温下，淀粉吸水率低，沉淀力强；在30℃环境下，只能结合30%的水分，颗粒不膨胀，仍保持硬粒状态；在50℃环境下，吸水率和膨胀率也很低，黏度变化不大；在53～59℃环境下，吸水率明显增加，淀粉颗粒逐渐膨胀；在60～67℃环境下，吸水率增大，淀粉颗粒既膨胀亦糊化，粉粒体积比常温下增大好几倍，黏性增强；在67.5～90℃环境下，淀粉与水融为一体，变成黏度很高的溶胶；在90℃以上环境下，淀粉充分糊化，黏度更大。

淀粉在加热过程中的不断变化，对调制面团有着重要的工艺价值。用冷水调制面团，淀粉的性质基本上未变化。当用沸水调制面团时，由于淀粉的糊化作用，面团变得黏软，缺乏筋力。当用温水调制面团时，面团的性质介于冷水面团和热水面团之间，具有两者相结合的优点。

（二）蛋白质的性质

蛋白质的物理性质与淀粉不同，随着水温的升高，蛋白质变性，黏性下降。在常温下，蛋白质吸水率高，不会发生热变性；在30℃时，吸水率增高，蛋白质结合水的能力达 150%，经过搓揉，能逐步形成柔软而有弹性的胶体组织，俗称"面筋"。在 60 ～ 70℃时，吸水率明显降低，蛋白质发生热变性，逐渐凝固，筋力下降，弹性和延伸性减退。

面粉在用 0 ～ 30℃的水调制时，其中蛋白质形成面筋，通过搓揉，再形成面筋网络，将淀粉及其他物质紧密包住。所以反复搓揉面团，面筋网络的作用也逐渐加强，面团变得光滑、有劲，并有弹性和韧性。而当水温升高时，蛋白质热变性与淀粉糊化温度接近，温度越高，面团中的面筋质受到的破坏越大，因而面团的延伸性、弹性、韧性都逐步减退，只有黏性增强。因此，用沸水调制的面团就变得柔软、黏糯和缺乏筋力。而温水面团是用 50℃左右的水调制的，这时蛋白质尚未变性，但因水温也能使部分蛋白质接近变性，使面团中的面筋质的形成受到一定影响，筋力下降。因此，温水面团的筋力、韧性介于冷水和热水面团之间。

二、不同水温水调面团的性质

（1）冷水面团（0 ～ 30℃）不能引起蛋白质热变性和淀粉膨胀糊化，能形成致密的面筋网络，具有质地硬实、筋力足、韧性强、拉力大的特点，成品色白，吃口爽滑，有筋道的感觉，如面条、水饺皮、馄饨皮等。

（2）温水面团（50℃左右）蛋白质接近变性，又没有完全变性，能形成面筋网络，又受到一定限制。保持一定的筋力，柔中有劲，有可塑性，成品口感适宜，适宜制作的面点品种有花式蒸饺皮等。

（3）热水面团（80 ～ 100℃）蛋白质热变性使面筋胶体被破坏，淀粉膨胀糊化后黏度增强，具有柔软、劲小、黏糯、韧性差、口感细腻、略带甜味的特点，适宜制作的面点品种有烧卖皮、熟馅制品等。

三、水调面团的掺水量

水调面团掺水量一是要注意面粉中的水分含量。二是要根据面点制品对面团的要求考虑掺水量。刀削面面团、水饺面团、春卷面团、揿面面团等对掺水量有不同要求，掺水量少，面团调得硬；掺水量多，面团调得软。三是掺水要分步进行，不能一次加入，若一次加入，很难掌握面团的软硬程度。手工调制面团分三步进行：第一步，加 70% 的水调成雪花面；第二步，加 20% 的水调制成葡萄面；第三步，最后加 10% 水调制成团。这样手工调出的面团，不夹生粉且易调成团。若机械调制面团，也应考虑分步进行。一般调制面团的掺水量为面粉量的 56%，即 1000 克面粉掺 560 克水。

四、水调面团调制注意事项

（1）要根据面粉的精度、含水量、空气湿度，确定掺水量。

（2）应按制品的要求和气温的高低确定适当的水温。如在冬天调制冷水面团时，水温需调至 30℃左右。

（3）掌握掺水方法，按不同的面团要求操作。如冷水面团应分几次掺水，而热水面团应一次掺水成功。

（4）使劲反复揉搓，揉到面团十分光滑、不粘手为止。

（5）面团揉好后需静置醒面，以使粉粒充分浸润，面团滋润、光滑。

第三节　膨松面团制作

膨松面团是在调制面团的过程中，加入酵母或化学膨松剂或通过机械力作用，使面团组织内部产生孔洞，变得膨大疏松的面团。

由于面粉中的麦胶蛋白和麦麸蛋白与水结合形成面筋网络，包裹住气体（二氧化碳或空气），经高温加热，气体膨胀，面筋网络定型，形成了制品体积膨大、组织松软、富有弹性的特点。

面团膨松的方法依膨松的原料不同，可分为生物膨松法、化学膨松法、物理膨松法三种。生物膨松法是面团中加入啤酒酵母，通过酵母的繁殖，产生大量二氧化碳，使面团膨松的方法；化学膨松法是面团中加入化学原料，通过加热产生二氧化碳等气体，而使制品膨松的方法；物理膨松法是通过机械的方法将空气打入面团中，通过加热使制品膨松的方法。

一、酵母膨松法

酵母膨松法是利用酵母在繁殖的过程中产生二氧化碳气体，使面团膨松的方法，起主要作用的是酵母菌。

酵母菌是一种单细胞微生物，种类很多，用于调制面团的酵母菌属于酵母菌中的啤酒酵母。这种酵母菌的特点是菌体繁殖较快，发酵性能稳定可靠，生成酒精酶的作用较低，对盐类的抑制作用较少，非常适合调制发酵面团，是制作面包、馒头、包子、花卷等面点的膨松剂。

（一）酵母发酵的原理

发酵主要是微生物中的酵母菌起的作用，酵母菌在含糖的液体内，能迅速繁殖产生一种酒化酶（又称酵素），它能促使糖分子分解成为乙醇分子和二氧化碳分子，同时产生热量。当酵母发酵到一定程度时，面团会变得膨松多孔。面团发酵有以下三个过程。

1. 淀粉酶的分解作用

面粉掺水调制成面团后，面粉中淀粉所含的淀粉酶在适当条件下活性增强，先把部分淀粉分解成麦芽糖，进而分解成葡萄糖，为酵母菌的繁殖提供了养分。如果没有淀粉酶的分解作用，淀粉不能分解为单糖，酵母菌是不会繁殖的。淀粉酶的分解作用，是酵母发酵的重要条件。

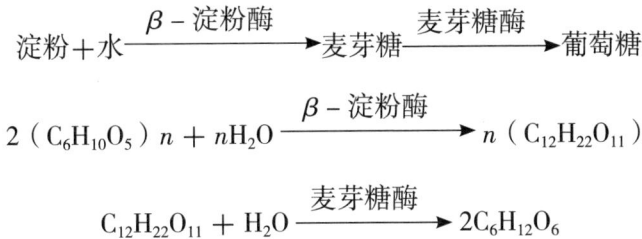

$$淀粉 + 水 \xrightarrow{\beta-淀粉酶} 麦芽糖 \xrightarrow{麦芽糖酶} 葡萄糖$$

$$2(C_6H_{10}O_5)n + nH_2O \xrightarrow{\beta-淀粉酶} n(C_{12}H_{22}O_{11})$$

$$C_{12}H_{22}O_{11} + H_2O \xrightarrow{麦芽糖酶} 2C_6H_{12}O_6$$

2. 酵母菌繁殖和分泌酵素

酵母菌加入面团后，以葡萄糖作为养分，在有氧和无氧的条件下，大量繁殖和分泌"酵素"，这两种情况几乎是同时进行的。但因面团内氧气含量不同，酵母菌繁殖有两种情况。一种是在有氧的条件下（即面团刚刚和成，由于和面时不断翻拌，面团内吸收了一定量的氧气），酵母菌利用淀粉水解所生成的葡萄糖进行繁殖，产生二氧化碳。其化学方程式是：

$$C_6H_{12}O_6 + 6O_2 \xrightarrow{28\sim30℃} 6CO_2 \uparrow + 6H_2O + Q$$

另一种情况是酵母菌在缺氧的条件下进行的发酵。当面团发酵到一定程度时，面团内揉进的氧气耗尽，这就使酵母菌在无氧的条件下繁殖，所分泌的酵素将葡萄糖转变成二氧化碳、乙醇及放出一定的热量。其化学方程式是：

$$C_6H_{12}O_6 \xrightarrow{28\sim30℃} 2CO_2 \uparrow + 2C_2H_5OH + Q$$

酵母菌的繁殖是一个放热的过程，热量主要是酵母菌利用葡萄糖作为养分加倍繁殖，在繁殖过程中产生的。上面两种变化可以说明，发酵后期的面团会产生酒香味，同时温度也会升高。

3. 杂菌繁殖和酸味产生

利用酵母发酵，因系菌种纯，发酵时间短、效果好，一般并不会产生酸味（即没有杂菌繁殖的问题），也不需加碱中和面团。而用老酵面（又称面肥、酵头等）发酵，面肥内除酵母外，还含有杂菌（如醋酸菌等），在发酵过程中，杂菌也会随之繁殖和分泌氧化酶，把酵母发酵生成的乙醇分解为醋酸和水。发酵时间越长，杂菌繁殖越多，在氧化酶的作用下，面团酸味越浓。其化学方程式是：

$$C_2H_5OH + O_2 \xrightarrow{\text{氧化酶}} CH_3COOH + H_2O$$

从上式可以看出，发酵时间越长，不仅酸味越大，而且面团逐渐变得稀软。

（二）影响发酵的因素

1. 面粉质量

在发酵过程中，对面粉质量的要求表现在两个方面：一是产生气体的性能，二是保持气体的能力。前者取决于淀粉及淀粉酶的含量（活性），后者取决于面筋多少及品质高低。

淀粉中的淀粉酶把部分淀粉分解为单糖，提供酵母所需的养分，使面团发酵。如面粉变质或小麦经过高温干燥，都将使淀粉酶受到损失，就不能迅速提供酵母需要的糖源（特别是在初期），对发酵不利。遇到这种情况，就要在面团中加入少量的糖，以弥补糖源不足而影响发酵速度的缺陷，使酵母尽快地产生二氧化碳气体。

面筋质可以抵抗气体膨胀，阻止气体逸出，是保持气体的重要条件。如果面团中面筋质含量少或筋力不足，酵母发酵所生成的气体不能被保持而逸出，面团就形成不了膨松状态。但面筋质过多，筋力过强，也会抑制气体的生成，对面团发酵不利，所以，以面筋质含量适中为好。从目前供应的面粉情况看，大致分为面筋质较多、筋力较大的硬质粉和面筋质较少、筋力较小的软质粉及筋力中等的面粉三种。对于硬质粉，在发酵时，可适当提高水温，降低一些筋力，以利气体生成；对于软质粉，在发酵时，要降低水温并加点盐，以增强面筋的筋力来提高保持气体的能力。区别软、硬质面粉的方法，餐饮业从业者习惯抓一把面粉捏紧松开，若面粉立即散开，一般为硬质粉，如不散开，一般为软质粉。

2. 酵母数量

一般来说，面团中引入酵母（或面肥）数量越多，发酵力越强，发酵时间越短。但用量过多，超过一定限度则会引起发酵力减退。根据试验，酵母用量为面粉量的2%左右为宜。使用面肥发酵面团时，由于面肥老嫩差异较大（即面肥中含的酵母数量不等），其用量要视情况而定。另外，面团发酵还受到气候、水温、发酵时间等因素影响，并且还要根据制品品种的具体情况进行调节，因此酵母数量没有统一的规定，凭实践经验掌握。

3. 发酵温度

温度对发酵起着重大的影响，这是因为酵母和淀粉酶对温度都特别敏感，温度适宜，它们才能更好地发挥作用。根据试验：酵母菌在30℃左右为最活跃，发酵最快，15℃以下繁殖缓慢，0℃以下失去活动能力，60℃以上死亡。淀粉酶在40～50℃作用最好，低于或高于这温度，作用便逐步下降。行业掌握温度的方法一般是结合自然条件，运用不同水温调节，如夏季用冷水，春秋季用温水，冬季用温热水等。但最重要的一条就是不能用60℃以上的热水，更不能用沸水。所以，发酵面团是没有"烫面"的。有些地区也有"烫酵面"之说，但其做法是先把面粉烫熟后冷却，再用面肥发酵而成，并不是直接烫酵的面团。

一年四季的气温相差较大，要使调好的面团温度符合预定的温度，必须计算出所加的水的温度。计算方法如下：

$$水温 = 预计面团温度 \times 3 -（室温 + 粉温 + 搅拌所增加的温度）$$

4. 面团软硬程度

在发酵过程中，面团软硬也影响发酵。一般来说，软的面团（掺水量较多）发酵快，也容易因发酵中所产生的二氧化碳气体而膨胀，产生的气体容易散失；硬面团（掺水量较少）发酵慢，是因为这种面团的面筋网络紧密，抑制了二氧化碳气体产生，但也防止了气体的散失。因此，调制发酵面团，要根据面团用途具体掌握，调节软硬度。一般地说，发酵面团不宜太硬，稍软一些较好。至于软到什么程度合适，还要根据天气冷暖、面粉质量（面筋质含量、面粉粗细、含水量等）以及环境湿度等情况全面考虑。

5. 发酵时间

发酵时间对面团发酵质量影响极大。时间过长，发酵过头，面团质量差，酸味强烈，熟制时软塌不暄。时间过短，发酵不足，则不胀发，色暗质差，也影响成品质量。准确掌握发酵时间是十分重要的。但发酵时间又受酵母多少、质量好劣、温度高低等条件制约。实际操作时，应根据具体的情况灵活掌握，大都先看所掺入的面肥质量和数量，再根据天气情况、温度高低作出正确判断。如夏季发酵时间短一些，冬季发酵时间长一些。

以上五种主要因素，并不是孤立的，而是互相影响和制约的。如酵母多，发酵时间就短，反之，发酵就慢；软面发酵快，硬面发酵慢。因此要取得良好的发酵效果，要从多方面情况加以考虑。不过，主要还是取决于时间控制和适度调节。如酵母少，天气较冷，面团较硬，发酵时间就可以长一些；酵母多，天气热，面团又软，发酵时间就短一些。这样加以适度调节，发酵就能大体适当。所以，控制发酵时间是发酵技术中的关键。

（三）老酵面团制作

老酵面团是将面肥掺入面粉中调成团，在一定条件下制出的面团，又称为酵面。酵面种类较多，依发酵程度和技法分为大酵、嫩酵、碰酵、呛酵等面团。

1. 大酵面

大酵面的特点是加面肥调制成团后，一次发足，成品暄软，用途较广，适用于馒头、花卷、大包等。

2. 嫩酵面

嫩酵面的特点是面团发好后带有一些韧性（比大酵面弹性好），习惯称为没有发足的酵面，有的也叫"小发面"，适用于带汤汁的软馅品种，如镇江汤包、小笼包子等。

3. 碰酵面

这种面团性质和大酵面一样，特点是加入面肥后根本不需要发酵时间，随制随用。从这一点讲，碰酵面就是大酵面的快速调制法，也称"抢酵面"。用途和大酵面相同，由于这种面团制做省时间，已被广泛应用，但从成品质量上讲，不如大酵面好。

4. 呛酵面

呛酵面就是在酵面中，呛入干面粉，揉搓成团，制做成品，如开花馒头等。

此外老酵面膨松法也是我国饮食行业传统的面团膨松方法。由于老酵面中菌种不纯，含有杂菌，故发酵过程中易使面团变酸。变酸后的面团需用碱中和，这就是发酵面团对碱。面肥发酵产生酸味是不可避免的，必须加碱去中和酸味，即酸碱中和，现在常用小苏打来对碱。

$$CH_3COOH + NaHCO_3 \rightarrow CH_3COONa + CO_2 \uparrow + H_2O$$

（四）纯酵母膨松面团制作

在面团中加入纯酵母使其膨松发酵的面团叫纯酵母膨松面团。

目前使用的纯酵母以即发性活性干酵母（简称活性干酵母）最为普遍。活性干酵母加入泡打粉，掺入面团中，现用现调，现制生坯，现成熟，使用极为方便。一般 500g 面粉，加入 5g 活性干酵母、5g 泡打粉和适量水、糖等。发面越多，使用活性干酵母的量相对越多。但活性干酵母用量过多，反而会引起发酵力减退。发酵温度掌握在 30℃左右，根据自然条件用不同的水温调节，如夏季用凉水，春秋季用温水，冬季用温热水调制面团，切忌用 60℃以上的热水，以免酵母菌因水温过高被烫死，而失去活性。

二、化学膨松法

化学膨松法就是将一些可食用的、对人体无害的化学膨松剂掺入面团内，利用它们加热时产生二氧化碳气体的特性，使熟制品具有膨松的特点。常用的化学膨松剂有如下几种。

（一）小苏打

小苏打学名叫碳酸氢钠，1g 小苏打可产生二氧化碳约 0.524g。其化学反应式如下：

$$2NaHCO_3 \xrightarrow{\text{加热}} Na_2CO_3 + CO_2 \uparrow + H_2O$$

（二）臭粉

臭粉学名叫碳酸氢铵，因有臭味，故使用量极少，往往不单独使用。

$$NH_4HCO_3 \xrightarrow{\text{加热}} NH_3 \uparrow + CO_2 \uparrow + H_2O$$

（三）发酵粉

1. 小苏打 + 酒石酸氢钾发酵粉

这是应用很广泛的发酵粉之一。一般配方是酒石酸氢钾 50%、小苏打 30% 及淀粉 20%。这种发酵粉的分解速度很快，在较低温度环境下，5min 即可产生全部二氧化碳的 3/4，以后再徐徐放出残留的气体。

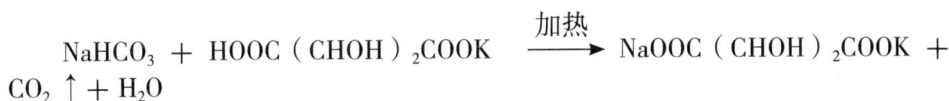

$$NaHCO_3 + HOOC（CHOH）_2COOK \xrightarrow{\text{加热}} NaOOC（CHOH）_2COOK + CO_2 \uparrow + H_2O$$

2. 小苏打＋磷酸盐发酵粉

磷酸盐一般多用磷酸钙。其配方比例是磷酸二氢钙 30%，小苏打 27%，淀粉 43%，这种发酵粉在分解反应时，气体的产生较为缓慢。

$$2NaHCO_3 + Ca（H_2PO_4）_2 \longrightarrow Na_2Ca（HPO_4）_2 + 2CO_2 \uparrow + 2H_2O$$

3. 矾、碱、盐

将矾、碱、盐按一定比例调成液体，掺入面粉，调制成面团，经油炸、烘烤加热后，使制品膨松孔大。

三、物理膨松法

物理膨松法又叫机械力胀发法，俗称调搅法。这种方法局限性大，必须加入新鲜的鸡蛋，利用鸡蛋液保持气体的性能，通过高速搅拌打进空气，然后与面粉调匀成面团。成品熟制过程中，面团内所含气体膨胀，就使成品松弹柔软。它的膨松既不是酵母的生化作用，也不是膨松剂的化学作用，而是蛋液中搅进空气受热膨胀，故称物理膨松法。在调制时，要注意以下几个方面。

（一）选用新鲜鸡蛋

必须选用鸡蛋，其他禽蛋有异味，不适宜用，而且鸡蛋越新鲜越好。新鲜鸡蛋胶体溶液（蛋清）的稠浓度高，能打进足量气体，保持气体性能稳定，调制的面团质量比较好，符合制品的要求。

（二）面粉过筛

面粉通过筛箩处理，变得松散，同时可去掉面粉中的硬团杂质等。

（三）辅料的用量

物理膨松法制成的面点色泽美观，营养丰富，香甜适口，在辅料（蛋糕油、塔塔粉等）的添加量上不受限制。

四、三种不同膨松方法比较

酵母膨松法、化学膨松法、物理膨松法被饮食行业广泛采用。三种方法在操作和使用上的难易程度各不相同，要根据具体情况选择使用。

生物膨松法所用的酵母本身有营养，能增加制品的营养价值，同时使制品具有酵母的一些风味。使用活性干酵母方便、实用，若用面肥发酵，成本低。但生物膨松法发酵时间长、影响发酵力的因素较复杂。

化学膨松法发酵时间短，操作简便，不受外界条件影响。面团中可加入多量的糖、油等辅料，而不影响制品的膨松效果。但成本较高，如果用量不当，会影响制品的口味和质量。

物理膨松法不受各种条件限制，色泽美观，营养丰富，口感良好。但局限性大，必须使用鸡蛋，成本特别高，如没有机械操作，则特别耗费体力。

第四节　油酥面团制作

油酥面团是指用食用油脂、面粉、水及一些辅料调制而成的面团。完全用油与面粉调制成的面团过于松散，难以加工成型，并且成熟很难成功，故需加入适量水、鸡蛋等辅料调制。

油酥面团的种类依起酥特点分类，有单酥面团、层酥面团、擘酥面团三种。单酥面团是用油、面粉、水和化学膨松剂调制而成，具有酥性，不分层次，如饼干、桃酥等；层酥面团由干油酥、水油面两部分组合而成，有明酥、暗酥、半明半暗酥；擘酥面团由两块面团组成，一块用凝结动物油脂掺面粉调制的油酥面，一块是由水、糖、蛋等调制的水面，然后通过折叠成为各种面点制品所需的皮料。

一、油酥面团起酥原理

油酥面团成团起酥与油脂的作用有关。当油脂掺入面粉中，面粉颗粒就被油脂包围，粘连在一起，不易溶化，所以需经过反复地"擦"，扩大油脂颗粒与面粉颗粒接触面，形成面团。

当油脂与面粉调成团后，油脂分布在面粉颗粒周围，阻止面筋网络的形成，同时淀粉没有与水分接触，不能糊化，增加面团黏度。一经遇热，油脂流散，以球状或条状存在于面团中，这些油脂中结合着少量空气、水分，遇高温后气体膨胀，面粉中蛋白质和淀粉变性，这样油酥制品在食用时，会有酥松的质地。

干油酥加热后散碎、酥松，成散沙状，无法制作成面点品种。

水油面中加入了清水，蛋白质吸水形成面筋网络，但由于水油面中含有大量油脂，又限制了一部分面筋网络的形成，其筋力、韧性均比水调面团小，酥性又远不如干油酥。

油酥面团是利用干油酥作酥心，水油面作皮，经过加工使干油酥与水油面层层相隔，成熟时皮层中水分在烘烤（油炸）时汽化，使层次中有一定空隙。由于水油面与干油酥的性质截然不同，从而使制品层次清晰，薄而分明，形成了油酥面团制品质地酥松的特点，有的还会产生漂亮的层次。

二、层酥面团的制作

层酥面团是由两部分组成，一是酥皮，又称水油面；二是酥心，又称干油酥。酥皮除用水油面外，亦用酵面皮、蛋面皮，以水油面的面点品种最多，使用也最多。

（一）水油面

水油面是以水（温度 15 ～ 30℃）、面粉、油脂为原料调拌搓揉成团，水、油、面比例为 2：1：5，它具有水调面团的筋力、韧性和保持气体的能力，又有润滑性、柔顺性和起酥发松的特性。水油面的作用是：与干油酥相互间隔，起分层和起酥的作用；使油酥面团具有成型和包捏的条件；将干油酥全部包裹住，解决了油酥成熟后易散碎的问题。

（二）干油酥

干油酥是以油脂、面粉为原料，反复搓擦使之充分混合成团。油、面比例为 1：2，其酥性好、松散、软滑，缺乏筋力、黏度，不能单独制成制品。干油酥作为酥心，与水油面层层间隔，有形成制品的层次和起酥功能；成品熟制后，具有酥、脆、松的特点。

（三）包酥时要注意的几个事项

（1）水油面与干油酥的比例必须适当，一般水油面 60%，干油酥 40%；若是用烤箱烤制，可提高干油酥所占的比例，则水油面 50%，干油酥 50%。

（2）干油酥与水油面的软硬度要相等，这样便于擀制、叠折、包捏、起酥。

（3）将干油酥包入水油面中，应注意使水油面皮四周厚薄均匀，防止顶端收口过厚，按坯擀皮后两种面团分布不均匀。

（4）擀皮起酥时，两手在面团各部位用力时，力量应大小一致。

（5）擀皮起酥时，面粉尽量少用；起酥后卷成圆筒时要尽量卷紧，否则酥层之间不易黏结，造成脱壳，使制品外形不完整。

（6）摘下的剂子在包捏成型前，应盖上一块湿布，防止外皮干硬开裂。

三、擘酥面团的制作

擘酥面团原来是广式面点制作油酥面团的方法，现在已在全国各地普遍使用。它是由两块面团组成，一块用黄油（或凝结猪油）与面粉调制的油酥面，一块是用水、糖、蛋等调制的水油面，然后折叠在一起，借助冰箱将其冷冻，制成油酥面点的坯皮。

擘酥皮由于使用油脂比例较多（有时干油酥比水油面数量多），柔软膨松的程度比一般包酥制品都要好，各层的展开比其他酥皮更宽、更分明。又由于水油皮中加入较少的油脂，还加入水、糖、蛋、面粉，故具有筋韧性，受热时发生膨胀，成为层次分明的层酥。制品的特点是松香、酥化。它配上各种馅心或其他半成品，可以变化成多种款式面点，如冬蓉三角酥、鲍鱼酥、冰花蝴蝶酥等。

（一）擘酥面团制作原料及步骤

擘酥面团所用原料：黄油 500g、精白面粉 500g、净鸡蛋液 75g、白糖 25g、清水 150g。

制作步骤如下。

（1）将面粉过筛，取 1/3 的面粉同黄油搓擦均匀，起黏后即为油酥面，放在特制铁箱的一边。

（2）将其余 2/3 的面粉放在操作台上，中间扒一塘，将鸡蛋液、白糖、清水、少量油加入和匀，搓至软滑有劲，即为水油面皮，放在铁箱的另一边。

（3）将铁箱盖严，然后放入冰箱冷藏，至油酥面变成具有相对硬度的面团。

（4）将冷冻的油酥面取出，放在操作台上，用擀面杖均匀压薄，再取出水油面皮，放在操作台上擀薄至与油酥面一样大小。将油酥面放在水油面皮上，用擀面杖再擀薄，将两端向中间折起，轻轻压平，折成四折，成为"蝴蝶折"。在第一次折的基础上，再用擀面杖压成日字形，按以上方法进行第二次、第三次操作，最后轻轻放入铁箱，摆平，再放入冰箱冷藏 30min，便成擘酥面团的酥皮，加馅心制作成擘酥面点。

（二）擘酥面团的制作关键

擘酥面团是经冷冻、折叠而成，其制作难度较大，制作时应注意以下几点。

（1）和面时须用黄油或凝结的、有黏性的猪油或其他起酥油。油酥面要推擦均匀。

（2）水油面皮在调制时要揉搓至光滑不粘手，否则成熟后制品易松散、脱落。

（3）水油面、油酥面放入冰箱不能冻得太硬，也不能过软，温度控制在 0 ~ 5℃。两者的软硬度一致，才便于擀叠均匀。

（4）操作时力量要控制好，用力要轻且均匀，否则会影响制品的膨松度和层次。

第五节　米粉面团制作

米粉面团主要是由米粉调制而成，部分米粉面团是将大米浸泡、蒸熟，然后捣烂（一般用舂臼冲捣，如年糕）成团制成。

大米一般分为糯米、粳米、籼米三类。每一类中又有许多品种，其物理性质（主要是黏性）各不相同的，这取决于大米所含的营养成分。

一、米粉的性质

大米中所含蛋白质和淀粉的数量同面粉相差不大，但特性差异很大，形成了用冷水调制的米粉面团和面粉面团的差别。为了调制米粉面团，就要采取一些特殊措施，如提高水温，通过蒸制、氽熟等方法增强淀粉黏度，使米粉形成团状。

虽然米粉所含的淀粉胶黏性较大，但淀粉在低温水中不溶或很少溶于水；且米粉所含蛋白质是不能形成面筋的谷蛋白和谷胶蛋白，因此冷水调制的米粉面团无劲、韧性差、松散。而用冷水调制的面团，劲大、硬实、韧性足，是因为其所含蛋白质是能形成面筋的麦胶蛋白和麦谷蛋白。

部分米粉面团是能够发酵的，但发酵后的米粉面团既不膨胀，成品也不松软。出现这样的原因是因为面团发酵成膨松面团必须具备两个条件：一是产生气体的能力（米粉面团是能够做到的）；二是保持气体的能力（这一点是米粉面团很难做到的，因为米粉面团中所含蛋白质不能形成面筋蛋白质）。米粉面团满足第一个条件，而第二个条件即保持气体的能力差，发酵后的面团不够膨松，不能产生多孔洞的蜂窝状。

二、三种米粉的区别

大米中起主要作用的是淀粉，淀粉的结构不同，其黏性亦不同。

（一）糯米

糯米所含淀粉几乎全部是支链淀粉，硬度低，成熟后透明，黏性强，胀性小。以纯糯米粉调制的粉团不作发酵使用。

（二）粳米

粳米所含淀粉中直链淀粉与支链淀粉各半，质地硬而有韧性，成熟后黏性较大，柔软可口。用纯粳米粉调制的粉团一般不作发酵使用。

（三）籼米

籼米所含淀粉以直链淀粉为主，支链淀粉占淀粉的30%，成熟后黏性较小，胀性大。用籼米粉调成的粉团可以供发酵使用（在特殊条件下）。

三、三种米在面点制作中的用途

米用来制作各种糕团类面点，具有南方面点的特色。糯米适宜制作黏韧柔软的面点，粳米用于干性面点，籼米用作发酵面点。几种米粉按一定比例掺和在一起，可明显改变其性质，行业中称掺和后的粉叫"镶粉"。

四、米粉面团的制作要点

调制米粉面团，由于米质、磨粉工艺以及成品要求的不同，调制时要注意的点较多。

从米质上看，不同品种的米磨成粉后的软、硬、糯程度差异很大。如糯米的黏性大，硬度低，成品口味黏糯，成熟后容易坍塌；籼米较糯米的黏性小，硬度大，口感硬实。为了使成品软硬适中，必须将几种粉料掺和使用。掺粉能够提高成品的质量，扩大粉料的用途，便于制作。还可以通过各种粉料的混合食用，提高营养价值。在调制米粉面团时，糯米粉、粳米粉的掺合使用最为普遍。另外米粉与面粉及杂粮掺和，使面团的性质具有互补作用。如糯米粉与面粉掺和，制作麻团、油糕，成品糯滑、有劲，形态饱满，不易变形。有些米粉在加工前，已将各种米按成品要求以适当比例掺和在一起，制成适用的混合粉料。

米粉面团调制视具体制品而异。米粉面团制品分为糕、团两类。糕分为松质糕、黏质糕，团分为生团、熟团、发酵粉团。

（一）松质糕粉团调制作要点

松质糕粉团又可分为清水拌和的白糕粉团和糖浆拌和的糖糕粉团两种。

1. 白糕粉团

白糕粉团只用冷水与米粉拌和，成为粉粒状或糊浆状。在调制过程中需要注意两个问题。第一，掺水量适当。一般拌成粉粒状的，干粉掺水量不能超过40%，湿磨粉以25%～30%为宜，水磨粉不需掺水，加些熟芡即可。另外还要根据粉料品种调整掺水量，加糖拌和的粉掺水要少一些。第二，调制要匀。搅拌和掺水同时进行，但因用冷水调制，淀粉吸水慢不易拌匀，所以搅拌掺水要分次进行，使米粉均匀吸水。白糕粉团调制后要静置一段时间后再使用。

2. 糖糕粉团

糖糕粉需用加工好的糖浆调制，这样粉团容易拌匀拌透。熬制糖浆的投料标准是500g白糖、250g水。在熬制时要用干净的锅，将水和糖一起放入锅中，放在小火上熬，要用木棍在锅内搅匀，见糖液泛起大泡即离火，晾凉，用干净纱布或罗筛去杂质后使用。其调制方法与白糕粉团相同。

（二）黏质糕粉团调制作要点

黏质糕拌粉与松质糕相同，拌好的粉应在上笼屉蒸熟后，倒入搅拌机里，再加适量水搅打均匀，取出分块、搓条、下剂、制皮、包馅。包好馅的坯团又可以用各种模型做成各种形状。有甜味的粉料蒸熟后，倒入搅拌机，加适量水搅拌后，放入涂过油的大模型内，四周按平，切成各种各样的块状。

（三）团类制品粉团制作要点

团类制品依生熟来分，有生粉团和熟粉团两种。熟粉团和黏质糕做法相似，生粉团大都用糯米粉、粳米粉调制而成。制成的粉团一般要求有韧性、不粘手、成熟后不粘牙，下锅加热时不破不糊等。生粉团调制必须经过适当处理，才会增加黏性。生粉团调制方法主要有泡心法、煮芡法。

1. 泡心法

将拌和后的镶粉倒在缸盆内，中间挖个凹坑，冲入适量的沸水（约每500g干粉加入100g沸水，其余用冷水），将中间部分的粉烫熟，再将所有的粉一起揉和，加入适量冷水，反复揉到软滑不粘手为止。

2. 煮芡法

煮芡法适用于水磨米粉。取约1/3的水磨粉，用适量冷水拌成稍硬的粉团，按成面饼状，投入多量的沸水中用微火煮熟，捞出，与余下的2/3水磨粉揉搓成硬实、光滑、不粘手的粉团。

（四）发酵粉团调制作要点

发酵粉团就是调制粉团过程中有一个发酵过程。所用的米粉只能用籼米粉，其他米粉不适宜制作。发酵粉团在发酵开始时要加入一定量的酵母或糕肥、面肥进行发酵，使其体积增加50%左右，并加入一定量的碱，以中和发酵过程中产生的酸性物质。发酵粉团制品有米摊饼、伦敦糕等。

第六节　杂粮蔬果面团制作

杂粮蔬果面团是指除面粉、米粉之外的材料为主料调制的面团。杂粮蔬果面团品种较多，有澄粉、杂粮、薯类、豆类、蔬菜类、果类、鱼虾蓉面团等。

一、澄粉面团

澄粉是指小麦中的淀粉，其来源广泛，价格低廉，质量较好，尤其是淀粉糊化后有一种半透明的感觉，并有一定的光泽度，受到面点制作者的欢迎。澄粉面团是澄粉加入开水调制成的面团。其面团色泽洁白，呈半透明状，细腻柔软，口感嫩滑，常用于制作精细面点，如虾饺等。澄粉面团调制时，一般用100℃的沸水烫粉拌和，才能具有黏性、可塑性，水温过低则达不到制作面团的要求。

二、杂粮面团

将小米、玉米、高粱等研磨加工成粉，有的加水调成面团，有的和面粉拌和后加水调制成团。杂粮种类很多，可做成多种面点，如小窝头等。

三、薯类面团

薯类面团是将紫薯或红薯去皮蒸熟，拓成泥，去掉薯筋，趁热加入面粉、油、白糖或米粉等配料揉搓成的面团。由于蒸制使薯类含水量多，调制面团前需挤去过多的水分，同时也流失掉一部分营养成分。所以薯类原料通过电烤、火炕成熟后，再去皮调成面团，没有挤去水分这一过程。这样使制作的面团原汁原味，薯味较浓。

四、豆类面团

豆类面团是将豆类磨制加工成粉调制的面团，如绿豆面团。调制的方法是：将绿豆磨粉，加水调成面团，有的加入米粉或添加食用油、糖等辅料。绿豆粉无筋，不黏，清香浓郁，制馅味香而软滑，制作面团则松软、甘香，如绿豆饼、绿豆糕、蚕豆饼、豌豆饼等。

五、土豆面团

土豆面团是将土豆蒸熟或烤熟后拓成泥，再加入少许面粉或米粉调制而成。土豆面团包入馅心，制作成土豆面团制品生坯。土豆面团制品营养丰富，口感细腻松软，具有特殊的土豆香气。

六、山药面团

山药面团一般选用淮山药，其质地细腻、肉色洁白，有黏液。淮山药一般蒸熟后去皮，再拓成泥，加入米粉，做成山药面团后制成面点，如山药寿桃、山药糕、山药饼等。

除以上面团外，还有芋艿面团、马蹄面团、虾肉面团、鱼肉面团等，其制作要点大同小异，这里不再赘述。

总 结

1.面点基本制作技能是五大面团制作的基础。

2.五大面团的制作技能相互联系、相互影响,需要全面掌握。

3.面点基本制作技能的训练和五大面团制作的训练,应遵循面点基本功训练的规律进行,以达到事半功倍的效果。

思考题

1.常用的和面方法有哪些?

2.摘剂的方法有哪些?

3.怎样擀制烧卖皮?

4.上馅方法主要有哪些?

5.叙述水调面团调制原理。

6.叙述纯酵母膨松面团调制原理。

7.影响发酵的因素有哪些?

8.物理膨松面团在调制时应注意哪些方面?

9.常用的三种米粉(糯米粉、籼米粉、粳米粉)的性质有哪些区别?

10.米粉面团一般怎样调制?

中篇　烹调基本功训练

第四章

家畜类原料菜肴制作

本章内容：家畜类原料菜肴制作

教学时间：26课时

教学目的：先由教师演示，再由学生练习，通过讲、演、练、评，达到训练目的。让学生通过家畜烹饪原料代表性菜肴品种的制作，掌握烹饪原料的初加工方法、干货原料涨发技法、刀工技术、翻锅技能、原料初步熟处理、调味技能、各种烹调方法，能制作出基本的、简单的、有代表性的家畜菜肴品种，并符合制作要求，为下一阶段家畜类中国名菜的制作打下坚实的基础。

教学要求：1.让学生了解家畜类原料常用品种的一般骨骼组织结构。

2.让学生掌握家畜类原料基本加工方法。

3.让学生根据营养要求，正确对家畜类原料进行配菜。

4.让学生能够选择适合家畜类原料的烹调方法。

5.让学生能够对家畜类原料进行正确的调味。

课前准备：由实验员或任课教师准备炉灶、所需原料（有的需要初加工）、用具、餐具等。

青椒里脊丝

青椒里脊丝是烹饪专业学生必须要掌握的一道菜肴，许多考试、用人单位测试应聘者的水平时，经常考到该菜。因为该菜能看出制作者对家畜类原料切丝的基本功、上浆基本功、滑炒菜肴的基本功的掌握情况，可以对制作者作初步的评价。此菜肉丝刀工精细，亮油包芡，口味咸鲜。

烹调方法

滑炒。

原料

猪里脊肉 200g，青椒 1 个，鸡蛋 1 个。

调味料

精盐 2g，味精 1g，湿淀粉 6g，鲜汤 25g，精炼油 750g（实耗 20g）。

制作要点

（1）刀工处理：将猪里脊肉批成薄片，切成细丝，放入有清水的碗中泡去血水，捞出挤去水分，加入精盐、鸡蛋清、淀粉拌和均匀。青椒去蒂、籽，切成细丝。

（2）滑油：锅置火上，倒入精炼油，烧至四成热时，放入肉丝，迅速划开，至全部变色时，倒入漏勺中，沥去油。

（3）滑炒：锅复置火上，锅内留少许油，放入青椒丝、精盐、味精和鲜汤，烧沸后用湿淀粉勾芡，倒入肉丝，翻拌均匀，起锅装入盘中即成。

制作关键

（1）肉丝切工处理要顺着肌肉的纹路切割。

（2）要泡去肉中的血污，使炒出的成品色泽呈乳白色。

制作流程

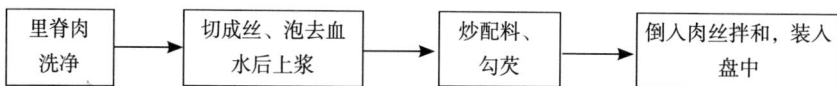

| 里脊肉洗净 | → | 切成丝、泡去血水后上浆 | → | 炒配料、勾芡 | → | 倒入肉丝拌和，装入盘中 |

思考题

1. 肉丝为什么要顺丝切？

2. 怎样才能使血污泡得快而干净？

京酱肉丝

此菜肉丝色泽酱红，京葱脆嫩，口味鲜香。

烹调方法

滑熘。

原料

猪瘦肉 200g，鸡蛋 1 个，京葱丝 25g。

调味料

甜面酱 10g，酱油 3g，白糖 3g，精盐 0.5g，味精 0.5g，鸡蛋清 15g，湿淀粉 5g，鲜汤 10g，精炼油 750g（实耗 25g），淀粉适量。

制作要点

（1）刀工处理：将猪瘦肉批成薄片，切成细丝，加入精盐、鸡蛋清、淀粉拌和均匀。

（2）滑油：锅置火上，倒入精炼油，烧至四成热时，放入肉丝，迅速划开，至全部变色时，倒入漏勺中，沥去油。

（3）滑炒：锅复置火上，放入甜面酱稍煸，加入酱油、白糖、精盐、味精和鲜汤，烧沸后用湿淀粉勾芡，倒入肉丝，翻拌均匀，起锅装入放有京葱丝的盘中即成。

制作关键

（1）猪瘦肉上的老筋应剔除干净。

（2）甜面酱含有一定的咸味和甜味，糖和盐应注意用量，防止菜肴过咸。

（3）勾芡时，注意芡汁的浓度。

制作流程

猪瘦肉洗涤 → 切成细丝、加调味料上浆 → 肉丝滑油、调味勾芡 → 倒入肉丝拌和，装盘

思考题

1. 京葱是一种什么品种的葱？

2. 甜面酱为什么要进行煸炒？

榨菜肉丝汤

通过该菜练习，掌握切肉丝、吊清汤的技能。此菜汤清见底，肉丝鲜嫩，榨菜香脆。

烹调方法

氽。

原料

猪瘦肉 150g，榨菜丝 50g，小青菜 50g。

调味料

葱结 5g，姜片 5g，黄酒 5g，精盐 2g，味精 1g，清汤 400g，精炼油 5g。

制作要点

（1）刀工处理：将猪瘦肉切成细丝，放入小碗中，加入葱结、姜片、黄酒和少许清水和匀。榨菜丝放清水中泡去咸味，捞出榨菜丝放汤碗中。小青菜洗净，切成 3cm 长的段。

（2）成熟：锅置火上，倒入清汤烧沸后，倒入肉丝与泡肉丝的水，待肉丝变色时捞出，放入有榨菜丝的汤碗中，待锅中浮沫浮于水面，撇去，放入小青菜、精盐、味精、精炼油，待沸起锅倒入汤碗中即成。

制作关键

（1）榨菜丝要泡去咸味。

（2）泡猪瘦肉的水不能倒掉，需要用它来去除清汤中的少量杂质。

制作流程

```
┌────────┐      ┌──────────────┐      ┌──────────────┐      ┌──────────────┐
│ 猪瘦肉 │ ───► │ 切成细丝、   │ ───► │ 肉丝煮变色， │ ───► │ 肉丝放碗中， │
│ 洗涤   │      │ 加入调味品浸泡│      │ 汤汁调味     │      │ 倒入汤汁     │
└────────┘      └──────────────┘      └──────────────┘      └──────────────┘
```

思考题

1.吊汤的技巧有哪些？

荷叶粉蒸肉

此菜选用猪的五花肉，配以荷叶、豆腐乳、豆瓣酱蒸制而成。此菜荷叶清香飘逸，猪肉鲜嫩酥烂，肥而不腻。

原料

猪五花肉 250g，粳米 150g，香豆腐乳 2 块，鲜荷叶 4 张。

调味料

酱油 5g，白糖 5g，精盐 2g，味精 1g，葱段 5g，姜片 5g，八角 3g，桂皮 3g，黄酒 10g，芝麻油 15g。

制作要点

（1）整理：粳米淘洗干净、晾干，与桂皮、八角一起放入锅中，小火炒至淡黄色，盛起稍晾，拣去桂皮、八角。粳米碾碎，待用。鲜荷叶洗净，把 3 张荷叶切成 12 块 12cm 见方的片，批去叶背面的叶筋，放入沸水锅中烫一下取出，用凉水浸凉待用。五花肉镊去毛，刮洗干净，切成长 5cm、宽 0.5cm、厚 3cm 的片。豆腐乳拓成泥待用。

（2）蒸熟：将肉片放入盛器，加酱油、白糖、精盐、味精、黄酒、葱段、姜片、豆腐乳拌和后浸渍 10min，放入米粉、芝麻油拌匀，排在方盘中，再盖上 1 张鲜荷叶，上笼蒸熟取下，揭去荷叶。

（3）装饰：将 12 块荷叶铺在操作台上，分别包入粉蒸肉，成长方体，将荷叶包口露在外面朝下，排入盘中，上笼再蒸 1min 取下，抹上芝麻油即成。

制作关键

（1）掌握好猪肉片与各种调味品的用量比例。

（2）荷叶要洗净并放入沸水中焯水。

（3）粳米入锅炒制时，防止火力太大使粳米变焦。

制作流程

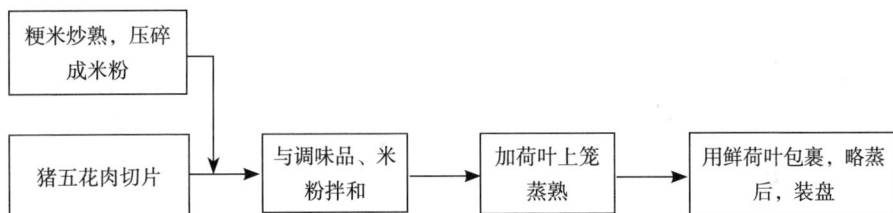

| 粳米炒熟，压碎成米粉 |

| 猪五花肉切片 | → | 与调味品、米粉拌和 | → | 加荷叶上笼蒸熟 | → | 用鲜荷叶包裹，略蒸后，装盘 |

思考题

1. 粉蒸肉粘牙是何原因？

2. 炒制粳米时，火候应怎样掌握？

糖醋里脊

"糖醋"是酸甜味中的一种，多用于溜菜。此菜选用猪里脊肉为原料，肉质细嫩，口味酸甜。

烹调方法

滑熘。

原料

猪里脊肉 250g。

调味料

白糖 75g，精盐 1g，香醋 30g，鸡蛋 25g，芝麻油 10g，姜末 3g，葱花 2g，湿淀粉 10g，酱油 2g，面粉 75g，精炼油 750g（实耗 30g）。

制作要点

（1）刀工处理：将里脊肉洗净，剔去筋膜，切成长 3cm、宽 2cm、厚 0.3cm 的薄片，盛入碗中，放入鸡蛋、面粉、湿淀粉、精盐、酱油，加入清水调匀挂糊。

（2）炸制：炒锅置火上，放入精炼油烧至七成热，将里脊肉片逐片下锅，炸至金黄色，倒入漏勺中沥去油。

（3）熘熟：炒锅复置火上，放入油，再放入白糖、香醋、姜末、葱花、酱油、清水，烧沸后用湿淀粉勾芡，淋入芝麻油，倒入炸过的里脊肉片，颠翻炒锅，装入盘中即成。

制作关键

（1）挂糊时不能太厚，糊要挂得均匀。

（2）糖醋比例适当。

（3）里脊肉上的筋膜要去除干净。

制作流程

| 猪里脊肉切成片 | → | 肉片加入面粉、精盐等拌和 | → | 肉片入油锅炸呈金黄色 | → | 调卤汁与肉片拌和，装盘 |

思考题

1. 炸里脊肉片的油温如何？

2. 一般糖醋卤汁怎样调制？

椒盐里脊

此菜选用质地鲜嫩的里脊肉，用炸的方法，以椒盐调味，具有外脆里嫩、色泽金黄、口味鲜香的特点。

烹调方法

干炸。

原料

猪里脊肉 250g，鸡蛋 1 个。

调味料

精盐 3g，黄酒 5g，味精 1g，干淀粉 10g，葱花 3g，花椒盐 5g，面粉 75g，精炼油 750g（实耗 25g）。

制作要点

（1）刀工处理：将里脊肉切成边长为 3cm 的菱形块，加黄酒、精盐、味精浸渍入味。将鸡蛋清、面粉、干淀粉、水调成蛋清糊。

（2）炸制：炒锅置火上，倒入精炼油，烧至六成热时，将里脊肉逐块拖上蛋清糊放入油锅中炸至定型捞出。待锅中油温升至七成热时，将里脊肉复炸至金黄色，倒入漏勺中沥去油。

（3）烹后调味：锅复置旺火上，锅内留少许油，放入葱花、里脊肉，再撒上花椒盐颠翻炒锅，装入盘中即成。

制作关键

（1）里脊肉浸渍时，注意放盐量不宜过多。

（2）油炸时，注意掌握油温。

（3）里脊肉炸后要趁热拌和调味品，否则调味品不易拌均匀。

制作流程

猪里脊肉切成菱形块	→	加调味品，浸渍入味	→	挂糊入锅炸脆	→	撒上花椒盐，装盘

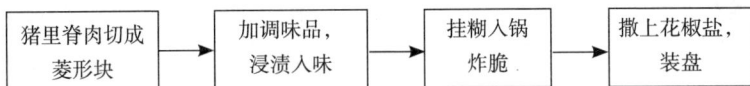

思考题

1. 油炸的原料放盐一般应注意什么？

2. 热拌时，应注意哪些方面？

兰花肉卷

兰花肉色泽鲜艳，形似兰花，肉嫩味美，清爽可口。

烹调方法

滑熘。

原料

猪里脊肉 180g，鲜笋丝 10g，鸡蛋皮丝 10g，水发香菇丝 10g，青菜叶丝 10g，鸡蛋 1 个，虾仁 25g，熟猪膘 10g。

调味料

精盐 2g，味精 1g，黄酒 5g，干淀粉 8g，姜末 5g，葱花 5g，鲜汤 10g，湿淀粉适量，精炼油 750g（实耗 25g）。

制作要点

（1）整理：将猪里脊肉批成长 6cm、宽 2cm 的薄片，加入精盐、黄酒、味精、干淀粉拌和均匀。虾仁、肥膘分别斩成蓉，放入碗中，加蛋清、干淀粉、味精、姜末、葱花、精盐搅匀，涂在每肉片上。笋丝、香菇丝、蛋皮丝、青菜叶丝分别取少许，横放在肉片上，使其一头与肉片相齐，逐个卷起，即兰花肉卷。

（2）滑油：炒锅置火上，倒入精炼油，烧至五成热时，放入兰花肉卷，至肉变成乳白色时，倒入漏勺去油。

（3）成熟：炒锅再上火，倒入鲜汤，放味精、精盐、黄酒烧沸，用湿淀粉勾芡，兰花肉卷倒入，晃动炒锅，拌匀起锅，排入盘中。

制作关键

（1）批里脊肉时要厚薄一致。

（2）兰花肉要做得大小一致。

（3）兰花肉滑油时，防止散碎，保持肉形完整、美观。

制作流程

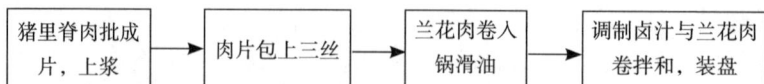

| 猪里脊肉批成片，上浆 | → | 肉片包上三丝 | → | 兰花肉卷入锅滑油 | → | 调制卤汁与兰花肉卷拌和，装盘 |

思考题

1.怎样使兰花肉卷得大小一致、形状美观？

2.制作兰花肉卷，应掌握哪些关键技巧？

炸枚卷

猪里脊肉又称为枚条肉，因其制成卷形，经炸烹制成熟，故而得名。此菜色泽金黄，外脆里嫩，咸鲜味香。

烹调方法

干炸。

原料

猪里脊肉200g，鸡蛋皮2张，面粉150g，鸡蛋1个。

调味料

姜末5g，葱花5g，干淀粉15g，黄酒5g，味精1g，精盐3g，面粉120g，番茄酱10g，精炼油750g（实耗25g）。

制作要点

（1）整理：将猪里脊肉斩成蓉，放碗内，加入精盐、姜末、葱花、黄酒、味精拌和均匀。面粉放碗内，加入干淀粉、鸡蛋和适量清水，调成全蛋糊。

（2）生坯成型：鸡蛋皮放在操作台上，将肉馅摆在蛋皮上，成长条形，抹上少许全蛋糊，卷起如手指粗的条，上笼旺火蒸7min取出。

（3）炸制成熟：炒锅置火上，放入精炼油，烧至七成热时，将枚卷拖上全蛋糊，放入油锅炸至浮起呈金黄色时，倒入漏勺中沥去油，改成2cm长的斜块装入盘中，另带番茄酱1小碟上桌蘸食。

制作关键

（1）里脊肉下面的板筋要去除干净。

（2）挂全蛋糊时，表面要挂均匀。

（3）注意炸时的火力，炸至外脆里嫩。

制作流程

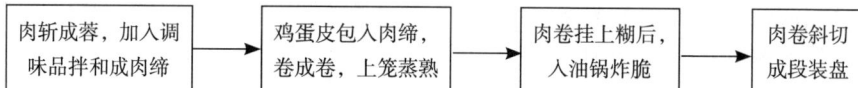

| 肉斩成蓉，加入调味品拌和成肉缔 | → | 鸡蛋皮包入肉缔，卷成卷，上笼蒸熟 | → | 肉卷挂上糊后，入油锅炸脆 | → | 肉卷斜切成段装盘 |

思考题

1.鸡蛋皮可用其他哪些原料代替?

2.油炸原料一般经过哪三步骤?

酱爆肉丁

此菜色泽酱红,酱香浓郁,口味咸鲜,质地软嫩。

烹调方法

酱爆。

原料

猪里脊肉 200g,熟笋 25g,鸡蛋 1 个。

调味料

酱油 3g,白糖 5g,精盐 1g,味精 1g,黄酒 5g,姜末 2g,葱花 2g,鲜汤 10g,甜面酱 10g,干淀粉 5g,湿淀粉 5g,芝麻油 5g,精炼油 750g(实耗 25g)。

制作要点

(1)刀工处理:将猪里脊肉上的筋皮批掉,用刀在肉面上剞上花刀,再切成 1.2cm 见方的丁,放碗中,加入精盐、味精、鸡蛋清、干淀粉拌和均匀。熟笋用刀拍扁,切成 0.8cm 见方的丁。

(2)滑油:炒锅置火上,倒入精炼油,烧至四成热时,放入里脊肉丁,至全部变成乳白色时,倒入漏勺中沥去油。

(3)成熟:炒锅复置火上,锅内留少许油,放入笋丁、葱花、姜末,煸出香味,加黄酒、酱油、甜面酱、白糖、鲜汤,用湿淀粉勾芡,倒入里脊肉丁,颠翻几下,淋上芝麻油,起锅装入盘中即成。

制作关键

(1)甜面酱要过筛,去除渣滓。

(2)火要旺,使甜面酱均匀包裹在肉丁表面。

制作流程

猪里脊肉切成丁 → 肉丁加调味料上浆 → 肉丁滑油 → 调制卤汁,倒入肉丁拌和,装盘即成

思考题

1.甜面酱是怎样制作出来的?

2.酱汁在火力小时不易包裹在原料表面,而火力大时易包裹,为什么?

炒筋片

此菜色泽棕红，亮油包芡，口味咸鲜，质地软嫩。

烹调方法

滑炒。

原料

猪里脊肉 250g，茭白 100g，青椒 1 个，鸡蛋 1 个。

调味料

酱油 5g，白糖 5g，精盐 1g，味精 1g，黄酒 2g，鲜汤 8g，干淀粉 4g，湿淀粉 5g，芝麻油 5g，精炼油 750g（实耗 25g）。

制作要点

（1）刀工处理：将猪里脊肉上的筋皮批掉，切成宽柳叶片，放入清水中泡 15min，捞出沥去水分，放碗中，加入精盐、味精、鸡蛋清、干淀粉拌和均匀。茭白削去皮，切成 3cm 长的长方片。青椒去蒂、去籽，切成小菱形片。

（2）滑油：炒锅置火上，倒入精炼油，烧至四成热时，放入肉片，至全部变成乳白色时，倒入漏勺中沥去油。

（3）成熟：炒锅复置火上，锅内留少许油，放入茭白片、青椒片，稍煸，加黄酒、酱油、白糖、鲜汤，烧沸后用湿淀粉勾芡，倒入肉片，颠翻几下，淋上芝麻油，起锅装入盘中即成。

制作关键

（1）猪肉要切得厚薄均匀，大小一致。

（2）肉片放入清水中泡去血水，同时使肉片变嫩。

制作流程

猪里脊肉切成片 → 肉片加调味料上浆 → 肉片滑油 → 炒配料，调味勾芡，倒入肉片拌和，装入盘中

思考题

1. 肉片制嫩除了泡水上浆外，还有哪些制嫩方法？

2. 怎样使炒筋片亮油包芡？

玉骨里脊

此菜因色泽洁白，并缠裹里脊肉片而得名。此菜肉嫩笋脆，造型美观，酸甜适口。

烹调方法

熘。

原料

猪里脊肉 150g，鲜冬笋 150g，鸡蛋 1 个。

调味料

酱油 2g，白糖 25g，精盐 1g，黄酒 5g，姜末 3g，葱花 3g，香醋 15g，鲜汤 10g，湿淀粉 8g，芝麻油 5g，精炼油 750g（实耗 25g）。

制作要点

（1）整理：将里脊肉切成长 6cm、宽 2cm 的薄片放入碗内，加入鸡蛋清、精盐、湿淀粉拌和均匀。鲜冬笋去壳，放入沸水锅中烫一下捞出，切成长 2.5cm、粗 0.4cm 的小长条。将里脊片包卷在冬笋条上，放入涂有精炼油的盘中。

（2）滑油：炒锅置火上，倒入精炼油，烧至四成热，投入玉骨里脊生坯，迅速划开，至全部变色时，倒入漏勺中沥去油。

（3）成熟：炒锅复置火上，锅内留少许油，放入葱花、姜末出香味，加入黄酒、酱油、白糖和少许鲜汤，用湿淀粉勾芡，放入玉骨里脊，拌和均匀，淋入香醋、芝麻油，即可起锅装入抹油的盘中。

制作关键

（1）里脊肉要片得既薄又长。

（2）肉片卷裹在冬笋条上要绕紧。

制作流程

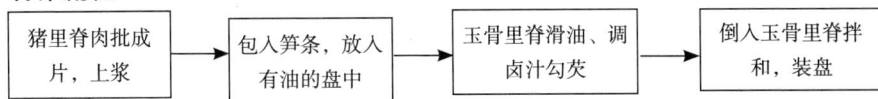

猪里脊肉批成片，上浆 → 包入笋条，放入有油的盘中 → 玉骨里脊滑油、调卤汁勾芡 → 倒入玉骨里脊拌和，装盘

思考题

1.生坯做好后，为什么要放入抹有油的盘中？

2.怎样使肉片裹在笋片上，不易脱落？

3.怎样使调制的卤汁有光泽？

炸猪排

炸猪排是一道香炸类菜肴，其色泽金黄，外酥脆，里鲜嫩。若没有面包屑，可用馒头屑、苏打饼干屑等代替。

烹调方法

香炸。

原料

猪瘦肉 250g，面包屑 100g，鸡蛋 1 个，面粉 50g。

调味料

精盐 2g，葱姜汁 3g，黄酒 3g，胡椒粉 1g，番茄酱 10g，精炼油 750g（实耗 25g）。

制作要点

（1）整理：将猪瘦肉上的筋膜批去，再批成厚约 1cm 的大片，平摊在砧板上，用刀背排透，放入盘内，加葱姜汁、黄酒、胡椒粉、精盐拌匀，浸渍 5min 左右。

（2）拍粉：取平盘 1 只，放入面粉、鸡蛋搅匀，把浸渍后的猪肉片逐片拖上鸡蛋浆，两面沾满面包屑，再用手掌按一按，抖去多余的面包屑。

（3）炸制：炒锅置火上，倒入精炼油，烧至七成热时，将猪肉片放入，两面炸至呈金黄色，浮于油面，倒入漏勺沥去油，放在砧板上切成斜块装入盘中即成，另带番茄酱 1 小碟上桌蘸食。

制作关键

（1）猪肉上的筋膜要去除干净。

（2）面包屑不能是甜味的。

（3）注意掌握油温，油温低了不脆，高了容易变焦。

制作流程

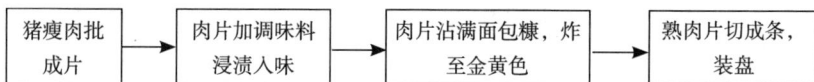

| 猪瘦肉批成片 | → | 肉片加调味料浸渍入味 | → | 肉片沾满面包糠，炸至金黄色 | → | 熟肉片切成条，装盘 |

思考题

1.为什么面包屑里不能含糖？

2.制作此菜应掌握哪些关键点？

茼蒿肉圆汤

此菜肉圆鲜嫩，汤汁鲜醇，茼蒿青翠碧绿。

烹调方法

氽。

原料

猪净五花肉 150g，茼蒿 100g。

调味料

精盐 2g，味精 1g，姜末 3g，葱花 3g，鲜汤 400g，湿淀粉 10g，黄酒 5g，精炼油 5g。

制作要点

（1）制缔：将猪肉细切粗斩成泥，放入碗内，加姜末、葱花、精盐、味精、湿淀粉、黄酒和适量清水，用力顺着一个方向搅匀上劲待用。

（2）成熟：炒锅置火上，倒入鲜汤烧沸后，将肉缔挤成2cm大小的圆子，放入沸水锅内，烧沸撇去浮沫，转小火略焖，再放入茼蒿、味精、精盐、精炼油，烧沸后装入碗中即成。

制作关键

（1）和肉缔加水要适量，顺着一个方向搅拌上劲。

（2）肉圆用旺火沸水氽熟。

制作流程

猪五花肉斩成蓉　→　肉蓉加调味料拌和上劲　→　挤成圆子入锅氽熟　→　倒入配料，调味后装入碗中即成

思考题

1.调制肉缔为什么要顺着一个方向？

2.为什么要沸水下肉圆？

3.茼蒿加热时间稍长，会出现什么现象？

咕咾肉

咕咾肉又名咕噜肉，其色泽棕红，外脆里嫩，酸甜适口。

烹调方法

熘。

原料

猪上脑肉200g，干淀粉100g，鸡蛋1个，青椒1个。

调味料

精盐1g，黄酒5g，白糖40g，酱油2g，葱花3g，姜末3g，蒜泥3g，香醋20g，湿淀粉8g，芝麻油5g，精炼油750g（实耗25g）。

制作要点

（1）整理：将猪上脑肉洗净，切成2cm厚的大块，用刀背将猪肉正反面都排松，再切成2cm见方的小块，放入碗中，加精盐、黄酒、鸡蛋液拌匀后，再放入干淀粉，用手轻轻将肉块捏圆，并使干淀粉紧紧粘在肉上。青椒去蒂、去籽、洗净，切成2cm见方的块。

（2）炸制成型：炒锅烧热，倒入精炼油，烧至五成热时，将肉块投入油锅炸2min，捞出沥去油，待油温升高至七成热时，将肉块回锅复炸，炸至呈金黄色、表皮发脆时，倒出沥油。

（3）熘熟：锅复置火上，锅内留少许油，下葱花、青椒煸炒，加白糖、酱油、精盐、香醋、姜末、蒜泥和适量清水烧沸后，用湿淀粉勾芡，再将炸熟的肉块投入锅内，颠翻几下，淋入芝麻油，出锅装入盘中即成。

制作关键

（1）将肉上的筋膜批去。

（2）肉块外表拍粉要均匀。

（3）表面要炸脆。

制作流程

猪上脑肉剞刀后切成小块 → 肉块腌渍后，拍上干淀粉 → 肉块放入油锅中炸呈金黄色 → 调制糖醋汁，倒入肉块拌匀装盘

思考题

1. 猪上脑肉具有哪些特点？

2. 糖醋卤汁的调料比例如何？

3. 另一种挂全蛋糊的咕咾肉怎样制作？

虎皮扣肉

虎皮扣肉选用猪五花肉，经过煮、炸、蒸等工序，成菜后肉皮形如虎皮，口味咸鲜，肉质软烂。

烹调方法

煮、蒸。

原料

带皮猪五花肉250g，梅干菜100g。

调味料

酱油10g，白糖5g，味精1g，糖色5g，湿淀粉8g，精盐1g，葱段8g，姜片8g，黄酒5g，精炼油750g（实耗25g）。

制作要点

（1）处理：将梅干菜用温水泡软，洗净，挤干水分，用刀切去老根，改刀成1cm长的段。

（2）烹煮：五花肉刮去污物，洗净，放入水锅中，加入葱段、姜片，煮至七成熟，捞出，擦干肉皮上的水分，趁热均匀抹上糖色。锅置火上，倒入精炼油，烧至八成热，将肉（皮朝下）放入锅中，炸至肉皮起小泡呈红色时，捞出晾凉。

（3）蒸熟：取大扣碗1只，将肉切成厚5mm厚的片，皮朝下整齐放在扣碗内，加入黄酒、酱油、白糖、葱段、姜片、梅干菜段，放蒸笼内蒸 25min 取出，挑去葱姜，翻扣于盘中，原卤倒在锅内，调好口味，用湿淀粉勾薄芡，均匀地浇在肉片上即成。

制作关键

（1）批肉片时要厚薄一致。

（2）肉过油时，防止炸焦。

制作流程

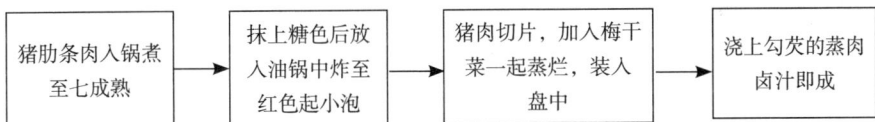

| 猪肋条肉入锅煮至七成熟 | → | 抹上糖色后放入油锅中炸至红色起小泡 | → | 猪肉切片，加入梅干菜一起蒸烂，装入盘中 | → | 浇上勾芡的蒸肉卤汁即成 |

思考题

1. 怎样肉片的大小一致，形状美观？

2. 使五花肉肥而不腻，应掌握哪些关键工艺？

冰糖扒蹄

此菜以冰糖作调味料，用小火长时间加热，质地酥烂脱骨，色泽枣红，咸中带甜，肥而不腻，皮酥肉烂。

烹调方法

扒。

原料

猪蹄髈 1 只 1500g，菜心 10 颗。

调味料

冰糖 75g，黄酒 50g，精盐 5g，酱油 25g，糖色 25g，葱段 15g，姜片 15g，味精 1g。

制作要点

（1）整理：将猪蹄髈上的细毛用镊子镊净，刮去表面污物，剔去骨头，洗净。锅置火上，放入清水浇沸后，放入猪蹄髈烫一下捞出，洗去血污。

（2）焖熟：砂锅内垫上竹垫，蹄髈皮朝下放入，加糖色、精盐、冰糖、葱段、姜片、黄酒、酱油和适量清水，大火烧沸后撇去浮沫，转小火焖至蹄髈酥烂，再转旺火收浓汤汁，装入盘中，卤汁浇在蹄髈上。

（3）围边：另取炒锅置于火上，倒入清水烧沸，放入菜心烫至变色，加精盐、味精炒匀，排在盘的周围即成。

制作关键

（1）猪蹄髈需要焯水，去掉血污。

（2）炖制时火力要小，使其酥烂，肥而不腻。

制作流程

| 猪蹄髈焯水，刮洗干净 | → | 加入调味品，烧透入味 | → | 转旺火收稠卤汁，装入盘中 | → | 煸炒菜心，围边即成 |

思考题

1. 猪蹄髈去骨怎样又快又好？

2. 用砂锅烹调有何好处？

糖醋排骨

排骨选用猪仔排（即肋排），加入南乳汁等调味料，小火长时间烹制而成。此菜色泽鲜艳，酸甜适口，肉质酥香，四季皆宜。

烹调方法

燠。

原料

猪肋排骨 500g。

调味料

精盐 1g，白糖 150g，黄酒 20g，姜片 8g，葱段 8g，南乳汁 15g，香醋 40g，芝麻油 5g，精炼油 750g（实耗 25g）。

制作要点

（1）斩块：先将排骨斩成 3cm 长的段，用黄酒拌和。

（2）走红：炒锅置火上，倒入精炼油烧至八成热时，分次投入排骨炸至色呈金黄时，倒入漏勺中沥去油。

（3）成熟：锅复置火上，加清水、白糖、黄酒、葱段、姜片、排骨、精盐，用大火烧沸，转小火卤至八成熟，加入南乳汁、香醋，转中火将卤汁收干，淋入芝麻油即成。

制作关键

（1）仔排油炸前要加入黄酒腌渍。

（2）南乳汁不宜放得过早。

制作流程

| 猪排骨斩成 3cm 长的段 | → | 加入黄酒腌渍后放入油锅中炸呈金黄色 | → | 排骨入锅大火烧沸，转小火烧制成熟 | → | 转大火收稠卤汁，装入盘中即成 |

思考题

1. 此菜火力应怎样控制？
2. 此菜口味如何？

炒肥肠

此菜色泽棕红，猪肠肥嫩，质地软烂，味浓汁厚。

烹调方法

熟炒。

原料

熟猪大肠 200g，青椒 25g，洋葱 1 个。

调味料

酱油 10g，白糖 5g，精盐 1g，味精 1g，黄酒 5g，香醋 5g，葱花 3g，姜末 3g，湿淀粉 8g，芝麻油 5g，精炼油 750g（实耗 25g）。

制作要点

（1）整理：将熟猪大肠切成斜形小段。青椒去蒂去籽，洗净后切成菱形小片。洋葱撕去外皮，切成片。

（2）熟炒：炒锅置火上，倒入精炼油，投入猪大肠段、洋葱片、姜末、葱花煸炒，再放入青椒同炒，加入黄酒、酱油、白糖、味精、精盐烧沸，用湿淀粉勾芡，淋上芝麻油、香醋，颠锅炒锅，装入盘中即成。

制作关键

（1）猪大肠初加工要干净，焖制要烂。

（2）炒制时，要加入香配料同炒，调味宜浓，炒时淋醋，可去腥、解腻、增香。

制作流程

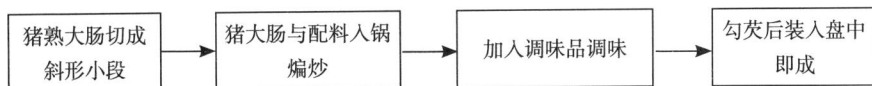

猪熟大肠切成斜形小段 → 猪大肠与配料入锅煸炒 → 加入调味品调味 → 勾芡后装入盘中即成

思考题

1. 为什么要淋入香醋？
2. 调味时为什么要求味道要浓？
3. 猪大肠适合的烹调方法有哪些？

炒猪肝

炒猪肝虽是一道很普通的菜肴，但其刀工、烹调都有一定的难度，需要一定的烹饪基本功才能将其炒好。此菜色泽棕红，猪肝细嫩，口味咸鲜。

烹调方法

滑炒。

原料

猪肝 200g，葱白 20g，小洋葱 1 个。

调味料

酱油 8g，白糖 5g，精盐 1g，味精 1g，黄酒 3g，香醋 3g，湿淀粉 7g，精炼油 750g（实耗 25g）。

制作要点

（1）整理：猪肝去净筋膜，切成宽柳叶片，放碗内用少量湿淀粉拌和。葱白斜切成片。洋葱撕去外皮，切成片待用。

（2）滑油：炒锅置旺火上，倒入精炼油，烧至四成热，放入猪肝，用手勺将猪肝拨散，待全部变色，倒入漏勺沥去油。

（3）滑炒：炒锅复上火，锅内留少许油，放入葱片、洋葱片煸炒，加黄酒、酱油、味精、白糖、精盐，用湿淀粉勾芡，倒入猪肝，淋入香醋，颠翻起锅，装盘即成。

制作关键

（1）猪肝最好选择浅色猪肝，以米肝为好。

（2）猪肝切成厚 2mm 左右，过薄易老，反之则不易成熟。

（3）猪肝既要熟，但又不宜过老。

制作流程

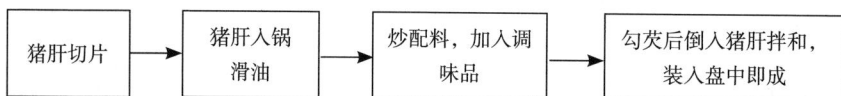

思考题

1.切猪肝一般采用何种刀法？

2.怎样将猪肝炒得不老又没有血水渗出？

炒腰花

炒腰花，一般就是炒荔枝腰花，是烹制猪腰最基本的一种烹调方法。此菜卷曲如荔枝，亮油包芡，口味咸鲜，略带醋香。

烹调方法

滑炒。

原料

猪腰 3 只，荸荠 100g，葱白段 15g，红椒 1 个。

调味料

酱油 5g，白糖 5g，味精 1g，精盐 1g，黄酒 3g，芝麻油 3g，香醋 3g，湿淀粉 7g，精炼油 750g（实耗 25g）。

制作要点

（1）整理：将猪腰撕去外膜，从中间批成 2 片，批去腰臊，在批开的一面剞上十字花刀，改成三角形块。荸荠去皮，切成片；葱白段斜切成片；红椒去籽、蒂，切成菱形片。

（2）滑油：炒锅置旺火上烧热，倒入精炼油，烧至四成热，将腰花投入滑油，待腰花翻卷变色时，倒入漏勺沥油。

（3）炒制：锅复置火上，锅内留少许油，放入荸荠片、葱白片、红椒片煸炒，加入酱油、黄酒、白糖、精盐、味精，烧沸后用湿淀粉勾芡，倒入腰花，翻锅炒匀，淋入香醋、芝麻油，装入盘中即成。

制作关键

（1）猪腰内的腰臊要去除干净。

（2）剞的刀纹深度要达到 2/3 ~ 4/5，便于腰花的卷曲。

（3）腰花放入锅中滑油，油温应稍高，便于荔枝腰花的卷曲成型。

制作流程

猪腰剖开去腰臊，剞上十字花刀 → 猪腰切成块，入锅滑油 → 炒配料，调味后，用湿淀粉勾芡 → 倒入腰花 拌和，装入盘中即成

思考题

1. 去腰臊有哪些技巧？

2. 荔枝花刀如何操作？

炒麦穗腰花

麦穗花刀是一种花刀的名称，将猪腰经刀工处理，制作成麦穗形状，故而得名。此菜呈麦穗形，形态美观，色泽棕红，亮油包芡。

烹调方法

滑炒。

原料

猪腰 2 只, 青椒 1 个, 笋片 10g, 葱白段 10g。

调味料

酱油 7g, 白糖 5g, 精盐 1g, 味精 1g, 黄酒 5g, 鲜汤 5g, 湿淀粉 7g, 芝麻油 5g, 香醋 5g, 精炼油 750g (实耗 25g)。

制作要点

（1）整理：将猪腰剥去外层薄膜，割去腰油，从中间平批成两片，再批净腰臊，然后在剖开的一面剞上麦穗形花刀，切成长条形。青椒去蒂、去籽，切成菱形片；葱白切成雀舌片。

（2）滑油：炒锅置火上，倒入精炼油，烧至四成热时，放入腰花，至全部卷起，倒入漏勺中沥去油。

（3）炒制：炒锅复置火上，倒入少许精炼油，放入葱片、青椒片、笋片略煸，放入黄酒、酱油、白糖、味精、精盐、鲜汤，用湿淀粉勾芡，倒入腰花，颠翻炒锅，翻拌均匀，淋入香醋、芝麻油，起锅装盘即成。

制作关键

（1）猪腰要将腰臊去干净，同时不能将腰肉去掉。

（2）剞麦穗形花刀要注意剞刀的深浅，剞得越深，卷曲得越厉害，反之则卷曲效果越差。

（3）滑油的油温要稍高，这样有利于花刀的卷曲。

制作流程

| 猪腰剖开去腰臊，剞上麦穗花刀 | → | 猪腰放入锅中滑油 | → | 炒配料，调味后，用湿淀粉勾芡 | → | 倒入麦穗腰花翻拌均匀，装入盘中即成 |

思考题

1. 猪腰卷曲的规律有哪些？
2. 剞麦穗形花刀要注意哪些方面？

麻花腰子

此菜形如麻花，细嫩鲜香，甜酸可口。

烹调方法

滑熘。

原料

猪腰 2 只, 笋片 10g。

调味料

酱油 7g，白糖 5g，香醋 5g，湿淀粉 7g，黄酒 5g，芝麻油 5g，精炼油 750g（实耗 25g）。

制作要点

（1）刀工成型：将猪腰撕去皮膜洗净，用刀一批两半，片去腰臊，对切成 4 片，再批切成长 4cm、宽 1.5cm、厚 0.3cm 的长方片，用刀尖在正中间划上长口，将腰肉片叠起，从长口穿过去，稍拉一下。

（2）滑油：炒锅置火上烧热，倒入精炼油，待油温四成热时，放入麻花腰子，至全部变色时，倒入漏勺中沥油。

（3）炒制：炒锅复置火上，放入精炼油少许，投入笋片略炒，加黄酒、酱油、白糖，用湿淀粉勾芡，放入麻花腰子翻炒几下，淋上麻油、香醋，颠翻炒锅，起锅装盘即成。

制作关键

（1）腰肉片要大小厚薄一致，开口大小适当。

（2）麻花腰子生坯翻转要细心，翻转后两头拉一下，以防缩回去。

制作流程

| 猪腰剖开去腰臊，切成麻花花刀 | → | 猪腰放入锅中滑油 | → | 炒配料，调味后，用湿淀粉勾芡 | → | 倒入麻花腰子，翻拌均匀，装入盘中即成 |

思考题

1. 麻花腰子刀工怎样处理？

2. 制作麻花腰子应掌握哪些关键？

炝腰片

通过练习该菜，掌握腰片的去异味方法与加热方法。猪腰是人们喜欢食用的一种烹饪原料，它既可以做冷菜、热炒，又可以做大菜。但加工不妥往往会产生令人不愉快的腰骚气味，其关键在于泡入水中彻底浸漂，有条件用花椒水浸漂效果更好。此菜形状美观，腰片爽脆，口味鲜嫩。

烹调方法

炝。

原料

鲜猪腰 2 只，净熟春笋 100g，熟鸡蛋白 2 只，香菜 10g。

调味料

精盐 3g，味精 1g，姜末 2g，姜片、姜末各 5g，葱段 5g，胡椒粉 1g，芝麻油 5g，黄酒 5g。

制作要点

（1）猪腰处理：将鲜猪腰去尽筋膜，用刀对半批开，批去腰臊，再斜批成大薄片，放入大碗中，加入清水淹没腰片，放入姜片、葱段和黄酒浸泡 15min。

（2）配料整理：净熟春笋切成小薄片；熟鸡蛋白批成薄片；香菜切成小段待用。

（3）成熟：将腰片捞出，放入沸水锅中烫至变色立即捞出；熟笋片和蛋白片也用开水略烫，与腰片同放碗内，加姜末、精盐、味精、芝麻油、胡椒粉，拌和均匀后装入盘中，用香菜点缀即成。

制作关键

（1）猪腰要新鲜，泡水要彻底。

（2）焯水时只要一变色就捞出，否则易老。

制作流程

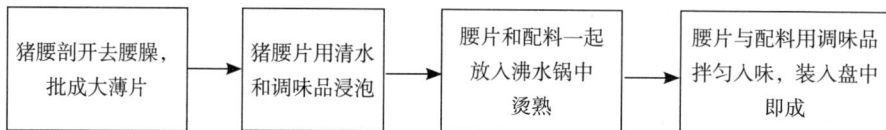

| 猪腰剖开去腰臊，批成大薄片 | → | 猪腰片用清水和调味品浸泡 | → | 腰片和配料一起放入沸水锅中烫熟 | → | 腰片与配料用调味品拌匀入味，装入盘中即成 |

思考题

1. 腰片去异味的方法是什么？

2. 怎样烫制腰片？

菌椒腰片

此菜色泽美观，腰片爽脆，口味鲜嫩。

烹调方法

滑炒。

原料

鲜猪腰 2 只，鸡腿菇 80g，青椒 2 个，葱片 10g。

调味料

酱油 8g，白糖 5g，精盐 3g，味精 1g，黄酒 5g，胡椒粉 1g，香醋 3g，湿淀粉 8g，芝麻油 5g，精炼油 750g（实耗 25g）。

制作要点

（1）猪腰处理：将鲜猪腰去尽筋膜，用刀对半批开，批去腰臊，再斜批成大薄片，放入盘中。

（2）配料整理：将鸡腿菇切成小薄片，青椒切成菱形片待用。

（3）成熟：锅置火上，倒入精炼油，烧至四成热时，将腰片放入锅中至变色立即捞出。锅复上火，放入鸡腿菇片、葱片、青椒片稍炒，加入黄酒、酱油、白糖、精盐、味精，用湿淀粉勾芡，倒入腰片，翻拌均匀，淋入胡椒粉、香醋、芝麻油后，装入盘中即成。

制作关键

（1）猪腰要新鲜，腰片要批得厚薄均匀。

（2）调味料要用醋和胡椒粉。

制作流程

| 猪腰剖开去腰臊，批成大薄片 | → | 鸡腿菇、青椒切成片 | → | 腰片放入锅中滑油 | → | 炒配料，与腰片拌匀入味，装入盘中即成 |

思考题

1.腰片滑油的温度是多少？

2.鸡腿菇有哪些食疗作用？

萝卜炖酥腰

　　猪腰一般都是去除腰臊后再进行烹调，而此菜不去腰臊，直接进行烹调，菜品无异味，反而增添了许多的香味。萝卜炖酥腰、银杏炖酥腰、芋艿炖酥腰等都是较好的不去腰臊的菜肴。此菜萝卜味鲜，腰子酥烂，原汁原味。

烹调方法

炖。

原料

猪腰3只，淡菜75g，熟笋15g，白萝卜120g。

调味料

葱段5g，姜片5g，黄酒8g，精盐3g，鲜汤300g，胡椒粉1g，味精1g，精炼油5g。

制作

（1）整理：将猪腰撕去外膜，洗净，在腰子的两面顺长剞花刀，深至腰臊，刀距8mm，投入清水中浸泡30min，并用手挤捏、泡去血水，入沸水锅中焯水并洗净。再放入一只锅中，加入清水1000g、葱段、姜片、黄酒，大火烧开，小火焖约1h至熟，取出稍凉，用刀切成6mm厚的片待用；淡菜用沸水泡开，去掉老肉，放入碗内；熟笋切成片；萝卜去皮，切成厚片，入沸水锅焯水，捞出待用。

（2）炖制：砂锅置火上，放入鲜汤、猪腰片、笋片、淡菜、葱段、姜片、黄酒、精炼油，大火烧开，小火焖烂，加入萝卜片、精盐、味精，拣去葱段、姜片，撒上胡椒粉即成。

制作关键

（1）猪腰打花刀时要掌握刀距和剞刀的深度。一般刀距要稍大些，达8mm左右，深至腰臊即可。猪腰也可不剞花刀，但需经过几次焯水，清洗干净亦可制作菜肴，无任何异味。

（2）猪腰剞好花刀后，放入清水中浸泡30min左右，以泡去异味。

（3）酥腰烹制时间要长些，否则不容易达到酥烂香鲜的口味要求。

制作流程

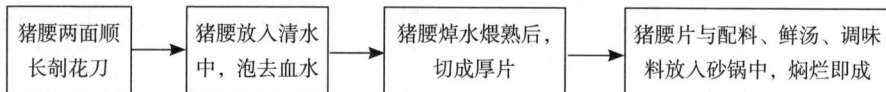

| 猪腰两面顺长剞花刀 | → | 猪腰放入清水中，泡去血水 | → | 猪腰焯水煨熟后，切成厚片 | → | 猪腰片与配料、鲜汤、调味料放入砂锅中，焖烂即成 |

思考题

1.从食疗角度看，常食猪腰臊对人体有何补益作用？

2.整腰怎样去除腰臊味？

汤泡肚尖

通过该菜练习，掌握猪肚尖的刀工方法、制嫩方法以及汤泡的方法。此菜肚尖脆嫩，刀工精细，汤清味鲜。

烹调方法

汤爆。

原料

猪肚尖250g，笋片10g，水发香菇片10g。

调味料

葱段5g，姜片5g，黄酒8g，精盐3g，味精1g，清汤400g，嫩肉粉3g，胡椒粉1g，精炼油5g。

制作要点

（1）整理：在猪肚尖上剞上相思花刀，切成宽2cm的条，放入碗中，拌入嫩肉粉，浸渍30min后，放入沸水中烫片刻，用漏勺捞出。

（2）成熟：锅置火上，倒入精炼油烧热后，放入葱段、姜片、笋片、水发香菇片稍煸炒，加入黄酒、清汤、肚条烧沸后，撇去浮沫，加入精盐、味精，拣去葱段、姜片，撒入胡椒粉，起锅倒入汤碗中即成。

制作关键

（1）猪肚尖即猪肚仁，是猪肚最厚部分，质量最好。

（2）嫩肉粉的量要够，浸渍的时间不能短，才能达到制嫩的目的。

制作流程

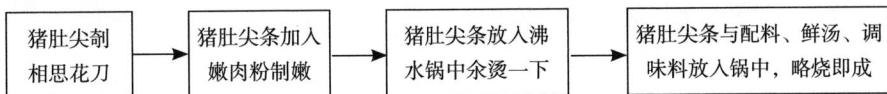

| 猪肚尖剞相思花刀 | → | 猪肚尖条加入嫩肉粉制嫩 | → | 猪肚尖条放入沸水锅中余烫一下 | → | 猪肚尖条与配料、鲜汤、调味料放入锅中，略烧即成 |

思考题

1.猪肚尖应如何选料?

2.怎样将猪肚制嫩?

翡翠蹄筋

猪蹄筋的涨发主要有水发、油发、半油发三种，其中以半油发的口感最好。半油发是将猪蹄筋先用油焙，再用碱水发，流水漂去碱质的涨发方法。"翡翠"是用丝瓜、绿色的莴苣或鲜白果制作成的。此菜色泽鲜艳，质地细嫩，口味鲜美。

烹调方法

烩。

原料

半油发猪蹄筋 300g，鲜丝瓜 200g，熟火腿片 15g。

调味料

黄酒 5g，精盐 3g，虾子 3g，葱段 5g，姜片 5g，湿淀粉 10g，鲜汤 150g，精炼油 8g。

制作要点

（1）整理：将半油发猪蹄筋洗净，用刀切成 6cm 长的段，放入沸水锅中烫一下，捞出洗净。丝瓜刮去表皮，切去两头，从中间批开，切成 4cm 长的条。

（2）煸炒：炒锅置火上，倒入少量精炼油，烧至油温四成热时，放入丝瓜条稍煸，漏勺捞起待用。

（3）烩制：锅复置火上，放入鲜汤、蹄筋、火腿片、姜片、葱段、黄酒、虾子，用旺火烧沸，加入精盐，倒入丝瓜烧约 3min，用湿淀粉勾芡，装入盘内即成。

制作关键

丝瓜只能刮皮，留绿色于丝瓜上，加热时间不能过长，以防烧烂变形。

制作流程

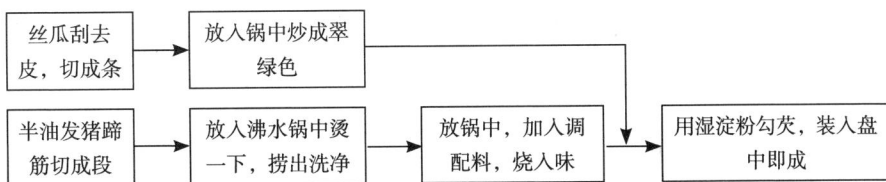

| 丝瓜刮去皮，切成条 | → | 放入锅中炒成翠绿色 | | |
| 半油发猪蹄筋切成段 | → | 放入沸水锅中烫一下，捞出洗净 | → | 放锅中，加入调配料，烧入味 | → | 用湿淀粉勾芡，装入盘中即成 |

思考题

1. 丝瓜可用其他哪些原料代替?
2. 半油发蹄筋是怎样涨发的?

鸡粥蹄筋

蹄筋软糯,鸡粥洁白如玉,口味鲜美。

烹调方法

软炒。

原料

水发蹄筋 150g,鸡脯肉 125g,生肥膘 75g,鸡蛋 3 个,火腿末 5g。

调味料

精盐 3g,味精 1g,黄酒 1g,熟鸡油 1g,湿淀粉 25g,鲜汤 600g,精炼油 10g。

制作要点

(1)制缔:将鸡脯、生肥膘肉分别斩蓉,同放一个碗内,加入蛋清、鲜汤 250g 及味精、精盐、黄酒、湿淀粉,搅拌均匀,即成生鸡粥。

(2)切段:水发蹄筋切成 6cm 长的段,放沸水锅中烫一下,捞出。

(3)初步入味:炒锅置于火上,放鲜汤 250g,然后放入蹄筋,烧沸,改小火焖烂后取出,沥去汤汁。

(4)炒制:炒锅复置上火,放入鲜汤,烧沸后,倒入生鸡粥,用手勺不断搅动至黏稠,加精炼油、蹄筋,用手勺搅匀装盘,撒上火腿末,淋入鸡油,装入碗中即成。

制作关键

(1)蹄筋需用小火焖烂,其形状要完整。

(2)炒锅要涮洗干净,滑锅,鸡粥要徐徐倒入炒锅,不宜过厚。

(3)最好现做现食。

制作流程

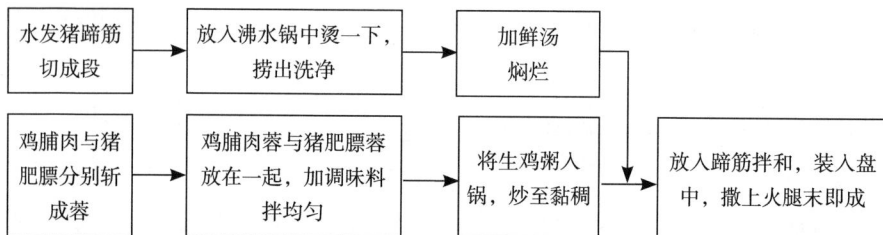

水发猪蹄筋切成段 → 放入沸水锅中烫一下,捞出洗净 → 加鲜汤焖烂

鸡脯肉与猪肥膘分别斩成蓉 → 鸡脯肉蓉与猪肥膘蓉放在一起,加调味料拌均匀 → 将生鸡粥入锅,炒至黏稠 → 放入蹄筋拌和,装入盘中,撒上火腿末即成

思考题

1. 猪蹄筋常用哪些涨发方法？
2. 为什么要滑锅？

五香牛肉

五香牛肉是将牛肉先腌渍，再用五香调料焖制入味，使牛肉色泽酱红，五香味浓，咀嚼有劲，咸中带鲜。

烹调方法

卤。

原料

牛腿肉 2000g。

调味料

酱油 15g，白糖 15g，精盐 10g，硝水 10g，姜片 10g，葱段 10g，黄酒 15g，花椒 5g，桂皮 3g，八角 3g，丁香 3g，草果 3g，芝麻油 10g，五香粉 1g。

制作要点

（1）腌渍：将牛肉按肌肉纤维纹理，直切成大块后用铁扦戳若干个孔洞，撒上精盐、硝水，将肉块反复揉擦，擦至盐粒熔化，加入花椒，放入缸内腌 3～4 天（每隔 1 天将肉翻 1 次面），使牛肉肌肉变紧、颜色发红。捞出用流水冲洗 30min，清洗干净。

（2）焯水：锅置火上，倒入清水烧沸后，放入牛肉，至变色时，捞起洗净浮沫。

（3）卤制：锅复置火上，放入葱段、姜片、桂皮、八角、丁香、草果、黄酒、酱油、白糖、精盐、牛肉和水（淹没牛肉）烧沸，改小火焖烂，用筷子能戳进，加入芝麻油，撒上五香粉，待冷至室温时，切片装盘即成。

制作关键

（1）牛肉需要腌制才能入味。

（2）浸泡时要用流水冲去多余的硝水。

（3）加热时火力不宜过大。

制作流程

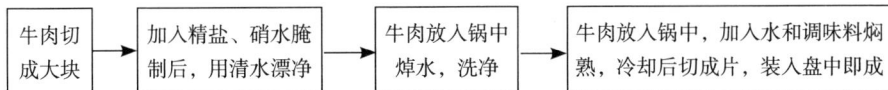

| 牛肉切成大块 | → | 加入精盐、硝水腌制后，用清水漂净 | → | 牛肉放入锅中焯水，洗净 | → | 牛肉放入锅中，加入水和调味料焖熟，冷却后切成片，装入盘中即成 |

思考题

    1.牛肉应该怎样腌制？

    2.牛肉应选用哪个部位？

第五章

家禽类原料菜肴制作

本章内容： 家禽类原料菜肴制作

教学时间： 26课时

教学目的： 先由教师演示，再由学生练习，通过讲、演、练、评，达到训练目的。让学生通过家禽烹饪原料代表性菜肴品种的制作，掌握家禽类烹饪原料的初加工方法、刀工技术、翻锅技能、原料初步熟处理、调味技能、烹调方法，能制作出基本的、简单的、有代表性的家禽菜肴品种，并符合制作要求，为下一阶段家禽类中国名菜的制作打下坚实的基础。

教学要求： 1.让学生了解家禽类原料常用品种的一般骨骼组织结构。

2.使学生掌握家禽类原料基本加工方法。

3.让学生根据营养要求，正确对家禽类原料进行配菜。

4.让学生能够选择适合家禽类原料的烹调方法。

5.让学生能够对家禽类原料进行正确的调味。

课前准备： 由实验员或任课教师准备炉灶、所需原料（有的原料需要初加工）、用具、餐具等。

白斩鸡

此菜白里透黄，肉质鲜嫩，味道鲜美。

烹调方法

拌。

原料

光仔鸡 1 只，香菜 10g。

调味料

葱段 5g，姜片 5g，酱油 5g，白糖 3g，味精 1g，精盐 2g，芝麻油 10g，黄酒 10g。

制作要点

（1）清理：将光仔鸡取内脏，撕去腹腔背部的贴心血（鸡的肺），洗净。

（2）焯水：炒锅置火上，倒入清水烧沸后，将鸡放入烫一下，倒入漏勺，沥去水分。

（3）焖熟装盘：炒锅复置火上，放入清水、鸡、葱段、姜片、黄酒，大火烧沸后转小火，焖至鸡肉八成烂，捞出，抹上芝麻油，待凉后，用刀斩成条，在盘内仍摆成鸡形，用酱油、白糖、味精、精盐、芝麻油调成调味汁，从盘边倒入，将香菜放在盘边上点缀即成。

制作关键

（1）此菜应选择仔鸡。

（2）加热时火力不宜过大。

制作流程

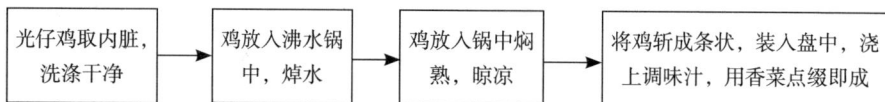

| 光仔鸡取内脏，洗涤干净 | → | 鸡放入沸水锅中，焯水 | → | 鸡放入锅中焖熟，晾凉 | → | 将鸡斩成条状，装入盘中，浇上调味汁，用香菜点缀即成 |

思考题

1. 为什么芝麻油要趁热抹在鸡皮表面？

2. 鸡刚出锅时，鸡肉切条装盘容易散碎，是何原因？

油淋仔鸡

此菜色泽金黄，外脆里嫩，味香浓。

烹调方法

干炸。

原料

光仔鸡 1 只，香菜 10g。

调味料

葱段 5g、姜片 5g、酱油 5g、芝麻油 7g、黄酒 7g、花椒盐 2g、辣酱油 7g、精炼油 750g（实耗 25g）。

制作要点

（1）整理：将光仔鸡脊背剖开，去内脏洗净，用花椒盐、葱段、姜片、黄酒腌 1h 左右，用酱油抹匀鸡身。

（2）炸制：炒锅置火上，舀入精炼油，待油温七成热时，放入仔鸡炸至断生，改小火使鸡肉焐熟，捞起，待油升至八成热时，放入鸡复炸呈金黄色，倒入漏勺中沥去油，用刀斩成小块，在盘内仍摆成鸡形，淋上芝麻油，将香菜放在盘边上，带辣酱油上桌即成。

制作关键

（1）仔鸡腌制时不能过咸。

（2）仔鸡第一次入锅油炸时，油温不能过高，防止外焦里生。

制作流程

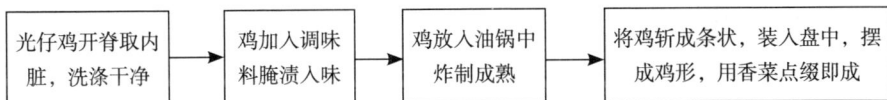

| 光仔鸡开脊取内脏，洗涤干净 | → | 鸡加入调味料腌渍入味 | → | 鸡放入油锅中炸制成熟 | → | 将鸡斩成条状，装入盘中，摆成鸡形，用香菜点缀即成 |

思考题

1. 怎样将鸡腌制入味？

2. 油炸时，油温怎样掌握？

香酥鸡

香酥鸡一般选用嫩母鸡为原料，经过腌制汽蒸后再进行油炸。此菜色泽金黄、皮脆肉酥、蘸酱食之，味极鲜美。

烹调方法

酥炸。

原料

光仔母鸡 1 只（约 1200g）。

调味料

精盐 2g，甜面酱 10g，葱段 5g，姜片 5g，黄酒 7g，花椒 3g，桂皮 3g，八角 3g，精炼油 750g（实耗 25g）。

制作要点

（1）整理：将鸡从背部剖开，掏去内脏、气管、食道，洗净沥去水，用精盐腌制 2h 待用。

（2）蒸制：鸡放入盘中，加黄酒、花椒、桂皮、八角、葱段、姜片，上笼蒸至鸡七成熟，取出去葱、姜、花椒、桂皮、八角。

（3）炸熟装盘：炒锅置火上，放入精炼油烧至六成热时，将鸡投入炸至浅黄，用漏勺捞出，待油温上至八成热时，把鸡复炸呈金黄色，倒入漏勺中沥去油，放在砧板上斩成条状，排入腰盘中，仍保持鸡形。上桌时另带甜面酱蘸食。

制作关键

（1）用精盐腌制时，盐要将鸡擦遍、擦均匀。

（2）油炸时火力不宜过大。

制作流程

光仔母鸡取内脏，洗涤干净 → 鸡用精盐腌 2h 后，上笼加调味料蒸至七成熟 → 放入油锅中炸呈金黄色 → 将鸡斩成条状，装入盘中，并保持鸡形即成

思考题

1.为什么腌制时要在鸡腿、鸡脯上反复揉擦?

2.制作此菜应掌握哪些关键?

熘仔鸡

色泽淡黄，鸡肉鲜嫩，咸甜略带醋香，以红椒、白果相配，色香味更佳。

烹调方法

滑熘。

原料

光仔鸡 1 只，红椒 1 个，白果仁 25g，鸡蛋 1 个。

调味料

精盐 3g，葱花 3g，姜末 3g，蒜泥 3g，酱油 5g，白糖 25g，黄酒 7g，香醋 15g，鲜汤 7g，芝麻油 5g，干淀粉 5g，湿淀粉 7g，精炼油 750g（实耗 25g）。

制作要点

（1）整理：将仔鸡的鸡脯肉和腿肉取下洗净，在肉上剞上花刀，切成边长 1.2cm 的丁，放入碗内，加精盐、鸡蛋清、干淀粉拌匀；红椒去蒂、去籽，切成菱形块待用。

（2）熘制：炒锅置火上，将精炼油烧至四成时，放入鸡丁，用手勺划开，待全部变色后倒入漏勺沥油，炒锅留少许油，复置火上，放入蒜泥、姜末、葱花炒出香味，加入红椒片、白果仁略炒，加酱油、白糖、黄酒、鲜汤少许，烧沸，用湿淀粉勾芡，倒入鸡丁颠炒匀后，淋醋、芝麻油，装入盘中即成。

制作关键

（1）一定要选用当年的嫩仔鸡。

（2）鸡肉表面要剞上花刀，以便入味。

（3）鸡丁在滑油时要掌握好油温，保持鸡丁嫩而不柴。

制作流程

| 取光仔鸡的鸡脯肉和鸡腿肉 | → | 在鸡肉上剞上花刀，切成丁，上浆 | → | 鸡丁滑油，倒出沥油 | → | 煸炒配料,加调味料,勾芡,倒入鸡丁拌和,装盘即成 |

思考题

1.不采用嫩仔鸡肉能制作此菜吗？

2.此菜口味如何？

桃仁鸡卷

此菜色泽金黄、外脆嫩里香酥，味鲜美。

烹调方法

滑熘。

原料

生鸡脯肉 200g，核桃仁 80g，熟笋片 50g，鸡蛋 1 个。

调味料

精盐 3g，姜末 3g，葱花 3g，酱油 4g，白糖 25g，香醋 15g，芝麻油 5g，黄酒 7g，干淀粉 10g，湿淀粉 7g，精炼油 750g（实耗 25g）。

制作要点

（1）整理：将生鸡脯肉用刀批切成柳叶片，加入鸡蛋清、精盐、干淀粉拌和均匀。核桃仁用开水泡后，撕去皮，放入油锅内炸脆捞起，用刀斩成大粒。

（2）制生坯：将鸡片铺在操作台上，逐片放上核桃仁，卷起成圆筒形，成桃仁鸡卷生坯。

（3）滑油：炒锅置火上，倒入精炼油，待油四成热时，放入鸡卷滑油，至全部变色时，倒入漏勺沥油。

（4）成熟：炒锅复置火上，锅内留少许油，放入葱花、姜末、笋片煸炒，加黄酒、酱油、白糖，用湿淀粉勾芡，倒入鸡卷，淋入香醋、芝麻油，颠翻炒锅，装入盘中即成。

制作关键

（1）鸡片批得不宜过厚，桃仁紧裹在中间。

（2）上浆宜稍厚。

（3）鸡卷滑油时炒锅需要烧热滑锅。

制作流程

| 鸡脯肉批成柳叶片，上浆 | → | 鸡脯肉包入核桃仁，卷成圆筒形 | → | 将桃仁鸡卷放入油锅中滑油 | → | 炒配料，加入调味料，勾芡后，倒入桃仁鸡卷拌匀，装入盘中即成 |

思考题

1. 核桃仁能放入高油温锅中油炸吗？

2. 怎样使鸡卷不散不碎？

3. 调制的卤汁的量、口味怎样来控制？

4. 怎样使调制的卤汁光泽度较好？

银芽鸡丝

通过该菜的练习，掌握鸡丝的切制与滑炒技法。此菜咸鲜清香，鸡丝细嫩。

烹调方法

滑炒。

原料

鸡脯肉 200g，绿豆芽 150g，鸡蛋 1 个。

调味料

精盐 3g，味精 1g，湿淀粉 15g，黄酒 5g，葱段 3g，姜片 3g，鲜汤 10g，精炼油 750g（实耗 25g）。

制作要点

（1）整理：将鸡脯肉洗净，切成细丝放容器中，加入精盐、鸡蛋清、湿淀粉拌均，拌和上劲待用。

（2）加工：绿豆芽掐去尖叶、根，洗净。

（3）滑油：炒锅置火上，倒入精炼油，烧至四成热时，放入鸡丝，并迅速划开至全部变色时，倒入漏勺中沥油。

（4）炒制：炒锅复置上火，放入精炼油，烧热后放入姜片、葱段炸香后捞出不用，倒入绿豆芽，加入精盐、味精、黄酒、鲜汤，烧沸后用湿淀粉勾芡，倒入滑过油的鸡丝，颠翻炒锅，淋入少许精炼油，起锅装入盘中即成。

制作关键

绿豆芽要去掉花序和根部。

制作流程

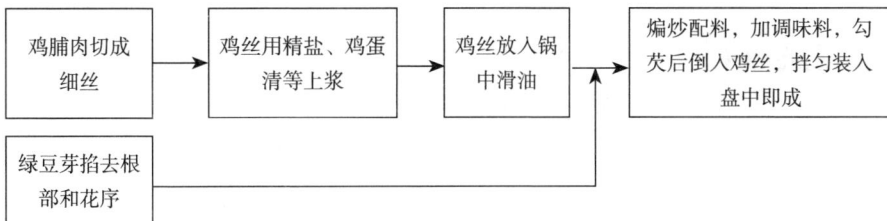

```
┌──────────────┐   ┌──────────────┐   ┌──────────────┐   ┌──────────────────────┐
│ 鸡脯肉切成     │→ │ 鸡丝用精盐、鸡蛋 │→ │ 鸡丝放入锅     │   │ 煸炒配料，加调味料，勾  │
│ 细丝          │   │ 清等上浆       │   │ 中滑油        │   │ 芡后倒入鸡丝，拌匀装入   │
└──────────────┘   └──────────────┘   └──────────────┘   │ 盘中即成             │
                                                          └──────────────────────┘
┌──────────────┐
│ 绿豆芽掐去根   │
│ 部和花序       │
└──────────────┘
```

思考题

1. 鸡肉如何选料？
2. 鸡肉如何加工？

滑炒鸡片

此菜鸡片鲜香细嫩，配料色泽鲜艳，口味咸鲜。

烹调方法

滑炒。

原料

生鸡脯肉 200g，豌豆苗 25g，熟笋片 15g，鸡蛋 1 个。

调味料

精盐 3g，味精 1g，黄酒 5g，鲜汤 7g，芝麻油 5g，干淀粉 5g，湿淀粉 7g，精炼油 750g（实耗 25g）。

制作要点

（1）切配：将鸡脯肉批去筋络，切成柳叶片，放入清水中泡去血水，捞起挤去水分，放碗内用精盐、鸡蛋清、干淀粉拌和均匀。

（2）滑油：炒锅置火上，放入精炼油，待油温四成热时，放入鸡片迅速划开，至全部变色时，倒入漏勺中沥油。

（3）炒制：炒锅复置火上，锅内留少许油，放入豌豆苗、笋片略炒，加精盐、黄酒、味精、鲜汤，烧沸后用湿淀粉勾芡，倒入鸡片颠翻几下，淋入芝麻油，装入盘内即成。

制作关键

（1）鸡片要顺着肌肉纤维的纹路批切成片，要漂去血水。

（2）鸡片滑油时注意掌握油温。

制作流程

| 鸡脯肉批成柳叶片，放清水中泡去血水 | → | 鸡片用上浆 | → | 鸡片放入油锅中滑油 | → | 煸炒配料，加调味料，勾芡，倒入鸡片拌和，装盘即成 |

思考题

1. 鸡片应顺丝批、顶丝批，还是斜丝批？
2. 怎样使鸡片炒熟后形状完整？

芙蓉鸡片

此菜鸡片色泽洁白，似芙蓉花，口味鲜嫩。

烹调方法

滑炒。

原料

生鸡肉脯 100g，鸡蛋 4 个，熟猪膘肉 15g，熟火腿末 10g，青菜叶 10g。

调味料

精盐 2g，味精 1g，黄酒 3g，鲜汤 10g，湿淀粉 5g，葱姜汁 5g，精炼油 750g（实耗 30g）。

制作要点

（1）制缔：将生鸡脯肉泡去血水，与熟肥膘肉分别斩成蓉，加葱姜汁、黄酒、鲜汤、精盐，拌匀上劲；再把鸡蛋清打成发蛋，慢慢倒入鸡蓉内，加味精搅匀上劲，即成芙蓉鸡片鸡缔，放在一边静置 15min 待用。

（2）滑油：炒锅置火上，舀入精炼油，烧至三成热时，用手勺将鸡缔舀成柳叶片，逐片放入油锅中，见鸡片浮出油面，用手勺翻身，待全部成熟时，倒入漏勺中，沥去油。

（3）炒制：炒锅复置火上，锅内留余油，放入青菜叶、黄酒、鲜汤、精盐、味精，用湿淀粉勾芡，倒入芙蓉鸡片，颠翻炒锅，装入盘中，撒上火腿末即成。

制作关键

（1）鸡脯肉斩得越细越好。
（2）要注意鸡蛋清与鸡脯肉的比例，防止鸡缔过稀或太干。
（3）鸡片放入油锅，要注意油温不能过高，以保持鸡片洁白。

制作流程

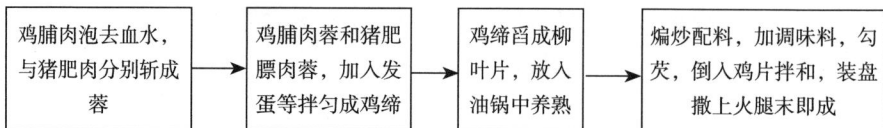

| 鸡脯肉泡去血水，与猪肥肉分别斩成蓉 | → | 鸡脯肉蓉和猪肥膘肉蓉，加入发蛋等拌匀成鸡缔 | → | 鸡缔舀成柳叶片，放入油锅中养熟 | → | 煸炒配料，加调味料，勾芡，倒入鸡片拌和，装盘撒上火腿末即成 |

思考题

1. 鸡脯肉为什么要斩得越细越好？
2. 鸡片滑油时的油温如何掌握？

酥仁鸡片

此菜色泽金黄，花生仁酥香，鸡片细嫩，咸鲜微辣。

烹调方法

炸。

原料

生鸡脯肉 200g，熟花生米 75g，泡椒 15g，鸡蛋 1 个，面粉 35g。

调味料

精盐 3g，味精 1g，葱姜汁 3g，黄酒 5g，精炼油 750g（实耗 25g）。

制作要点

（1）整理：将鸡脯肉批去筋络，批成小片，放入清水中泡去血水，捞起挤去水分，放碗内用精盐、味精、葱姜汁、黄酒浸渍入味。熟花生米去皮、压碎成芝麻大的末。泡椒斩成末。

（2）制生坯：鸡蛋放碗中，加入面粉、清水调成面粉糊。鸡片抹上面粉糊，沾上花生末，用手按紧、按实。

（3）炒制：炒锅置火上，倒入精炼油，待油温五成热时，放入鸡片，炸至浮于油面时，捞出，待油温升至七成热时，放入锅中炸至金黄色，倒入漏勺中沥去油，放入盘中。锅复置火上，锅内留少许油，放入泡椒末略炒，倒入盘内鸡片上即成。

制作关键

（1）鸡片沾花生末时要按牢。

（2）鸡片油炸时注意掌握油的温度，防止炸焦或外焦里不熟。

制作流程

鸡脯肉批成小片，加调味料浸渍入味 → 将鸡片拌匀面粉糊，沾上花生末 → 鸡片放入油锅中炸至金黄色，装入盘中 → 煸炒泡椒末，倒入鸡片上即成

思考题

1. 花生末在多高油温时开始变焦糊，色泽变黑？
2. 油炸鸡片时，怎样掌握油温？

菌菇鸡片

此菜色泽美观，鸡片嫩滑，口味鲜嫩。

烹调方法

滑炒。

原料

鸡脯肉 200g，鸡腿菇 80g，青椒 1 个，葱片 10g。

调味料

葱片 5g，酱油 8g，白糖 5g，精盐 3g，味精 1g，黄酒 5g，胡椒粉 1g，醋 3g，湿淀粉 8g，芝麻油 5g，精炼油 750g（实耗 25g）。

制作要点

（1）鸡肉处理：将鸡脯肉斜批成薄片，放入清水中泡去血水，捞出挤去水分，加入精盐、湿淀粉拌均匀。

（2）配料整理：将鸡腿菇切成小薄片，青椒切成菱形片待用。

（3）成熟：锅置火上，倒入精炼油，烧至四成热时，将鸡片放入锅中至变色立即捞出；锅复上火放油，放入鸡腿菇片、葱片、青椒片稍炒，加入酱油、白糖、精盐、味精、黄酒，用湿淀粉勾芡，倒入腰片，翻拌均匀，淋入胡椒粉、醋、芝麻油后装入盘中即成。

制作关键

（1）鸡肉要新鲜。

（2）鸡肉要批得厚薄均匀。

（3）要用醋和胡椒粉调味。

制作流程

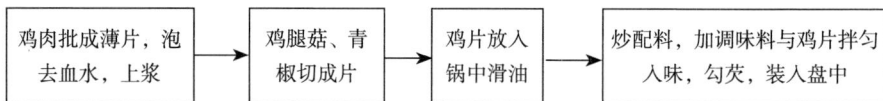

| 鸡肉批成薄片，泡去血水，上浆 | → | 鸡腿菇、青椒切成片 | → | 鸡片放入锅中滑油 | → | 炒配料，加调味料与鸡片拌匀入味，勾芡，装入盘中 |

思考题

1. 鸡肉滑油的温度是多少？

2. 鸡腿菇有哪些食疗作用？

玉骨鸡卷

鸡肉批成薄片卷在笋条上，即成玉骨鸡卷。此菜造型美观，笋条爽脆，口味酸甜，略带醋香。

烹调方法

滑熘。

原料

鸡脯肉 150g，熟笋尖 100g，青椒 1 个。

调味料

酱油 1g，白糖 25g，精盐 3g，味精 1g，姜末 3g，葱花 3g，黄酒 5g，胡椒粉 1g，醋 10g，干淀粉 10g，湿淀粉 8g，芝麻油 5g，精炼油 750g（实耗 20g）。

制作要点

（1）整理：将鸡脯肉斜批成薄片，放入清水中泡去血水，捞出挤去水分，加入精盐、湿淀粉拌均匀。将笋切成 4cm×0.4cm×0.4cm 的条 20 根，拍上干淀粉；青椒切成菱形片待用。

（2）制生坯：笋条上卷上鸡片，放入抹有精炼油的盘中。

（3）成熟：锅置火上，倒入精炼油，烧至四成热时，将生坯放入锅中至变色立即捞出；锅复上火，放入姜末、葱花、青椒片稍炒，加入黄酒、酱油、白糖、精盐、味精，用湿淀粉勾芡，倒入玉骨鸡卷，翻拌均匀，淋入胡椒粉、醋、芝麻油后，装入盘中即成。

制作关键

（1）鸡肉要新鲜。

（2）鸡肉要批得厚薄均匀。

（3）醋和糖的比例要符合要求。

制作流程

鸡肉批成薄片，泡去血水，上浆 → 笋尖切成条，青椒切成片 → 笋条上卷上鸡片，放入锅中滑油 → 炒配料，与玉骨里脊拌匀入味，装入盘中即成

思考题

1. 玉骨鸡卷滑油的温度是多少？

2. 笋条拍干淀粉有何作用？

金钱鸡

此菜形似金钱，外香酥，里鲜嫩。

烹调方法

炸。

原料

生鸡脯肉 100g，馒头片 75g，河虾仁 100g，青菜叶 40g，鸡蛋 3 个，大米粉

100g，面粉 25g。

调味料

酱油 3g，白糖 2g，精盐 2g，味精 1g，黄酒 3g，葱椒盐 2g，花椒盐 3g，葱姜汁 2g，干淀粉 5g，芝麻油 5g，精炼油 750g（实耗 25g）。

制作要点

（1）整理：将生鸡脯肉、虾仁分别斩蓉，放碗中加入酱油、白糖、精盐、葱姜汁、鸡蛋清、干淀粉、黄酒、味精、芝麻油拌匀成馅；蛋清加干淀粉、葱椒盐搅拌成蛋清浆。将馒头片用圆形模具刀刻成直径 4cm、厚 0.8cm 圆片共 24 片，青菜叶也刻切成同样大小的圆片。

（2）制生坯：鸡蛋清、大米粉、面粉加水和成蛋清糊，将馒片平铺在操作台上，先抹上蛋清浆，再抹上鸡馅，抹平，抹圆，摆上青菜叶圆片，即成金钱鸡生坯。

（3）炸制：炒锅置火上，舀入精炼油，烧至六成热，将金钱鸡生坯挂上蛋清糊，放入油锅内炸至金黄色时捞出，待油温升至七成热时，再放入金钱鸡炸至金黄色，倒入漏勺中沥去油，装入盘中，撒上花椒盐即成。

制作关键

（1）馒头应是淡味或咸味的，不能是甜味的。

（2）馒头片大小一致。

（3）油炸时控制好油温。

制作流程

| 鸡脯肉、虾仁分别斩成蓉，加入调味料拌成鸡缔 | → | 馒头圆片上抹上鸡缔，再盖上青菜叶 | → | 生坯挂上蛋清糊入锅炸至金黄色，装入盘中 | → | 撒上花椒盐即成 |

思考题

1.馒头可用其他哪些原料代替？

2.制作此菜应注意哪些方面？

炸鸡排

此菜色泽金黄，外酥脆，里鲜嫩，咸鲜味美。

烹调方法

香炸。

原料

鸡脯肉 150g，鸡蛋 2 个，面粉 25g，面包屑 100g。

调味料

精盐 2g，黄酒 5g，胡椒粉 1g，番茄酱 15g，精炼油 750g（实耗 25g）。

制作要点

（1）整理：将鸡脯肉批成大薄片，在两面用刀拍几下，加入胡椒粉、精盐拌和均匀，再加入面粉、鸡蛋，拍上面包屑，待用。

（2）炸制：炒锅置火上，放入精炼油烧至六成热，将鸡排放入炸至酥脆，倒入漏勺沥去油，切成菱形块装盘即成。食用时带番茄酱一小碟。

制作关键

（1）鸡脯肉上的老筋要批去。

（2）鸡肉表面要拌至有一定的黏性，再沾上面包屑，否则面包屑不易粘牢。

（3）控制好油炸的温度。

制作流程

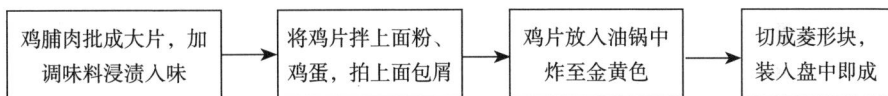

| 鸡脯肉批成大片，加调味料浸渍入味 | → | 将鸡片拌上面粉、鸡蛋，拍上面包屑 | → | 鸡片放入油锅中炸至金黄色 | → | 切成菱形块，装入盘中即成 |

思考题

1. 怎样使鸡肉表面拌至有一定的黏性？

2. 油炸鸡片时，为什么温度一般不宜过高？

八宝鸡

此菜呈棕红色，形态饱满，鸡肉酥烂，八丁鲜香，原汁原味。

烹调方法

红焖。

原料

光仔鸡 1 只，熟笋 10g，熟火腿 15g，熟猪肉 75g，水发香菇 10g，糯米 25g，熟芡实 25g，熟薏米 25g，熟肫肝各 1 只，菠菜 150g。

调味料

葱花 5g，姜末 5g，酱油 10g，白糖 7g，黄酒 7g，精盐 2g，味精 1g，葱段 5g，姜片 5g，湿淀粉 7g，鲜汤 300g，精炼油 750g（实耗 25g）。

制作要点

（1）整鸡脱骨：将鸡从颈肩处用刀向颈项斜划 8cm 长的刀口，拉出颈骨，斩断，将皮向下翻剥至肛门处，割断肛门，去腿骨、翅骨，再将皮肉翻转成原形，洗净。

（2）制馅：将鸡肫、鸡肝摘洗干净，煮熟，与熟笋、香菇、火腿、猪肉一起切成丁，糯米、芡实和薏米淘洗干净。炒锅置火上，放精炼油，投入葱花、姜末，放入糯米、熟芡实、熟薏米和各种丁，加黄酒、酱油、精盐、白糖、味精和鲜汤烧沸，用湿淀粉勾芡，盛入碗内。从鸡颈刀口处灌入鸡腹，用竹扦别住刀口。

（3）焖制：炒锅置火上，倒入精炼油，烧至八成热，将鸡炸至色呈金黄色，倒入漏勺中沥去油。鸡脯朝下放入垫有竹垫的砂锅中，加清水淹没鸡身，再加姜片、葱段、黄酒、酱油、白糖、精盐，烧沸后转小火，加盖焖至鸡肉酥烂。捞出抽去竹扦，放盘中。另取炒锅将菠菜炒熟，围在八宝鸡周围。

（4）炒锅复至火上，倒入原砂锅内汤汁，用湿淀粉勾芡，浇在鸡身上即成。

制作关键

（1）光鸡外皮要完整。

（2）整鸡脱骨不能弄破鸡皮。

（3）焖鸡时火力不宜过大。

制作流程

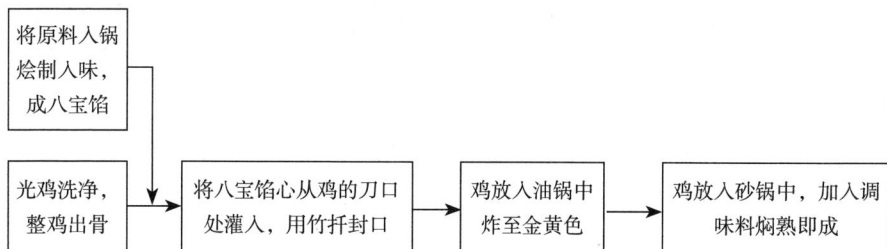

思考题

1.整鸡脱骨的五步骤是什么？

2.整鸡脱骨时怎样才能使鸡皮完整，没有孔洞？

荷叶粉蒸鸡

荷叶粉蒸鸡为夏季时令菜，鸡肉与荷叶同蒸，较为清香，油而不腻。此菜荷叶清香四溢，鸡肉细嫩鲜香，粉质香糯。

烹调方法

蒸。

原料

光仔鸡1只，粳米150g，鲜荷叶4张。

调味料

酱油7g，白糖5g，姜片5g，葱段5g，黄酒10g，桂皮2g，八角2g，丁香1g，腐乳汁15g，芝麻油5g，鲜汤15g，精炼油10g。

制作要点

（1）整理：将光仔鸡取下鸡肉，斩成大块，放碗内，加姜片、葱段、黄酒、腐乳汁、酱油浸渍半小时。荷叶洗净，取 2 张切成边长 12cm 的片，批去背面老筋，入开水锅略烫，擦干水分。粳米淘洗干净。

（2）蒸制：炒锅置火上，放入粳米、八角、丁香、桂皮，炒至呈淡金黄色倒出，拣去桂皮、八角、丁香，碾成粗米粉，用粗筛筛去杂质，将粳米粉放入碗内，加鲜汤、酱油、白糖、芝麻油拌匀，再倒入鸡肉中，使鸡肉沾上米粉，放入垫有 1 张荷叶的盘内，上面再盖 1 张荷叶，上笼蒸 45min 至酥烂取下。

（3）装饰：将烫好的荷叶背面朝上平铺在操作台上，将蒸好的鸡肉平分在荷叶上，包成长方形，收口朝下，整齐地排列在盘中，上笼蒸 5min 取下，抹上芝麻油即成。

制作关键

（1）鸡肉需用调味品浸渍入味。

（2）荷叶洗净，批去背面老筋，要放入开水锅中烫去异味。

（3）粳米粉要炒出香味，且碾得不能过细，一般为 3mm 大小。

制作流程

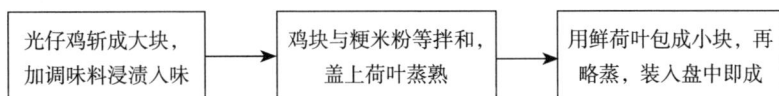

| 光仔鸡斩成大块，加调味料浸渍入味 | → | 鸡块与粳米粉等拌和，盖上荷叶蒸熟 | → | 用鲜荷叶包成小块，再略蒸，装入盘中即成 |

思考题

1. 为什么要将粳米炒出香味？

2. 粳米为什么不能碾得过细？

3. 鸡肉蒸熟后，再包上荷叶蒸制时，为什么时间要短？

风　鸡

风鸡宜在小雪节气前后腌制，在春节前后食用。俗说："风鸡不看灯"，到了正月十五左右，天气转暖，风鸡容易变质。风鸡宜挂在背阴通风处，宰口朝上，防止漏卤，漏卤则风鸡肉质变老。此菜鸡肉鲜嫩，腊香味浓。

烹调方法

腌、煮。

原料

当年活公鸡 1 只。

调味料

花椒盐 10、姜片 10、葱段 10、黄酒 5g。

制作要点

（1）宰杀：将公鸡宰杀后，从腋下开一个 4cm 长的刀口，取出内脏，用洁布将腹腔内擦干，将花椒盐放入腹内，用手在腹内四周擦透，将鸡头用花椒盐抹匀，揣入腋下宰口，合上翅膀，用麻绳一圈圈扎紧。风制 1 个月左右，即可食用。

（2）风制：风鸡食前须解去绳子，去净鸡毛，洗净。用清水泡 2h，入沸水中烫一下，放入砂锅，加满清水，放姜片、葱段、黄酒，上火烧沸，撇去浮沫，移小火煮熟。取出鸡，撕成鸡丝，装盘即成。

制作关键

（1）风鸡制时只放血，不去毛，不能用清水洗涤。

（2）挂通风处，不能放在朝阳的地方暴晒。

制作流程

```
将活公鸡宰杀，从左腋   →   在腹腔内擦   →   用麻绳扎紧，风   →   食用时去毛、泡去
下开一小口，掏出内脏       遍花椒盐         制约 1 个月         咸味，蒸熟后撕成
                                                              丝，装入盘中即成
```

思考题 🍚

1. 风鸡在每年什么季节制作？

2. 腌制关键有哪些？

3. 制作风鸡应选择何种鸡？

红酥鸡腿

此菜色呈金黄，酥嫩鲜香，豆苗翠绿，咸中带鲜，鲜中有香。

烹调方法

焖。

原料

仔鸡腿 4 只，猪瘦肉 100g，虾仁 100g，豌豆苗 150g，鸡蛋 1 个。

调味料

酱油 10g，白糖 7g，黄酒 7g，姜片 5g，葱段 5g，芝麻油 5g，干淀粉 5g，湿淀粉 7g，精盐 1g，精炼油 750g（实耗 25g）。

制作要点

（1）制缔：将猪瘦肉、虾仁分别斩成蓉，放入碗内，磕入鸡蛋黄，加精盐、白糖、黄酒、芝麻油、干淀粉，搅匀成虾肉馅。另用一只碗，将鸡蛋清和干淀粉放入碗中搅成蛋清浆。

（2）制生坯：鸡腿肉批开去骨，放砧板上用刀排斩，抹上蛋清浆后抹上虾肉馅，用手抹平后再抹一层蛋清浆，成红酥鸡生坯。

（3）焖制：炒锅置火上，倒入精炼油，烧至七成热时，将生坯放入炸至金黄色时，倒入漏勺中沥去油。另取砂锅1只，内放竹垫，放入红酥鸡生坯，加酱油、白糖、姜片、葱段，再加入清水淹平鸡身，烧沸，加入黄酒，上放盖盘，盖上盖，移小火焖约30min，转旺火，收稠卤汁，取出红酥鸡切成条，排入碗内，倒入原卤，上笼蒸透。

（4）浇卤：炒锅上火，取出笼中红酥鸡，红酥鸡复入盘中，将碗中卤汁滗入锅内，待锅内卤汁沸后，用湿淀粉勾芡，加入芝麻油，起锅浇在红酥鸡上，再将豆苗炒熟围在红酥鸡四周，即成。

制作关键

（1）馅心与鸡腿肉要粘牢。

（2）焖制时火力不宜过大。

（3）上笼蒸时，时间可稍长些，使红酥鸡扣入盘中形状更好。

制作流程

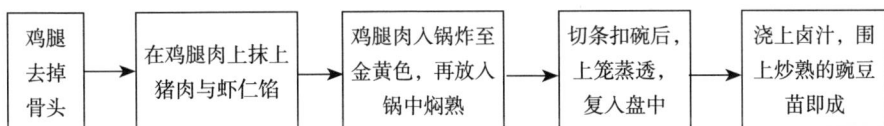

| 鸡腿去掉骨头 | → | 在鸡腿肉上抹上猪肉与虾仁馅 | → | 鸡腿肉入锅炸至金黄色，再放入锅中焖熟 | → | 切条扣碗后，上笼蒸透，复入盘中 | → | 浇上卤汁，围上炒熟的豌豆苗即成 |

思考题

1.怎样使馅心与鸡肉粘牢？

2.焖制时火力怎样调节？

葫芦鸡腿

此菜色泽枣红，形似葫芦，鲜香酥烂。

烹调方法

焖。

原料

嫩鸡腿10只，松籽仁15g，熟笋丁50g，菠菜5棵，鸡蛋1个，猪肉蓉75g。

调味料

白糖3g，酱油3g，葱花2g，姜末2g，精盐1g，姜片5g，葱结5g，芝麻油2g，黄酒3g，味精1g，精炼油750g（实耗25g）。

制作要点

（1）去骨：将生鸡腿剔去骨，取下一部分鸡腿肉斩成蓉。

（2）制生坯：炒锅上火，倒入精炼油，放入松子仁炸香后，倒入漏勺内沥去油，与猪肉蓉、鸡肉蓉、鸡蛋液、笋丁一起加精盐、姜末、葱花、黄酒、味精拌成馅。将馅分成 10 份，分别填入鸡腿内，用细绳扎成葫芦型。

（3）初炸：鸡腿入沸水锅烫一下，捞出用洁布吸去水分，趁热抹上酱油。炒锅复置火上，舀入精炼油，待油温七成热时，放入鸡腿炸至枣红色，倒入漏勺沥油。

（4）成熟：取砂锅一只，垫上竹垫，放入鸡腿、清水、酱油、白糖、姜片、葱结、黄酒，上火烧沸后，移小火焖至酥烂。再将菠菜煸炒后，放在盘内。取出鸡腿，解去绳，装盘。原锅上火，将锅中的卤汁用湿淀粉勾芡，淋入芝麻油，浇在鸡腿上即成。

制作关键

（1）鸡腿出骨时，不可将鸡腿皮弄破。

（2）加热时火力不宜过大。

制作流程

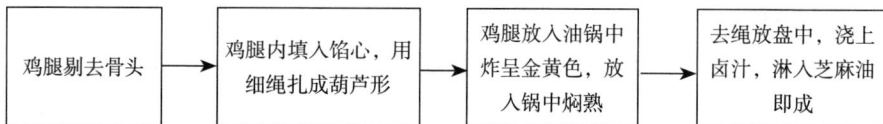

鸡腿剔去骨头 → 鸡腿内填入馅心，用细绳扎成葫芦形 → 鸡腿放入油锅中炸呈金黄色，放入锅中焖熟 → 去绳放盘中，浇上卤汁，淋入芝麻油即成

思考题

1. 鸡腿怎样出骨？

2. 鸡腿还可以做出哪些菜肴？

鸡粥菜心

此菜鸡粥细腻爽滑，色泽一青二白，鸡蓉细润鲜嫩，菜心青翠味美。

烹调方法

软炒。

原料

生鸡脯肉 100g，鸡蛋 2 个，青菜心 6 棵，火腿末 10g。

调味料

精盐 3g，味精 1g，黄酒 3g，湿淀粉 30g，葱姜汁 2g，鲜汤 150g，精炼油 10g。

制作要点

（1）整理：将鸡脯批去筋，放入清水中泡去血水，捞出斩成细蓉，放入盛器内，加入鲜汤、葱姜汁、黄酒、湿淀粉、精盐、味精、鸡蛋清，拌和均匀。

（2）焯水：青菜心放入沸水中烫一下，捞出斩成小粒，并挤去水分。

（3）炒制：炒锅置火上，放入精炼油，加入鸡清汤烧沸，一边将鸡蓉倒入，一边用手勺搅动，使鸡蓉渐渐变稠，至全部成熟后，放入青菜心粒搅拌均匀，起锅装入碗中，撒上火腿末即成。

制作关键

（1）鸡肉去筋皮，蓉要斩细。

（2）锅要洗净。

（3）掌握好火候。

制作流程

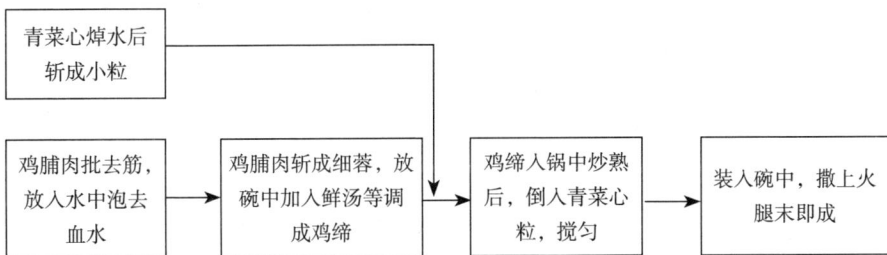

思考题

1.怎样使鸡粥炒得细腻有光泽？

2.炒制时应注意哪些问题？

盐水鸭

此菜皮色黄中透白，肌肉红润，鲜嫩味美。

烹调方法

卤。

原料

肥仔光鸭 1 只（约 1400g）。

调味料

精盐 15g，花椒 3g，葱段 7g，姜片 7g，八角 2g，黄酒 10g。

制作要点

（1）整理、腌渍：将仔光鸭去掉小翅和爪，在右翅窝开一个 7cm 长的小口，从刀口处取出内脏，放入清水中浸泡，漂净血水，沥干水分，用精盐、花椒擦遍鸭子内外，腌制半天，放入沸水锅中烫一下，捞出洗净。

（2）卤制、装盘：砂锅置火上，加入清水、葱段、姜片、八角、黄酒、精盐，烧沸后放入鸭子，撇去浮沫，盖上盖，用微火焖至鸭肉酥烂，捞出冷却，斩成条装入盘中即成。

制作关键

（1）鸭子加工时内脏一定要去除洗净。

（2）鸭子须沸水下锅，用微火保持汤沸而不腾。

（3）恰当掌握加热时间，煮至八成熟即可。

制作流程

| 光鸭从右翅下开膛取内脏 | → | 鸭放入清水中泡去血水 | → | 用花椒、盐腌制半天，焯水后洗净 | → | 将鸭子卤熟，待冷后斩成条，装入盘中即成 |

思考题

1.取鸭子内脏时为什么要从右翅下开口？

2.煮鸭子时火力较大，对成品有何影响？

3.刀工处理时，为何待其凉后才能进行改刀？

京葱扒鸭

此菜色泽酱红发亮，鸭子酥烂脱骨不失其形，口味咸中带甜，葱香扑鼻。

烹调方法

扒。

原料

活光鸭 1 只 1400g，京葱 250g。

调味料

酱油 15g，白糖 10g，精盐 2g，黄酒 15g，姜片 8g，湿淀粉 10g，精炼油 750g（实耗 25g）。

制作要点

（1）整理：将光鸭从背部剖开，斩去脚爪、翅尖，斩断颈骨，并将鸭身上的大骨敲断。京葱切成 5cm 长的段。

（2）初炸：炒锅置火上烧热，倒入精炼油烧至七成热，将鸭子表皮用酱油抹均匀，投入锅中炸至金黄色捞出。

（3）焖制：砂锅用竹垫衬底，放入鸭子，加入酱油、精盐、黄酒、白糖、姜片、清水，淹没鸭子，加盖用火烧开后，改用小火焖约 2h。

（4）炸京葱：将京葱用少量的油炸至金黄色，放入砂锅中，再焖约 20min。

（5）浇卤汁：将鸭、京葱从砂锅中取出，放在腰盘中，汤汁用湿淀粉勾芡，浇在鸭子上即成。

制作关键

（1）鸭子颈骨要斩成段。

（2）鸭子表皮涂抹酱油时，每一处都要抹到。

（3）加热时要正确掌握火候。

制作流程

光鸭从背部开膛取内脏，敲断鸭身上的大骨头 → 鸭放入七成热的油锅中炸至金黄色 → 鸭子放入锅中扒烂，装入盘中 → 浇卤汁，放上京葱即成

思考题

1. 砂锅为什么要用竹垫衬底？

2. 京葱是一种什么葱？

3. 为何鸭子要烹得较烂？

4. 怎样使鸭子的颜色棕红？

桃仁鸭方

桃仁性温味甘，有补气养血、润肺补肾的功效。此菜外酥脆，里鲜嫩。

烹调方法

炸。

原料

熟鸭脯肉 200g，核桃仁 120g，虾仁 150g，鸡蛋 2 个。

调味料

精盐 3g，葱段 5g，姜片 5g，黄酒 5g，干淀粉 20g，胡椒粉 1g，精炼油 750g（实耗 30g）。

制作要点

（1）整理：将核桃仁用开水浸泡后剥去皮，切成粗粒；虾仁沥干水分斩成蓉，用鸡蛋清、精盐、黄酒、胡椒粉拌匀。

（2）制成生坯：将熟鸭脯肉放入盘中，拍上干淀粉，抹上虾蓉，撒上桃仁。

（3）煎制：锅置火上，倒入少量油，将桃仁鸭方入锅煎制，有虾蓉的一面煎至成熟，再煎另一面。然后倒入漏勺沥油。

（4）炸熟、装盘：锅复至火上，倒入精炼油，烧至七成热时，再放入桃仁鸭方炸至金黄酥脆，倒入漏勺中沥油，切成方块，装入盘中即成。

制作关键

（1）煎、炸时正确掌握火候，防止焦糊。

（2）虾蓉不可抹得太厚。

（3）改刀时要注意保持鸭块形状完整。

制作流程

| 熟鸭脯肉上拍上干淀粉，抹上虾蓉，撒上核桃仁 | → | 鸭方放入平底锅中煎熟 | → | 鸭方入油锅炸至金黄色 | → | 切成方块，装入盘中即成 |

思考题

1.核桃仁去皮时应注意什么？

2.怎样使虾缔与鸭肉之间粘得较紧？

翡翠鸭羹

芹菜性温，清香可口，碧绿如翡翠，鸭肉酥烂而不肥，此菜汤菜兼备，老少适宜，色泽碧绿，鲜香纯正。

烹调方法

烩。

原料

熟鸭肉 750g，芹菜 200g。

调味料

精盐 8g，味精 2g，黄酒 5g，姜末 3g，葱花 3g，胡椒粉 2g，湿淀粉 25g，精炼油 10g。

制作要点

（1）加工：将鸭肉切成小丁，放在碗内。

（2）整理：芹菜摘除黄叶和根须后洗净，用开水烫一下，放入冷水中凉透，然后切成 0.5cm 长的丁。

（3）烩制：炒锅置火上，倒入精炼油，芹菜放入锅中略煸，放入鲜汤、鸭丁、姜末、葱花、精盐、黄酒、味精，烧开用湿淀粉勾芡，淋入少许精炼油，撒上胡椒粉即成。

制作关键

（1）芹菜要新鲜，开水烫后须放凉水中浸凉。

（2）加热时间不宜过长。

制作流程

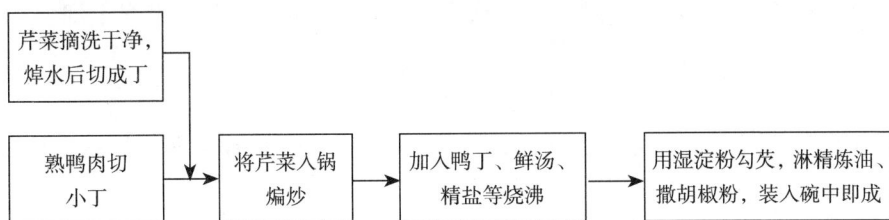

芹菜摘洗干净，焯水后切成丁

熟鸭肉切小丁 → 将芹菜入锅煸炒 → 加入鸭丁、鲜汤、精盐等烧沸 → 用湿淀粉勾芡，淋精炼油、撒胡椒粉，装入碗中即成

思考题

1. 芹菜还可用哪些其他原料代替？

2. 勾芡时注意哪些方面？

八宝鸭

此菜鸭呈金黄，形态饱满，鸭肉质烂，八丁鲜香，原汁原味。

烹调方法

焖。

原料

肥光仔鸭 1 只（约 1500g），熟笋 15g，熟火腿 25g，水发干贝 50g，猪瘦肉 15g，水发香菇 25g，薏米 25g，芡实米 25g。

调味料

酱油 10g，白糖 7g，姜葱汁 5g，姜片 5g，葱段 5g，黄酒 10g，虾子 3g，精盐 2g，鲜汤 300g，味精 1g，湿淀粉 7g，精炼油 1000g（实耗 25g）。

制作要点

（1）脱骨、整理：光鸭割下爪翅，整鸭脱骨，但皮不能划破，洗净，放入沸水锅中略烫。鸭骨架去肠脏洗净，斩成大块洗净。鸭肝、鸭肫洗净，与熟笋、火腿、瘦肉、香菇分别切成丁。薏米、芡实分别淘洗干净，放入碗中，加入少量水于笼中蒸熟。

（2）填馅：炒锅置火上，放入精炼油，将切好的六丁、干贝及薏米、芡实放入锅中略煸，加黄酒、姜葱汁、酱油、虾子、精盐、白糖和鲜汤烧沸，收稠卤汁后盛入大碗内，从鸭颈肩刀口处填入鸭腹内，用细麻绳扎紧刀口。

（3）初炸：炒锅置火上，倒入精炼油，用淡色酱油抹遍鸭身，投入七成热的油锅内，炸至金黄色时倒入漏勺中沥去油。

（4）焖制：取砂锅一只，内放竹垫，放入鸭骨，加姜片、葱段，将鸭脯朝下放入，加清水淹没鸭身。放酱油、白糖、精盐烧沸，撇去浮沫，加黄酒，上加盖盘，盖上锅盖，移至小火焖约一个半小时至酥烂，连垫取出，放入大碗，拣去骨架、姜葱，解去绳，复入大盘内，鸭脯朝上，揭去竹垫。炒锅上火，将砂锅内原汤倒入，拣去姜葱，加入味精，用湿淀粉勾芡，浇在鸭身上即成。

制作关键

（1）整鸭出骨时，不可弄破鸭皮。

（2）馅心填入数量不能太多，约为鸭骨架空间的80%，防止鸭皮受热收缩，引起破裂。

制作流程

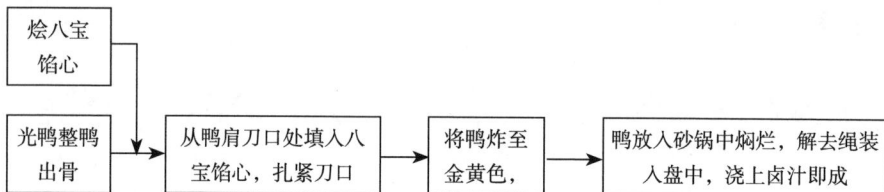

思考题

1.整鸭出骨分哪几个步骤？

2.简述薏米原料的特征。

3.扎刀口的绳为何待鸭子成熟后去除？

烩鸭四宝

此菜用鸭的四种原料烹制，口味鲜香，卤汁浓厚，肉质软嫩。

烹调方法

烩。

原料

鸭舌10只，鸭掌10只，鸭腰5只，鸭胰5条，笋片8g，水发香菇8g。

调味料

精盐2g，味精1g，黄酒5g，葱段5g，姜片5g，湿淀粉8g，鲜汤75g，胡椒粉1g，精炼油15g。

制作要点

（1）整理：鸭胰用沸水烫后，洗净，批成片。鸭腰放入冷水锅中烧沸，捞出批成两片，撕去薄膜。鸭舌放入沸水锅中煮至成熟，捞出，去舌根和脆骨。鸭掌去黄皮和爪尖污物，放入沸水中烧熟，拆去骨。

（2）烩制：炒锅置火上，放入鲜汤、鸭四宝、笋片、香菇、黄酒、精盐、味精、葱段、姜片、精炼油，烧沸后用湿淀粉勾芡，撒上胡椒粉，装入盘中即成。

制作关键

（1）鸭舌既要去掉骨头，又不能破坏其完整性。

（2）鸭掌应煮至七成熟，过烂或过生都不易将骨头去除，也易使其形状不完整。

制作流程

| 鸭舌、鸭掌煮熟后，拆去骨头 | → | 鸭胰、鸭腰略烫后批成片 | → | 鸭舌、鸭掌、鸭胰、鸭腰等放入锅中 | → | 烧透后勾芡，撒上胡椒粉，装入盘中即成 |

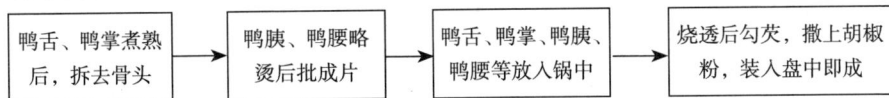

思考题

1.为什么要先将鸭舌、鸭掌煮熟再拆骨？

2.烩菜中的汤汁与主料之间的比例如何？

烩鸭舌掌

鸭爪、鸭舌本系下脚料，难登大雅之堂，但经精烹细做，即成美味佳肴。此菜色泽乳白，掌舌柔韧，汁美味鲜。

烹调方法

烩。

原料

鸭舌12根，鸭掌12只，熟笋片25g，水发香菇片5g。

调味料

精盐2g，味精1g，黄酒5g，鲜汤75g，湿淀粉8g，精炼油15g。

制作要点

（1）整理：将鸭舌、鸭掌去皮洗净，放入水锅煮至六成熟捞出，用凉水浸凉，剔去鸭舌骨及鸭掌骨。

（2）烩制：炒锅置火上，放入精炼油，将鸭舌、鸭掌、笋片、香菇片、鲜汤、黄酒、精盐入锅，烧沸后加入味精，用湿淀粉勾芡，淋入精炼油，起锅装盘即成。

制作关键

（1）鸭舌、鸭掌煮时不宜过熟或过生。

（2）香菇不宜使用过多。

制作流程

| 鸭舌、鸭掌煮熟后拆去骨头 | → | 鸭舌、鸭掌与调配料放入锅中 | → | 烧透入味，用湿淀粉勾芡，装入盘中即成 |

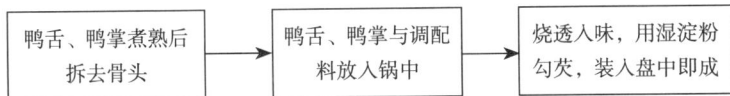

思考题

1.鸭舌、鸭掌出骨时应注意哪些?

2.原料与卤汁之间的比例如何?

掌上明珠

鸭掌肉质肥厚,质柔有韧劲,耐咀嚼,滋味鲜美,鸭掌加鸽蛋,其味更佳。此菜造型美观,鸽蛋形似明珠,鸭掌口味鲜美。

烹调方法

烩。

原料

熟鸭掌 12 只,熟鸽蛋 6 只,虾蓉 50g,豌豆苗 100g,鸡蛋 1 个。

调味料

精盐 2g,味精 1g,黄酒 3g,鲜汤 50g,葱姜汁 3g,干淀粉 5g,湿淀粉 5g,精炼油 15g。

制作要点

(1)整理:熟鸭掌拆去骨(保持外形完整)洗净。虾蓉内加鸡蛋清、精盐、黄酒、葱姜汁、味精拌匀待用。鸽蛋去壳,用刀一剖为二。

(2)制生坯:将鸭掌中间撒上干淀粉,将拌好的虾蓉均匀地放在鸭掌中间,将半只鸽蛋镶在虾球上,切面朝下,轻轻按实即成掌上明珠的生坯。

(3)蒸制:把生坯上笼蒸 4min 至熟,放在盘中。

(4)围边、浇汁:同时炒锅置火上,放入精炼油、豌豆苗,加精盐,炒熟倒入盘边点缀。炒锅内舀入鲜汤烧沸,加上精盐、味精,用湿淀粉勾芡,均匀浇在鸭掌上即成。

制作关键

(1)蒸制时间过长,虾缔会变老。

(2)鸽蛋要切得大小相等。

制作流程

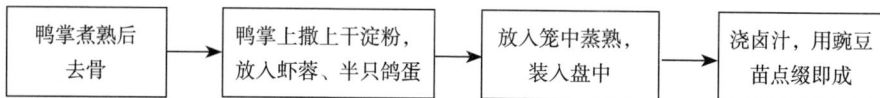

鸭掌煮熟后去骨 → 鸭掌上撒上干淀粉,放入虾蓉、半只鸽蛋 → 放入笼中蒸熟,装入盘中 → 浇卤汁,用豌豆苗点缀即成

思考题

1.虾缔一般怎样调制?

2.鸽蛋在蒸制时、剥壳时应注意哪些方面?

3.生坯蒸制时的火力应怎样控制？

爆炒肫花

爆炒肫花一般就是炒鹅肫花，是鹅肫最基本的一种烹调方法。此菜卷曲如菊花，亮油包芡，口味咸鲜，略带醋香。

烹调方法

滑炒。

原料

鹅肫 4 只，荸荠 100g，葱白段 15g，红椒 1 个。

调味料

酱油 5g，白糖 5g，味精 1g，精盐 1g，黄酒 3g，芝麻油 3g，香醋 3g，干淀粉 8g，湿淀粉 7g，嫩肉粉 4g，精炼油 750g（实耗 25g）。

制作要点

（1）整理：将鹅肫批去外膜，在批开的一面剞上十字花刀，呈菊花形，放入碗中，加入嫩肉粉、精盐、干淀粉、黄酒拌和均匀；荸荠去皮，切成片；葱白段斜切成片；红椒去籽、蒂，切成菱形片。

（2）滑油：炒锅置旺火上烧热，倒入精炼油，烧至四成热，将肫花投入滑油，待肫花翻卷变色时，倒入漏勺沥油。

（3）炒制：锅复置火上，锅内留少许油，放入荸荠片、葱白片、红椒片煸炒，加入酱油、黄酒、白糖、味精、精盐，烧沸后用湿淀粉勾芡，倒入肫花，翻锅炒匀，淋入香醋、芝麻油，装入盘中即成。

制作关键

（1）鹅肫外皮要去除干净。

（2）剞的刀纹深度要达到鹅肫厚度的 2/3 至 4/5，便于肫花的卷曲。

（3）肫花放入锅中滑油，油温应稍高，便于肫花的卷曲成型。

制作流程

| 鹅肫剖开，批去肫皮，剞上十字花刀 | → | 鹅肫上浆、滑油 | → | 炒配料，调味后，用湿淀粉勾芡 | → | 倒入肫花拌和，装入盘中即成 |

思考题

1.去鹅肫外皮有哪些技巧？

2.鹅肫表面剞十字花刀如何操作？

豆苗炒山鸡片

此菜豆苗翠绿，山鸡片细嫩鲜香。

烹调方法

滑炒。

原料

生山鸡（养殖）脯肉 180g，豌豆苗 50g，熟冬笋片 10g，鸡蛋液 20g。

调味料

酱油 8g，白糖 5g，精盐 2g，味精 1g，芝麻油 5g，香醋 3g，黄酒 3g，湿淀粉 5g，干淀粉 7g，精炼油 750g（实耗 25g）。

制作要点

（1）整理：将生山鸡脯肉批成柳叶片，放清水中泡去血水，挤去水分，加入精盐、鸡蛋清、干淀粉拌和均匀。

（2）滑油：炒锅置火上，倒入精炼油，待油四成热，放入山鸡片滑油，至鸡片全部变色，倒入漏勺中沥去油。

（3）炒制：炒锅复置火上，锅内留少许油，放入笋片、豌豆苗、黄酒、酱油、白糖、味精，用湿淀粉勾芡，再倒入山鸡片，淋入香醋、芝麻油，颠翻炒锅，起锅装入盘中即成。

制作关键

（1）鸡脯肉批片要薄。

（2）鸡肉血水要漂净。

（3）香醋起去腥增香作用，不宜放得过多。

制作流程

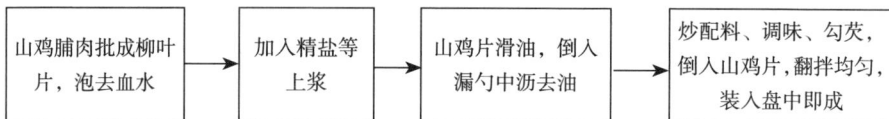

| 山鸡脯肉批成柳叶片，泡去血水 | → | 加入精盐等上浆 | → | 山鸡片滑油，倒入漏勺中沥去油 | → | 炒配料、调味、勾芡，倒入山鸡片，翻拌均匀，装入盘中即成 |

思考题

1. 山鸡脯肉为什么要漂去血水？

2. 炒制时应掌握哪些关键工艺？

山鸡塌

此菜鲜香油润，煎面酥脆，形状美观，鸡肉细嫩。

烹调方法

塌。

原料

山鸡（养殖）脯肉 250g，鸡蛋 2 个，香菜 10g，生猪肥膘 15g，熟火腿末 5g，馒头 150g。

调味料

精盐 4g，味精 2g，黄酒 5g，葱姜汁 3g，干淀粉 5g，芝麻油 5g，精炼油 25g。

制作要点

（1）整理：将山鸡脯肉批成片，放入清水中浸泡去血水，捞出沥去水；与生猪肥膘一起斩成细蓉，放入碗中，加鸡蛋清、黄酒、精盐、味精、葱姜汁和少许清水搅上劲，即成山鸡缔。

（2）制生坯：馒头切成边长 5cm 的方片，两面拍上干淀粉。将山鸡缔拓上，以火腿末、香菜叶点缀，即成鸡塌生坯。

（3）煎制：炒锅置中火上烧热，舀入精炼油少许，烧至六成热时，将生坯排入锅中，转动炒锅，煎至熟倒入漏勺沥油。面朝上整齐地排放在盘中，淋上芝麻油即成。

制作关键

（1）山鸡肉要泡去血水。

（2）馒头片应切得大小一致。

（3）鸡缔放在馒头上后，一定要刮成光滑饱满的生坯。

制作流程

| 山鸡脯肉批片后泡去血水 | → | 山鸡脯与猪肥膘斩成蓉，调成山鸡缔 | → | 馒头片拓上山鸡缔，再点缀火腿末、香菜叶 | → | 将生坯煎熟，装入盘中即成 |

思考题

1. 滑锅时应注意哪些方面？

2. 山鸡塌在烹调过程中应掌握哪些关键工艺？

肉末涨蛋

通过该菜练习，掌握涨蛋类菜肴的制作方法。此菜色泽金黄，质地膨松，口味鲜嫩，香气扑鼻。

烹调方法

煎。

原料

鸡蛋 3 只，肉末 100g。

调味料

精盐 3g，味精 1g，葱花 15g，鲜汤 150g，精炼油 15g

制作要点

（1）整理：将鸡蛋磕开，加肉末、精盐、味精、葱花、鲜汤搅拌均匀。

（2）煎制：锅置火上烧热，倒入精炼油，烧至四成热，将蛋糊倒入锅内并用手勺推动，待蛋糊外层凝固时，加入少许精炼油，将蛋在锅中晃动、翻身，再少放点儿精炼油，不断晃动炒锅，待蛋膨胀时，即离火盖上锅盖，焖约3min，将余油滗出，装入盘中即成。

制作关键

（1）鸡蛋要新鲜，要搅打均匀。

（2）注意调节火候。

制作流程

| 鸡蛋磕入碗内 | → | 加入肉末、调味料等调成蛋缔 | → | 蛋缔入锅煎制 | → | 涨至蛋缔膨胀较大时，装入盘中即成 |

思考题

1.涨蛋可加入哪些配料?

2.该菜在火候上有什么要求?

烩蛋饺

通过练习该菜，掌握鸡蛋皮的烙制方法，掌握烩制一般菜肴的基本方法。该菜造型美观，色泽鲜艳，肉质细嫩。

烹调方法

烩。

原料

鸡蛋 5 个，猪五花肉 200g。

调味料

姜末 3g，葱花 3g，黄酒 5g，精盐 3g，味精 1g，湿淀粉 8g，鲜汤 100g，精炼油 15g。

制作要点

（1）加工：鸡蛋 5 个磕入碗内，加湿淀粉 3g、精盐 2g 搅拌均匀。

（2）制馅、制皮：猪五花肉放砧板上斩成蓉，加精盐、味精、黄酒、葱花、姜末，使劲搅拌成肉馅。取大手勺一把，置火上烧热，抹上精炼油，用调羹舀入鸡蛋液，摊成直径10cm的皮子20张。

（3）制生坯：将鸡蛋皮放在砧板上，将猪肉馅分成20份，逐一用蛋皮包成半圆形，用少许鸡蛋液封口。

（4）烩制：炒锅置火上，放入蛋饺、鲜汤、精盐、味精烧沸后，焖3min，再用湿淀粉勾芡，淋入精炼油，起锅装入盘中即成。

制作关键

（1）烙鸡蛋皮时，要用中火。

（2）蛋皮的边缘在包蛋饺之前应修整齐，以使蛋饺外形美观。

（3）蛋饺入锅烧制时，火力要小，以防将蛋饺烧散碎。

制作流程

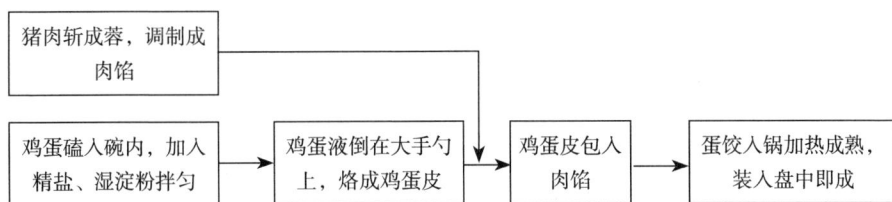

思考题

1. 怎样使蛋皮色泽较黄？

2. 蛋饺如何烩制？

炸蛋松

此菜色泽淡黄，丝丝分明，蓬松柔软，鲜香入味。

烹调方法

炸。

原料

鸡蛋5个。

调味料

精盐3g、味精1g、精炼油750g（实耗30g）。

原料

（1）加工：取2个鸡蛋的蛋清、3个鸡蛋的蛋黄放入碗内，加入精盐、味精，用竹筷打匀。

（2）炸制：炒锅置中火上，放入精炼油，烧至三成热时，左手将盛蛋液的碗高高举起，使蛋液徐徐淋入油锅中，同时右手持手勺在锅中顺一个方向搅动，将油面旋起，待蛋丝成型时，倒入漏勺中，用手勺挤去油，再用餐巾纸卷起，吸去油，最后再抖松，放入盘中即成。

制作关键

（1）蛋液入油锅时，一定要使油面呈旋涡状，以使蛋丝拉细。

（2）正确掌握油温。

（3）一定要挤吸去多余的油脂。

制作流程

| 鸡蛋磕入碗内 | → | 加入精盐、味精搅拌均匀 | → | 蛋液拉成蛋丝入油锅炸脆 | → | 蛋松吸去油，再抖松，装入盘中即成 |

思考题

1.怎样使蛋松细而长？

2.去掉多余的油，可采取哪些方法？

蛋烧卖

通过该菜练习，掌握鸡蛋皮的烙制、蛋烧卖的制作方法。此菜色泽黄亮，形似烧卖，蛋肉鲜香，清爽味美。

烹调方法

蒸。

原料

鸡蛋 4 只，猪肉蓉 150g，菜叶末 15g，虾仁 50g，水发开洋粒 40g，熟笋丁 50g，熟火腿末 30g，熟猪肥膘 1 块。

调味料

姜末 3g，葱花 3g，精盐 4g，味精 1g，黄酒 5g，鲜汤 100g，湿淀粉 8g，精炼油 50g。

制作要点

（1）制馅：将猪肉蓉放在碗内，加入笋丁、开洋粒、精盐、味精、黄酒、姜末、葱花拌和均匀。熟猪肥膘与虾仁分别斩成蓉，放碗中，加入精盐、味精、湿淀粉搅拌均匀。

（2）制生坯：鸡蛋磕入碗内，加入精盐、湿淀粉调和均匀，烙成小蛋皮 20 张，包入肉馅，用少许虾蓉封口，以火腿末、菜叶末点缀。

（3）蒸制：将蛋烧卖放入笼内，置旺火上蒸熟取出。

（4）浇上卤汁：炒锅置火上，加入鲜汤、精盐、味精，用湿淀粉勾芡，浇在蒸熟的蛋烧卖上即成。

制作关键

（1）注意馅心软硬，不能加水过多。

（2）注意蒸蛋烧卖的时间，以防将绿菜叶末蒸黄。

制作流程

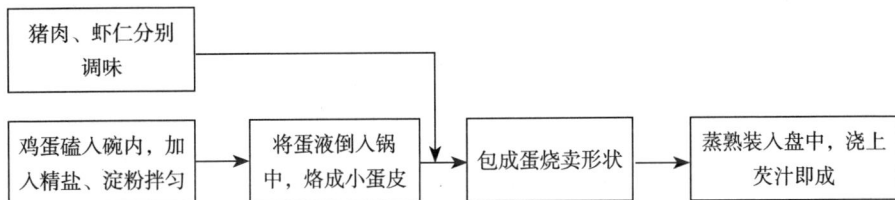

思考题

1.蛋烧卖的顶端除了用虾蓉装饰外，还可用其他原料代替吗？

2.蛋皮包馅时，为了使成品形状大小一致要注意什么？

如意蛋卷

此菜造型美观，用蛋皮卷虾缔成如意形，色泽鲜艳，质地细嫩，口味鲜美。

烹调方法

蒸。

原料

鸡蛋 4 个，虾仁 150g。

调味料

姜末 3g，葱花 3g，黄酒 3g，精盐 4g，味精 1g，鲜汤 100g，湿淀粉 10g，精炼油 20g。

制作要点

（1）烙蛋皮：将鸡蛋磕入碗内，加湿淀粉、精盐搅拌均匀，倒入抹有油的锅中，烙成鸡蛋皮。

（2）制馅：虾仁洗涤干净，沥去水分，斩成蓉，放碗中加入精盐、味精、黄酒、葱花、姜末，拌和均匀成虾肉馅。

（3）蒸制：鸡蛋皮切成宽 10cm 的片，两边放上虾肉缔，同时向中间卷起，接口处抹上少许虾肉缔，放入抹有少许精炼油的盘中，上笼蒸 10min，取出，切成片装入盘中。

（4）浇卤汁：炒锅置火上，放入鲜汤、精盐、味精、烧沸后，浇在如意蛋卷片上即成。

制作关键

（1）烙蛋皮时，要用中火。

（2）若想烙得蛋皮色泽较黄，可少用蛋清，多用蛋黄。

（3）蛋皮两边放上的虾肉馅要粗细均匀，这样便于成熟，同时造型美观。

制作流程

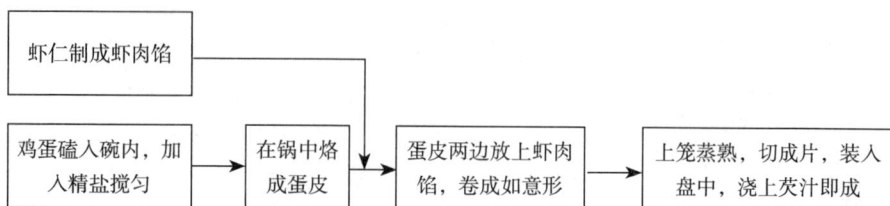

思考题

1. 为什么烙鸡蛋皮要用中火？

2. 蒸制时间过长会发生什么情况？

熘变蛋

此菜色泽酱红，卤汁紧裹蛋块，口味香脆酸甜。

烹调方法

脆熘。

原料

变蛋 3 个。

调味料

酱油 3g，白糖 50g，姜末 3g，葱花 3g，香醋 25g，芝麻油 5g，鲜汤 10g，面粉 10g，湿淀粉 25g，精炼油 750g（实耗 25g）。

制作要点

（1）整理：将变蛋剥壳，切成龙船块，放入盘内，撒上面粉拌匀。湿淀粉加入少量面粉和清水，调制成糊。

（2）炸制：炒锅置火上，倒入精炼油，烧至七成热时，将变蛋逐块挂上淀粉糊，放入油锅炸至淡黄色时，改小火养透，用漏勺捞起。待油温升至八成热时，放入变蛋，炸呈金黄色时倒入漏勺中沥去油。

（3）熘制：炒锅复置火上，锅内留少许油，放入姜末、葱花略煸后，加酱油、白糖、鲜汤烧沸，用湿淀粉勾芡，倒入变蛋，加入芝麻油、香醋，颠翻炒锅，起锅装盘即成。

制作关键

（1）变蛋块挂糊要均匀。

（2）变蛋块放入锅炸后要整理一下，去掉糊须。

制作流程

| 变蛋剥去外壳 | → | 变蛋切成龙船块 | → | 变蛋挂上淀粉糊，炸至金黄色 | → | 调制卤汁，倒入变蛋拌匀，装入盘中即成 |

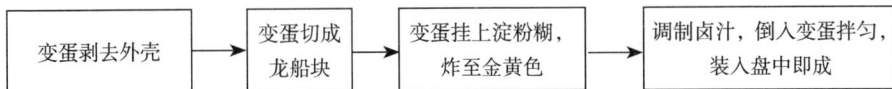

1.简述熘变蛋的制作要点。

2.调制淀粉糊时，要注意哪些方面？

虎皮鹌鹑蛋

通过练习该菜，掌握虎皮系列蛋类的制作方法。该菜鹌鹑蛋的表面呈皱纹状，色呈金黄，似虎皮，故名虎皮蛋。其咸中带甜，醇香入味。

烹调方法

卤。

原料

鹌鹑蛋 20 个。

调味料

酱油 7g，白糖 5g，精盐 3g，姜片 5g，葱段 5g，黄酒 8g，桂皮 3g，八角 2g，芝麻油 5g，精炼油 750g（实耗 20g）。

制作要点

（1）整理：将鹌鹑蛋投入冷水锅中，煮沸后转小火焖 8min，使鹌鹑蛋成熟，捞出放入冷水中略浸，剥去外壳，吹干水分待用。

（2）炸制：锅置火上，倒入精炼油，烧至八成热，将鹌鹑蛋表面抹上酱油，入锅中炸至呈金黄色时倒入漏勺中沥去油。

（3）卤制：锅复置火上，锅内留少许油，下葱段、姜片略炸，加入酱油、白糖、黄酒、精盐、桂皮、八角和适量清水，大火烧沸后，移小火焖至鹌鹑蛋入味，拣去葱段、姜片、桂皮、八角，捞出鹌鹑蛋，切成块装入盘中，浇上卤汁即成。

制作关键

（1）煮鹌鹑蛋要随冷水一起入锅，否则易烧裂。

（2）蛋煮好后应立即放冷水中浸凉，便于剥壳。

制作流程

鹌鹑蛋用小火煮熟 → 剥去外壳，抹上酱油 → 蛋放入油锅中炸至金黄色 → 入锅卤透入味，装入盘中即成

思考题

1. 鹌鹑蛋应如何煮制？
2. 炸鹌鹑蛋的油温如何控制？

三丝炒鸽松

此菜呈棕红色，鲜香脆嫩，口味鲜美。

烹调方法

滑炒。

原料

净鸽脯肉 200g，熟笋 50g，鸡蛋清 2 个，水发香菇 10g，红椒 1 个，瓜姜 10g，葱白段 10g。

调味料

酱油 5g，白糖 3g，精盐 2g，黄酒 5g，鲜汤 8g，湿淀粉 8g，干淀粉 7g，香醋 5g，芝麻油 5g，味精 1g，精炼油 750g（实耗 25g）。

制作要点

（1）整理：将鸽脯肉用清水略泡后，切成细丝，加入精盐、鸡蛋清、干淀粉拌和均匀。瓜姜洗净，与熟笋、水发冬菇、红椒、葱白段分别切成丝待用。

（2）滑油：炒锅置火上，倒入精炼油，烧至四成热时，放入鸽肉丝，用手勺划开，至全部变色时倒入漏勺内沥去油。

（3）炒制：原锅内留少许油置火上，投入香菇丝、红椒丝、笋丝、瓜姜丝略煸，放黄酒、鲜汤、酱油、白糖、味精，用湿淀粉勾芡，倒入鸽丝，翻拌均匀，淋入香醋、芝麻油，装入盘中即成。

制作关键

（1）鸽脯肉丝上浆，要掼上劲。

（2）滑油温度不宜过高。

制作流程

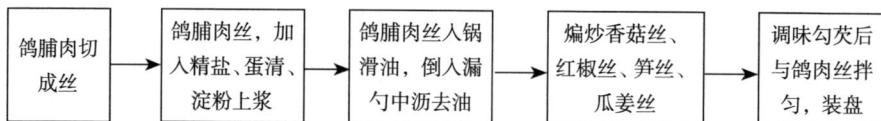

鸽脯肉切成丝 → 鸽脯肉丝，加入精盐、蛋清、淀粉上浆 → 鸽脯肉丝入锅滑油，倒入漏勺中沥去油 → 煸炒香菇丝、红椒丝、笋丝、瓜姜丝 → 调味勾芡后与鸽肉丝拌匀，装盘

思考题

1.鸽脯肉丝上浆前为什么要泡去血水?

2.鸽脯肉上浆时应注意什么?

3.怎样使菜肴成品有光泽?

第六章

水产类原料菜肴制作

本章内容： 水产类原料菜肴制作

教学时间： 26课时

教学目的： 先由教师演示，再由学生练习，通过讲、演、练、评的方式，达到训练目的。让学生通过水产烹饪原料代表性菜肴品种的制作，掌握水产类烹饪原料的初加工方法、刀工技术、翻锅技能、原料初步熟处理、调味技能、各种烹调方法，能制作出基本的、简单的、有代表性的水产菜肴品种，并符合制作要求，为下一阶段水产类中国名菜的制作打下坚实的基础。

教学要求： 1.让学生了解水产类原料常用品种的一般骨骼组织结构。

2.使学生掌握水产类原料基本加工方法。

3.让学生能够根据营养要求，正确对水产类原料进行配菜。

4.让学生能够选择适合水产类原料的烹调方法。

5.让学生能够对水产类原料进行正确的调味。

课前准备： 由实验员或任课教师准备炉灶、所需原料(有的需要初加工)、用具、餐具等。

青椒鱼米

鱼米是用鳜鱼净肉制作而成，在此基础上可以制作宫灯鱼米、鱼米之乡等菜肴。此菜鱼米洁白细嫩，青椒青翠鲜香。

烹调方法

滑炒。

原料

鳜鱼肉 1200g，青椒 1 个，鸡蛋 1 个。

调味料

精盐 3g，味精 1g，黄酒 3g，鲜汤 30g，干淀粉 15g，湿淀粉 5g，精炼油 750g（实耗 25g）。

制作要点

（1）整理：将鳜鱼肉切成 0.5cm 见方的丁，放入清水中漂尽血水，沥去水分，放入精盐、味精、黄酒、蛋清、干淀粉拌和均匀。青椒去蒂、去仔，切成 0.5cm 见方的粒。

（2）滑油：锅置火上，倒入精炼油，油温升至四成热时，将鱼米入锅迅速划开，待鱼米全部变成乳白色时，倒入漏勺中沥去油。

（3）炒制：锅复至火上，锅内留少许油，加青椒粒稍煸，加入鲜汤、黄酒、味精，用湿淀粉勾芡，倒入鱼米，翻拌均匀，淋入少许精炼油，起锅装入盘中即成。

制作关键

（1）鱼肉要切得大小一致。

（2）鱼米要漂尽血水。

（3）炒菜前要先滑锅，以防鱼米滑油时粘在锅壁上，造成散碎。

制作流程

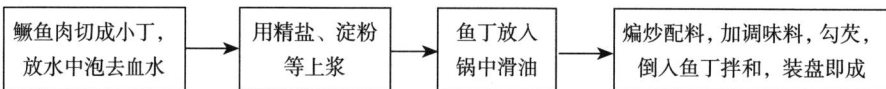

| 鳜鱼肉切成小丁，放水中泡去血水 | → | 用精盐、淀粉等上浆 | → | 鱼丁放入锅中滑油 | → | 煸炒配料，加调味料，勾芡，倒入鱼丁拌和，装盘即成 |

思考题

1. 鱼米容易散碎是何原因？

2. 怎样使烹调出的鱼米洁白有光泽？

瓜姜鱼丝

鱼丝采用鱼中珍品鳜鱼肉，再配上扬州酱菜——酱黄瓜、酱芽姜烹制而成，味香而爽脆，风味别具一格。扬州酱菜的腌制加工已有一千多年的历史，以该市郊区特有的乳黄瓜、萝卜头、宝塔菜、嫩生姜、小胡萝卜等新鲜蔬菜为原料，经过严格的选料和精心的加工，具有鲜、甜、脆、嫩和色、香、味、形俱佳的特色，卤汁澄清，保持蔬菜自然本色，多次在国内外获奖。此菜鱼丝洁白细嫩，酱菜脆嫩爽口。

烹调方法

滑炒。

原料

鳜鱼肉 200g，酱黄瓜 15g，酱芽姜 15g，鸡蛋 1 个，红椒半个。

调味料

精盐 2g，味精 1g，黄酒 3g，鲜汤 30g，干淀粉 15g，湿淀粉 7g，精炼油 750g（实耗 25g）。

制作要点

（1）整理：将鳜鱼肉批成 0.4 cm 厚的大薄片，再切成 0.4cm 粗的丝，放入清水中漂去血水后，挤去表面水分，放入碗中，加入黄酒、精盐、蛋清、干淀粉拌匀。酱黄瓜、酱芽姜分别切成丝，用水泡去部分咸味，捞出沥去水。红椒切成细丝待用。

（2）滑油：锅置火上，倒入精炼油，待油温升至四成热时，放入鱼丝，迅速用筷子将鱼丝划开，至鱼丝全部变成乳白色时，倒入漏勺中沥去油。

（3）炒制：锅复置火上，锅内留少许油，放入酱黄瓜、酱芽姜、红椒丝、精盐、味精、鲜汤、黄酒，用湿淀粉勾芡，倒入鱼丝，翻拌均匀，淋入少许精炼油，起锅装入盘中即成。

制作关键

（1）鱼丝不宜切得过长，以 4.5cm 为佳。

（2）酱黄瓜、酱芽姜浸泡不可太久，只要泡去部分咸味即可。

制作流程

| 鳜鱼肉切成丝，放入水中泡去血水 | → | 用精盐、淀粉等上浆 | → | 鱼丝放入锅中滑油 | → | 煸炒配料，加调味料，勾芡，倒入鱼丝拌和，装盘即成 |

思考题

1.扬州酱菜烹制菜肴为什么要泡去部分咸味？

2.扬州酱菜主要有哪些品种？

三丝鱼卷

此菜外细嫩，里鲜香，酸甜适口。

烹调方法

熘。

原料

净鳜鱼肉 150g，熟笋丝 15g，熟鸡脯肉丝 15g，水发香菇丝 15g，鸡蛋 1 个。

调味料

酱油 5g，白糖 25g，精盐 2g，味精 1g，黄酒 3g，香醋 10g，鲜汤 15g，干淀粉 12g，湿淀粉 7g，芝麻油 5g，精炼油 750g（实耗 25g）。

制作要点

（1）整理：将鳜鱼肉用刀批切成夹刀片，放碗内加入鸡蛋清、精盐、黄酒、干淀粉拌和均匀。

（2）制生坯：将鱼片铺在操作台上，皮面朝上，放上熟笋丝、熟鸡脯肉丝、水发香菇丝，鱼片逐片卷起成圆筒形，然后用刀切齐两头露出的丝，放入有精炼油的盘内，即成三丝鱼卷生坯。

（3）滑油：炒锅置火上，倒入精炼油，待油温四成热时，放入三丝鱼卷生坯滑油，至鱼卷全部变成乳白色时，倒入漏勺中沥去油。

（4）熘制：炒锅复上火，锅内留少许油，放酱油、白糖、味精、鲜汤，用湿淀粉勾芡，倒入鱼卷，颠翻几下，淋入香醋、芝麻油，起锅装入盘中即成。

制作关键

（1）鱼片大小长短要一致，片形要薄。

（2）三种丝数量要相等。

（3）鱼卷在滑油前亦可用热油浇一下，让鱼卷预先收缩，再入油锅滑油不易散开。

（4）翻动鱼卷时，动作幅度要小。

制作流程

| 鳜鱼肉批成夹刀片，用精盐等上浆 | → | 包入三丝，成鱼卷形 | → | 放入锅中滑油，倒入漏勺中沥去油 | → | 调制卤汁，倒入鱼卷拌和，装盘即成 |

思考题

1.为什么鱼片要批得较薄？

2.三丝鱼卷除了用熘法，还可以用什么烹调方法烹制成菜？

茄汁鱼片

此菜色泽鲜艳，外香脆，里鲜嫩，酸甜适口。

烹调方法

熘。

原料

净鱼肉 150g，面粉 75g，鸡蛋 1 个。

调味料

葱姜汁 3g，姜末 3g，葱花 3g，蒜泥 3g，白糖 10g，精盐 2g，番茄酱 25g，白醋 3g，湿淀粉 5g，鲜汤 15g，芝麻油 5g，精炼油 750g（实耗 35g）。

制作要点

（1）整理：将鱼片批成长 4cm、宽 2cm、厚 0.5cm 的片，放碗内，加精盐、葱姜汁拌匀。取小碗，放入面粉、鸡蛋和适量清水，调成面粉糊。

（2）炸制：炒锅置火上，倒入精炼油，烧至七成热时，将鱼片逐片挂上面粉糊放入，用手勺轻轻搅动，炸至鱼片外表结壳，色泽呈金黄色时，倒入漏勺中沥去油。

（3）熘制：炒锅复置火上，锅内留少许油，放入姜末、葱花、蒜泥、番茄酱炒出香味，加鲜汤、白糖，烧沸用湿淀粉勾芡，淋入白醋和芝麻油，倒入鱼片，颠翻炒锅，使鱼片均匀地裹满茄汁，出锅装盘即成。

制作关键

（1）鱼肉中不能有细刺，应选择无细刺的一些鱼类品种来制作该菜，如鲈鱼、鳜鱼等。

（2）鱼片要炸至外脆，色泽金黄。

（3）芡汁要发亮，稀稠适中。

制作流程

净鱼肉批成片 → 鱼片用精盐等浸渍入味 → 鱼片挂上面粉糊入锅炸至色泽金黄 → 调制卤汁，倒入鱼片拌和，装盘即成

思考题

1. 怎样使鱼片表面的糊挂得均匀？

2. 鱼片炸制时应注意哪些方面？

芙蓉鱼片

此菜色泽雪白，鲜腴嫩滑。

烹调方法

滑炒。

原料

净鱼肉 100g，鸡蛋 4 个，熟肥膘肉 15g，水发香菇片 10g，豌豆苗 10g，熟火腿末 2g。

调味料

葱姜汁 5g，精盐 2g，味精 1g，黄酒 3g，鲜汤 50g，湿淀粉 7g，米汤适量，精炼油 750g（实耗 35g）。

制作要点

（1）整理：将鱼肉放清水中漂去血水，与熟肥膘肉分别斩成细蓉，加葱姜汁、黄酒、鲜汤、精盐搅匀上劲。蛋清放碗内，用打蛋器搅打成发蛋，慢慢倒入鱼蓉内，搅匀，加入味精，搅匀上劲成芙蓉鱼片缔子。

（2）滑油：炒锅置火上，倒入精炼油至两成热时，将芙蓉鱼片缔子用小勺剜成柳叶片，逐片放入油锅，慢慢加热，芙蓉鱼片呈白色时，倒入漏勺沥去油。

（3）炒制：炒锅复置火上，锅内留少许油，放入豌豆苗、香菇片略炒，加入黄酒、鲜汤、精盐、味精，用湿淀粉勾米汤芡，放入芙蓉鱼片，颠匀出锅装盘，撒上火腿末即成。

制作关键

（1）鱼肉要漂去血水，并斩成极细的泥。

（2）鱼片入锅时，油温不能过高，防止鱼片膨胀，装盘后鱼片表面不光滑。

制作流程

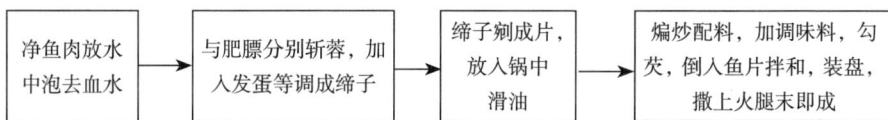

| 净鱼肉放水中泡去血水 | → | 与肥膘分别斩蓉，加入发蛋等调成缔子 | → | 缔子剜成片，放入锅中滑油 | → | 煸炒配料，加调味料，勾芡，倒入鱼片拌和，装盘，撒上火腿末即成 |

思考题

1. 鱼片入锅怎样保证形状如柳叶片？

2. 鱼片成熟的油温怎样调节？

糟熘鱼片

此菜色泽美观，鱼肉鲜嫩，糟香扑鼻。

烹调方法

熘。

原料

鳜鱼肉 300g，熟笋片 10g，水发木耳 10g，鸡蛋 1 个。

调味料

葱花 3g，姜末 3g，精盐 2g，香糟卤 15g，湿淀粉 7g，精炼油 750g（实耗 25g）。

制作要点

（1）整理：鳜鱼肉批成长 4cm、宽 2cm、厚 0.5cm 的长方片，放入清水中漂尽血水，放碗内，加精盐、鸡蛋清、湿淀粉拌匀待用。

（2）滑油：炒锅置火上，倒入精炼油至四成热，放入鱼片，用手勺轻轻翻动至鱼片全部变成乳白色，倒入漏勺中沥去油。

（3）炒制：炒锅复置火上，锅内留少许油，投入葱花、姜末煸出香味，倒入笋片、木耳和香糟卤，用湿粉勾芡，倒入鱼片，翻动炒锅，出锅装盘即成。

制作关键

（1）木耳入锅不能煸炒，否则会炸裂。

（2）鱼片易散碎，翻锅动作幅度要小。

制作流程

| 鳜鱼肉批成片，漂尽血水 | → | 用精盐、淀粉等上浆 | → | 鱼片放入锅中滑油 | → | 煸炒配料,加调味料,勾芡,倒入鱼片拌和，装盘即成 |

思考题

1. 为什么木耳入锅煸炒时易炸裂？

2. 怎样使鱼片不散碎？

3. 怎样使卤汁均匀包裹鱼片？

脆皮鱼条

通过该菜练习，掌握脆皮糊的调制与挂糊方法、油炸时油温的控制。此菜色泽金黄，外脆里嫩。

烹调方法

干炸。

原料

净鲈鱼肉 150g，脆皮糊 200g。

调味料

姜葱汁 5g，精盐 5g，味精 1g，黄酒 5g，干淀粉 5g，花椒盐 2g，番茄沙司 25g，精炼油 750g（实耗 25g）。

制作要点

（1）整理：将鱼肉切成长 4cm、粗 0.6cm 的条，放入碗中加入精盐、黄酒、味精、葱姜汁腌渍 20min。

（2）炸制：锅置火上，倒入精炼油烧至六成热时，将鱼条拍上干淀粉，挂上脆皮糊，入锅炸至外脆里嫩、呈金黄色时，倒入漏勺中沥去油，装入盘中，另带花椒盐、番茄沙司一起上桌。

制作关键

（1）掌握好调制脆皮糊的用料比例。

（2）控制好鱼条入锅时的油温。

制作流程

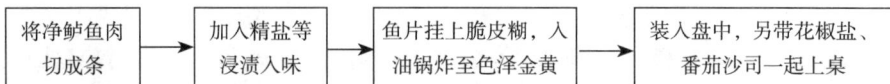

| 将净鲈鱼肉切成条 | → | 加入精盐等浸渍入味 | → | 鱼片挂上脆皮糊，入油锅炸至色泽金黄 | → | 装入盘中，另带花椒盐、番茄沙司一起上桌 |

思考题

1.调制脆皮糊有哪些原料？它们之间的比例为多少？

2.鱼条一般用什么鱼来制作？

芝麻鱼条

此菜外脆内嫩，酥脆清香，口味咸鲜。

烹调方法

炸。

原料

净草鱼肉 150g，炒熟芝麻 50g，鸡蛋 1 个，面粉 50g。

调味料

姜葱汁 3g，精盐 2g，辣酱油 5g，番茄酱 15g，黄酒 5g，味精 1g，精炼油 750g（实耗 30g）。

制作要点

（1）整理：将鱼肉批成长 4cm、宽 0.8cm、厚 0.8cm 的条，放入碗内，加精盐、黄酒、姜葱汁、味精，浸渍入味。

（2）制生坯：取一只碗，鸡蛋磕入碗内，加入面粉搅匀，放入鱼条拌和，再拍上芝麻，按紧，放入盘内待用。

（3）炸制：炒锅置火上，倒入精炼油，待烧至六成热时，将鱼条放入锅内炸至淡黄色，捞起，待油温至七成热时，将鱼条放入锅内复炸，倒入漏勺中沥去油，装入盘中，上桌时带番茄酱、辣酱油各一小碟蘸食。

制作关键

（1）芝麻要淘洗干净。

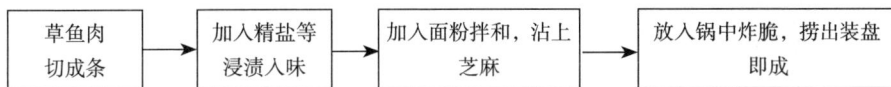

（2）鱼条沾上芝麻后要按紧，防止脱落锅中。

制作流程

草鱼肉切成条	→	加入精盐等浸渍入味	→	加入面粉拌和，沾上芝麻	→	放入锅中炸脆，捞出装盘即成

思考题

1.为什么要用脱壳熟芝麻?

2.鱼条沾上芝麻后为什么要按紧?

炸鱼排

此菜色呈金黄色，外酥脆，里鲜香。

烹调方法

炸。

原料

净鲈鱼肉 150g，面包糠 100g，鸡蛋 1 个。

调味料

精盐 2g，味精 1g，姜片 5g，葱段 5g，黄酒 5g，干淀粉 15g，胡椒粉 1g，辣酱油 10g，精炼油 750g（实耗 25g）。

制作要点

（1）制生坯：将鲈鱼肉批成大薄片，用刀面将鱼片轻轻拍松，加入葱段、姜片、黄酒、精盐、味精、胡椒粉拌匀浸渍。鸡蛋、干淀粉搅成鸡蛋浆。待鲈鱼片入味后，抹上鸡蛋浆，两面沾上面包糠，即成鱼排生坯。

（2）炸制：炒锅置火上，倒入精炼油，待油六成热时，放入鱼排生坯，炸至淡黄色时，用漏勺捞出，待油温升至七成热时，将排鱼放入复炸呈金黄色时，倒入漏勺中沥去油，放砧板上，切成宽 2cm 的条，装入盘中，带辣酱油一小碟上桌蘸食。

制作关键

（1）鲈鱼肉要新鲜。

（2）鱼片上浆拍面包糠时，要用力按紧使之粘牢。

（3）油炸的油温和时间要掌握好。

制作流程

净鲈鱼肉批成大薄片	→	加入精盐等浸渍入味	→	加蛋浆，沾上面包糠	→	放入锅中炸呈金黄色，捞出切成条，装盘即成

思考题

1.鲈鱼肉质有何特征?

2.除了面包糠,还可以用哪些原料代替?

菊花鱼

此菜形似菊花,香脆松嫩,甜酸适口。

烹调方法

熘。

原料

青鱼 400g。

调味料

蒜片 3g,白糖 15g,精盐 1g,番茄酱 25g,白醋 3g,湿淀粉 5g,干淀粉 10g,鲜汤 10g,芝麻油 5g,精炼油 750g(实耗 40g)。

制法

(1)制生坯:将青鱼段皮朝下,横放砧板上,用刀斜批至鱼皮,每批四刀批断,直到批结束。再将鱼块横过来,剞至鱼皮,成连刀的鱼丝,拍上干淀粉,并抖去余粉,成菊花鱼生坯。

(2)炸制:炒锅置旺火上,倒入精炼油,烧至八成热时,把菊花鱼生坯抖散,皮朝上放入油锅炸至金黄色,倒入漏勺中沥去油,装入盘中。

(3)浇汁:炒锅复置火上,锅内留少许油,投入蒜片炸香后,随即倒入番茄酱、白糖、精盐、鲜汤、白醋,烧沸后用湿淀粉勾芡,再淋入芝麻油拌和,浇在菊花鱼上即成。

制作关键

(1)青鱼要新鲜,否则剞出来的菊花易碎。

(2)要取鱼的中段,因为刺少。

(3)菊花鱼要炸酥脆。

(4)番茄酱入锅时要煸炒,使卤汁色泽更红亮。

(5)卤汁要发亮,呈半透明状。

制作流程

净青鱼肉剞成菊花形花刀 → 菊花鱼拍上干淀粉 → 放入油锅中炸至金黄,装入盘中 → 调制番茄汁,浇在菊花鱼上即成

思考题

1.除青鱼外，还有什么品种的鱼可以制作菊花鱼？
2.为什么要一次性勾芡？
3.菊花鱼为何要现拍粉现炸？

萝卜鱼

此菜选料精细，营养丰富，造型别致，口味鲜美。因其色和形酷似胡萝卜，故得名萝卜鱼。此菜造型美观，色泽金黄，外松脆里软嫩，口味鲜香。

烹调方法

炸。

原料

净鳜鱼肉150g，虾仁100g，水发香菇粒5g，香菜20g，笋粒10g，面包糠50g，鸡蛋2个。

调味料

姜葱汁3g，精盐2g，味精1g，黄酒5g，干淀粉100g，花椒盐3g，番茄沙司25g，精炼油750g（实耗40g）。

制作要点

（1）整理：将鳜鱼肉批成长约9cm，一端宽1.5cm，另一端宽5cm的薄片，共12片，放入碗内，加姜葱汁、精盐、味精、黄酒、干淀粉拌匀。将虾仁洗净，挤去水分，斩成蓉，放入碗中加入鸡蛋清、黄酒、葱姜汁、味精、精盐、香菇粒、笋粒搅匀。

（2）制生坯：将鱼片平放在操作台上，逐片放上虾馅，从窄的一头斜着卷起成萝卜鱼形，另取一碗，将一只鸡蛋清放入碗内，加干淀粉和匀，把萝卜鱼逐个放入碗内滚蘸，然后再滚上面包糠。

（3）炸制：炒锅置旺火上，舀入精炼油，烧至六成热时，将萝卜鱼逐个放入，炸至萝卜鱼浮起时捞出，油温升至七成热时复炸至金黄色，倒入漏勺中沥去油，用牙签在萝卜鱼的粗头戳一小孔，插上香菜一根，排列在盘中，上桌时带花椒盐、番茄沙司蘸食。

制作关键

（1）批鱼片时不可过厚，大小一致。
（2）虾缔厚度要适中。

制作流程

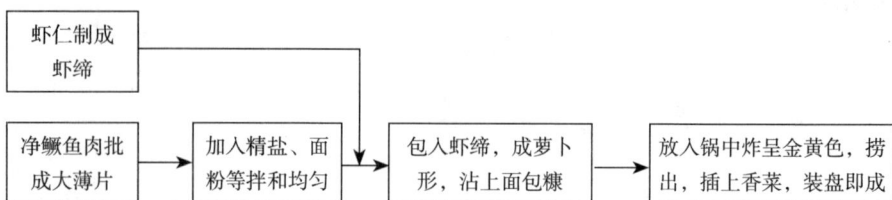

思考题 👕

1. 如何制作花椒盐？
2. 萝卜鱼没有达到外松脆里软嫩的要求的原因是什么？

将军过桥

黑鱼皮厚力大，全身都是鳞（称为全身披挂），故称为将军。过桥即为一鱼两吃。此菜鱼片洁白，形似玉兰，鱼汤浓白，香鲜味美。

烹调方法

滑炒、熬。

原料

活黑鱼 1 条约 600g，熟笋片 15g，水发木耳 10g，菜心 5 棵，鸡蛋 1 个，葱片 5g。

调味料

姜片 5g，葱段 5g，精盐 2g，味精 1g，黄酒 5g，鲜汤 400g，干淀粉 7g，湿淀粉 5g，精炼油 750g（实耗 25g）。

制作要点

（1）整理：将黑鱼敲晕，去鳞、鳃、鳍，取内脏，留鱼肠在鱼身上，再将鱼肠一头切齐，用刀刃稍排，去净肠内污物，用水洗净鱼体和鱼肠，用刀劈开头，剖下两片鱼肉，铲下皮，鱼肉批成大片，泡去血水后捞出放碗中，加入精盐、干淀粉、鸡蛋清拌和均匀。菜心用沸水烫一下，放入凉水过凉。

（2）炒制：炒锅置火上，倒入精炼油，烧至四成热时，倒入鱼片，迅速划开，至全部变色时，倒入漏勺中沥去油。锅复置火上，锅内留少许油，放入笋片、葱片、木耳、精盐、味精、黄酒，烧沸后用湿淀粉勾芡，倒入鱼片翻拌均匀，起锅装入盘中即成。

（3）制汤：将鱼皮、鱼骨头等放入沸水锅中烫一下，捞出洗净。汤锅置火上，倒入精炼油，放入鱼皮、鱼骨头等，稍煸后，加入鲜汤、黄酒、姜片、葱段，烧沸后转中火烧至卤汁浓白，放入精盐、味精、菜心，烧沸后起锅装入碗中即成。

制作关键

（1）黑鱼要鲜活，死的不能食用。

（2）鱼肠不要丢弃。

（3）鱼肉要漂去血水，以使鱼片洁白。

制作流程

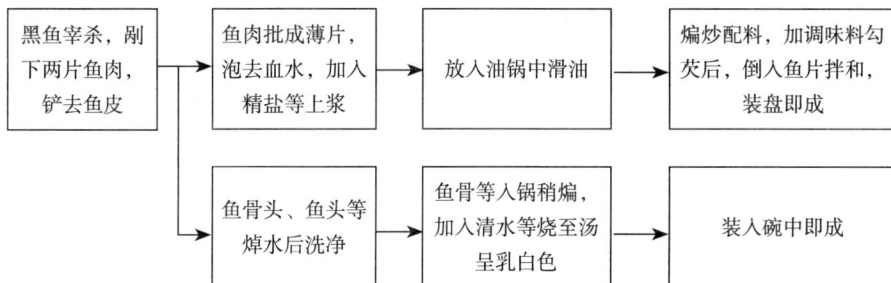

| 黑鱼宰杀，剔下两片鱼肉，铲去鱼皮 | → | 鱼肉批成薄片，泡去血水，加入精盐等上浆 | → | 放入油锅中滑油 | → | 煸炒配料，加调味料勾芡后，倒入鱼片拌和，装盘即成 |

| 鱼骨头、鱼头等焯水后洗净 | → | 鱼骨等入锅稍煸，加入清水等烧至汤呈乳白色 | → | 装入碗中即成 |

思考题

1. 黑鱼一般怎样宰杀？

2. 宰杀时要掌握哪些关键？

3. 烧鱼汤时应注意哪些方面？

五香熏鱼

该菜在加工时将鱼肉加工成小块，在装盘前不必要改刀，若切得块形比较大，则在装盘前，应先将鱼块斩成长条排入盘中，再浇上卤汁。此菜鱼块软烂，酸甜可口。

烹调方法

卤。

原料

草鱼中段500g。

调味料

姜末5g，葱花5g，精盐2g，酱油5g，白糖40g，姜片5g，醋15g，葱段5g，黄酒15g，香醋3g，芝麻油5g，五香粉3g，精炼油750g（实耗30g）。

制作要点

（1）整理：将鱼段洗涤干净，沿脊背骨剖成两片，切成长4cm、宽2cm、厚1.5cm的小块，放入碗内，加姜片、葱段、黄酒、酱油、精盐拌和，浸渍10min。

（2）炸制：炒锅置火上，倒入精炼油，烧至七成热，投入鱼块炸至金黄色，浮出油面，倒入漏勺沥尽油。

（3）浸汁：锅复置火上，放入姜末、葱花、白糖、酱油、黄酒烧沸，倒入炸好的鱼块，移小火上烧至鱼肉酥软，卤汁稠浓，淋入醋、芝麻油，撒上五香粉，颠翻起锅，装入盘中即成。

制作关键

（1）酱油不能使用过多，否则成品颜色变黑。

（2）油炸时，油温不能过高，既要炸透，又不能炸焦。

（3）在锅中加卤汁焖制时，要用小火焖透。

制作流程

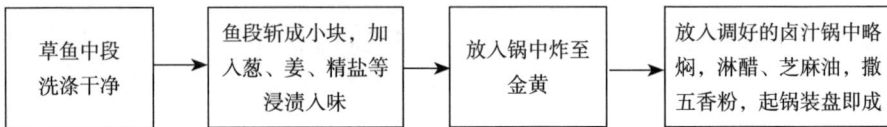

| 草鱼中段洗涤干净 | → | 鱼段斩成小块，加入葱、姜、精盐等浸渍入味 | → | 放入锅中炸至金黄 | → | 放入调好的卤汁锅中略焖，淋醋、芝麻油，撒五香粉，起锅装盘即成 |

思考题

1. 鱼加工块状的要求有哪些？

2. 卤制时火候如何控制？

3. 调味时应注意哪些方面？

青鱼甩水

此菜卤汁棕红有光泽，肉质肥嫩鲜香，口味咸中微甜。

烹调方法

烧。

原料

青鱼尾1条（约500g）。

调味料

葱段7g，姜片5g，黄酒15g，酱油10g，白糖5g，芝麻油5g，精炼油40g。

制作要点

（1）刀工处理：将青鱼尾洗净，放砧板上，在切开的鱼肉一面顺长切5刀，而尾鳍相连不断开。

（2）烧制：锅置旺火上，倒入精炼油，烧至五成热时，投入葱段，煸至葱黄发香捞出，再放入鱼尾，小火煎至色泽金黄，翻身煎另一面至金黄色时，加黄酒、姜片、酱油、白糖及清水，盖上锅盖，烧沸后转小火烧10min，再转旺火收稠卤汁，淋入芝麻油，大翻锅将鱼尾翻身，整齐装入盘中即成。

制作关键

（1）选料以青鱼为最佳，因青鱼尾肉香刺少。

（2）鱼尾煎制时，要煎至两面金黄。

制作流程

青鱼尾巴切成连尾的扇形花刀 → 鱼尾入锅，两面煎至金黄色 → 加入调味料烧透入味 → 起锅装盘即成

思考题 👕

1.青鱼与草鱼的区别是什么？

2.将青鱼两面煎至金黄色时，怎样使鱼皮完整不破？

锅贴鱼片

此菜造型美观，咸中带香，质地外脆里嫩。

烹调方法

贴。

原料

净鱼肉 100g，淡味馒头 2 个，香菜叶 10g，鸡蛋 1 个。

调味料

精盐 2g，黄酒 5g，葱姜汁 3g，干淀粉 12g，精炼油 40g。

制作要点

（1）整理：将鱼肉批成长 8cm、宽 3cm、厚 0.7cm 的薄片，放入碗内，加入精盐、黄酒、葱姜汁拌匀。馒头也切成与鱼片一样大小的片。

（2）制生坯：碗内放入鸡蛋清、干淀粉搅成蛋清浆。将馒头片平放在操作台上，抹上一层蛋清浆，放入鱼片，用香菜叶点缀，成锅贴鱼片生坯。

（3）煎制：平底锅置中火上，倒入精炼油，将锅贴鱼片放入锅内，转动炒锅，煎至底面酥脆，呈金黄色，成品表面保持绿色，起锅，装入盘中即成。

制作关键

（1）所选用的鱼肉要新鲜。

（2）煎制时要掌握火候，不能将馒头片煎焦。

制作流程

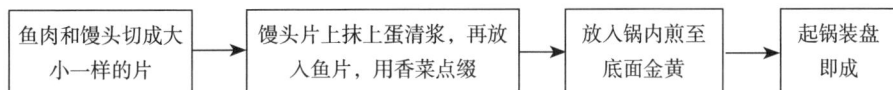

鱼肉和馒头切成大小一样的片 → 馒头片上抹上蛋清浆，再放入鱼片，用香菜点缀 → 放入锅内煎至底面金黄 → 起锅装盘即成

思考题 👕

1.选择馒头时应注意什么？

2.煎制时怎样控制火候？

蛤蜊鱼饺

此菜形似蛤蜊，色泽鲜艳，馅嫩鲜美。

烹调方法

滑熘。

原料

鲈鱼肉 120g，虾仁 50g，生肥膘肉 10g，鸡蛋 1 个。

调味料

姜末 3g，葱花 3g，黄酒 5g，精盐 2g，白糖 15g，番茄酱 25g，白醋 3g，湿淀粉 5g，芝麻油 5g，精炼油 750g（实耗 25g）。

制作要点

（1）加工鱼：将鲈鱼肉用刀批去腹刺，成为一边肉厚、一边肉薄的鱼块，将鱼肉朝上，批成一刀断一刀不断的夹刀片，加入精盐、湿淀粉拌匀待用。

（2）制缔：将虾仁洗净与肥膘肉分别斩蓉，放入碗中，加入黄酒、姜末、葱花、湿淀粉、鸡蛋清、精盐，搅拌成虾馅待用。

（3）制生坯：鱼片摊在砧板上，鱼皮朝上，放上虾馅，包起呈半月形，放入用少许精炼油涂抹的盘子中，成蛤蜊鱼饺生坯待用。

（4）滑油：炒锅置火上，倒入精炼油，待油温升至四成热时，放入蛤蜊鱼饺，全部呈乳白色时倒入漏勺中沥油。

（5）熘制：炒锅复置火上，锅内留少许油，放入姜末、葱花炸香，放入番茄酱、白糖和少许清水，用湿淀粉勾芡，倒入蛤蜊鱼饺，颠翻几下，加白醋、芝麻油拌匀，起锅装盘即成。

制作关键

（1）鱼肉要新鲜，鱼片包馅不可过多。

（2）蛤蜊鱼饺滑油时油温不宜过高。

制作流程

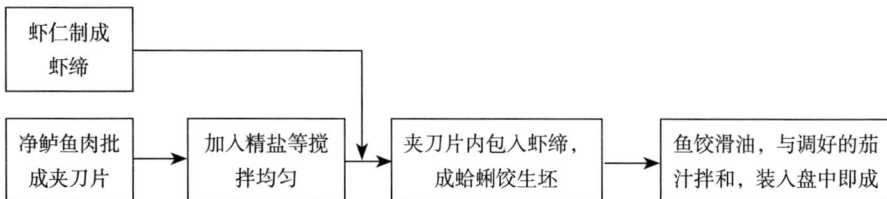

思考题

1.除了鱼肉批成夹刀片外，是否还有其他制作蛤蜊鱼饺的方法？

2.制作该菜有哪些关键?

橄榄鱼

此菜形似橄榄,外香酥,内鲜嫩,卤汁酸甜适口。

烹调方法

滑熘。

原料

鱼肉 200g,莴苣 100g,胡萝卜 1 根,生猪肥膘肉 15g。

调味料

黄酒 3g,姜葱汁 3g,精盐 3g,姜末 4g,葱花 4g,酱油 4g,白糖 5g,香醋 3g,鲜汤 15g,湿淀粉 5g,芝麻油 5g,精炼油 750g(实耗 30g)。

制作要点

(1)制缔:取鱼肉放入水中漂去血水,捞出与肥膘肉分别斩成蓉,同放碗中,加入精盐、葱姜汁、黄酒、湿淀粉,搅匀上劲。用盘子一只,抹上精炼油,用刀将鱼糊刮成橄榄形,放入盘内待用。

(2)整理:莴苣、胡萝卜分别削成橄榄形,放入沸水中烫至成熟,捞出用清水过凉。

(3)滑油:炒锅置火上,倒入精炼油,至五成热时,橄榄鱼生坯滑入锅中,迅速划开,至全部变成乳白色时,倒入漏勺中沥去油。

(4)熘制:炒锅复置火上,锅内留少许油,放入姜末、葱花炒出香味,放入鲜汤、白糖、酱油,烧沸后用湿淀粉勾芡,淋入香醋、芝麻油,倒入橄榄鱼,翻拌均匀,起锅装入盘中即成。

制作关键

(1)鱼肉要漂去血水。

(2)鱼蓉调制时要调得稠一些,以便于成型。

制作流程

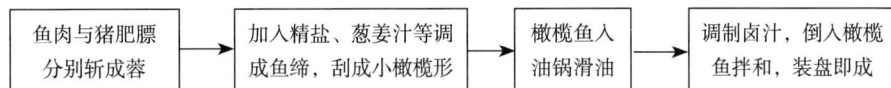

| 鱼肉与猪肥膘分别斩成蓉 | → | 加入精盐、葱姜汁等调成鱼缔,刮成小橄榄形 | → | 橄榄鱼入油锅滑油 | → | 调制卤汁,倒入橄榄鱼拌和,装盘即成 |

思考题

1.鱼缔在手上括成橄榄形需要什么制作手势?

2.为什么放橄榄鱼生坯的盘内要抹上精炼油?

鱼 松

此菜色泽淡黄，口感松软，口味鲜香。

烹调方法

蒸、炒。

原料

新鲜鲈鱼1条（约750g）。

调味料

葱段10g，姜片10g，精盐3g，味精1g，黄酒25g。

制作要点

（1）加工：鲈鱼经初加工后，去皮去骨，并去掉颜色发红的鱼肉，放入清水中泡至鱼肉发白。

（2）蒸制：取出泡去血水的鱼肉放入盘内，加入黄酒、葱段、姜片、精盐、味精，上笼蒸熟后取出，放入干净的纱布内挤去水分。

（3）炒制：锅置火上，放入熟鲈鱼肉，用小火边炒边揉，待炒至鱼肉发松发亮时，起锅装入盘中即成。

制作关键

（1）鱼肉要新鲜。

（2）炒鱼松时，火力不宜过大，以防将鱼松炒焦。

制作流程

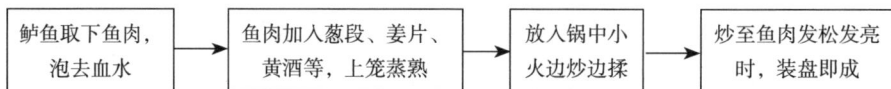

| 鲈鱼取下鱼肉，泡去血水 | → | 鱼肉加入葱段、姜片、黄酒等，上笼蒸熟 | → | 放入锅中小火边炒边揉 | → | 炒至鱼肉发松发亮时，装盘即成 |

思考题

1.常食用的鲈鱼有哪几个品种？

2.除了用鲈鱼外，还有哪些鱼能够制作鱼松？

荷包鲫鱼

通过练习该菜，掌握鲫鱼的出骨方法与烧制方法。此菜色泽棕红，味道鲜美，鱼肉细嫩，猪肉酥香。

烹调方法

煮。

原料

活鲫鱼2条（约750g），净猪肉（肥四瘦六）200g，冬笋丁250g，冬笋片

50g，猪板油丁 50g。

调味料

酱油 10g，白糖 10g，黄酒 10g，精盐 2g，葱花 5g，姜片 5g，湿淀粉 5g，精炼油 30g。

制作要点

（1）宰杀：将鲫鱼从背脊处剖开洗净，用洁布吸去水。

（2）制馅：将猪肉切成细丁，同笋丁一起放入碗内，加黄酒、酱油、白糖、精盐、湿淀粉，搅匀成馅。然后，将馅填入鱼腹和鳃口内，抹上酱油。

（3）煮制：将锅置火上，舀入精炼油，烧至七成热时，将鱼放入，待鱼的一面煎至金黄色取出。锅内放姜片、葱花煸香，再将鱼煎黄的一面朝上放入，加黄酒、酱油、白糖、精盐、笋片、猪板油丁和适量清水，烧沸后淋入精炼油，盖上锅盖，移至小火焖约 20min，转旺火上收稠汤汁，将鱼盛入盘中。锅内的卤汁用湿淀粉勾芡，起锅浇在鱼身上即成。

制作关键

（1）煎鱼时，锅要烧热，然后放油再煎，可以使鱼皮不粘锅。

（2）填馅心时要适中，过少不饱满，过多则易撑破鱼腹肉，影响造型。

制作流程

鲫鱼宰杀，从背部开刀取内脏，洗净 → 猪肉缔填入鱼腹和鱼鳃中 → 鲫鱼放入锅中，煎成金黄色 → 放入锅中烧熟，装入盘中即成

思考题

1. 煎鱼时应掌握哪些关键？

2. 怎样烧出自来芡？

生炒鲫鱼

此菜色泽棕红，块形完整，鱼肉鲜嫩，咸鲜味醇。

烹调方法

滑炒。

原料

活鲫鱼 1 条（约 500g），青椒 1 个，熟笋片 15g，葱片 8g，鸡蛋 1 个。

调味料

酱油 10g，白糖 7g，黄酒 5g，精盐 2g，香味精 1g，香醋 5g，鲜汤 10g，芝麻油 5g，湿淀粉 7g，精炼油 750g（实耗 25g）。

制作要点

（1）整理：将鲫鱼宰杀，去鳞、去鳃、去内脏，剐下两片鱼肉，批成大片，放入碗中，加入精盐、黄酒、鸡蛋清、湿淀粉，搅匀上劲。青椒去蒂、去籽，洗净后切成菱形片。

（2）滑油：炒锅置火上，倒入精炼油，至四成热时，鱼片倒入锅中，迅速划开，至全部变色时，倒入漏勺中沥去油。

（3）炒制：炒锅复置火上，锅内留少许油，放入葱片炒出香味，放入熟笋片、青椒片、鲜汤、白糖、酱油、味精，烧沸后用湿淀粉勾芡，淋入香醋、芝麻油，倒入鱼片，翻拌均匀，起锅装入盘中即成。

制作关键

（1）鲫鱼要鲜活。

（2）加工的鱼片大小基本一致。

（3）炒制过程中，应少用手勺搅动，多晃锅，以防鱼肉散碎。

制作流程

| 鲫鱼宰杀，剐下鱼肉批成片 | → | 加入精盐、淀粉等搅拌均匀 | → | 鱼片放入锅中滑油 | → | 煸炒配料，调味，勾芡，倒入鱼片拌和装盘即成 |

思考题

1.简述鲫鱼剐鱼片的过程。

2.为使鱼片完整，在操作中应注意哪些方面？

萝卜丝鲫鱼汤

鲫鱼冬季最为肥美。若再加入雪菜或酸菜，汤汁浓郁，风味独特。此菜汤汁乳白味鲜，鱼肉细嫩，萝卜丝清香，解腥增味。

烹调方法

氽。

原料

活鲫鱼1条（约300g），白萝卜150g。

原料

姜片10g，葱段10g，精盐2g，味精1g，黄酒10g，胡椒粉1g，精炼油10g。

制作要点

（1）整理：将鲫鱼去鳞，去鳃，剖腹去内脏，洗净。萝卜削去皮，切成细丝，入沸水锅烫一下，以去掉萝卜的苦味，捞起待用。

（2）氽制：炒锅置火上，倒入精炼油，加姜片、葱段炸出香味，放入鲫鱼、黄酒和适量清水烧沸，撇去浮沫，移中火略焖，待汤汁乳白时，加精炼油、萝卜丝煮沸，加精盐、味精，撒上胡椒粉，起锅盛入汤碗中即成。

制作关键

（1）鲫鱼要鲜活。有农药污染、奇形怪状、有异味等皆不能选用。

（2）萝卜丝需要焯水，以去除萝卜丝的苦味。

制作流程

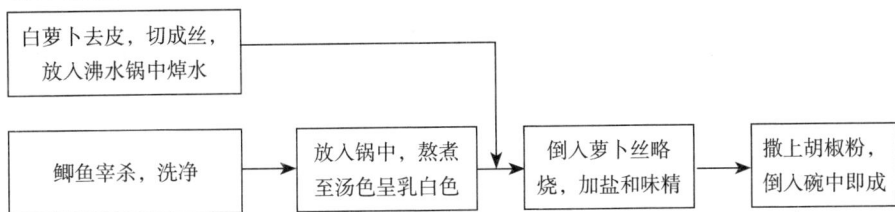

思考题

1.简述奇形怪状的鲫鱼为何不能选用（从污染角度谈）？

2.火力过小，汤汁为什么不浓白？

酥爆鲫鱼

扬州酱菜历史悠久，其质嫩而清脆，清香味鲜，闻名全国。用它与味道鲜美的鲫鱼同烹，色泽棕红，香酥入味，卤鲜味浓。

烹调方法

爆。

原料

活小鲫鱼（长约7cm）500g，酱瓜丝15g，酱生姜丝15g，葱丝20g，干红椒丝10g。

调味料

酱油10g，白糖8g，精盐1g，味精1g，黄酒10g，香醋5g，芝麻油5g，精炼油750g（实耗25g）。

制作要点

（1）宰杀：将鲫鱼去鳞、去鳃，用刀从脊背剖开，去肠脏，洗净后沥去水分。

（2）油炸：炒锅置火上，倒入精炼油，待油温升至八成热时，放入鲫鱼，炸至鱼身收缩，色呈金黄时，倒入漏勺中沥去油。

（3）成熟：取砂锅一只，内放竹垫，将鲫鱼背朝上，鱼头朝外排起，上面再放上酱瓜丝、酱生姜丝、葱丝、干红椒丝，加酱油、白糖、精盐、味精、香醋、黄酒和适量清水,将砂锅置旺火上烧沸,移小火焖2h后,收稠汤汁离火,取出竹垫,将鱼背朝上放入盘内,浇上砂锅内的卤汁,淋上芝麻油即成。

制作关键

(1)选鲫鱼不宜太大或太小,以7cm长左右为佳。

(2)炸鱼时,应将鱼骨头炸酥脆。

制作流程

| 鲫鱼宰杀,洗净 | → | 鲫鱼炸至
金黄色 | → | 鱼入锅,加入调料、
配料焖透 | → | 装入盘中即成 |

思考题

1.鲫鱼为什么不能太大或太小?

2.炸鱼的油温应该是多少?

3.成品的质感如何?

芙蓉鲫鱼

此菜鲫鱼拆骨保持外形完整,蛋清软嫩,鱼肉鲜细,色彩鲜明。

烹调方法

蒸。

原料

活鲫鱼1条(400g),鸡蛋3个,香菜叶5g。

调味料

姜片5g,葱段5g,精盐2g,味精1g,黄酒5g,鲜汤150g,精炼油10g。

制作要点

(1)宰杀:鲫鱼去鳞鳃,剖腹去内脏,刮去腹内黑膜洗净,放入沸水中烫一下,捞出洗净,放入盘中。

(2)蒸制:蛋清放入碗内,加精盐、味精、黄酒、鲜汤搅匀,吹去浮沫,蛋清液倒入盛鱼的盘中,放入姜片、葱段,盖上盖盘,上笼蒸熟取出,去掉葱姜,淋油,撒上香菜叶即成。

制作关键

(1)洗鲫鱼要刮去腹内黑膜。

(2)蛋清装盘不宜过满,以防溢出。

制作流程

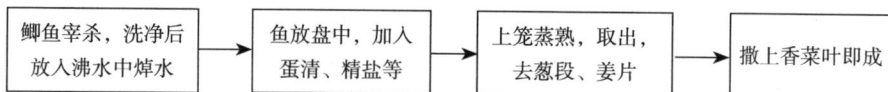

| 鲫鱼宰杀,洗净后
放入沸水中焯水 | → | 鱼放盘中,加入
蛋清、精盐等 | → | 上笼蒸熟,取出,
去葱段、姜片 | → | 撒上香菜叶即成 |

思考题
1.为什么要去掉鲫鱼腹腔内的黑膜?
2.制作此菜应掌握哪些关键操作?

清汤鱼圆

此菜鱼圆洁白上浮,形圆有光泽,质嫩无渣,汤清味鲜,色泽鲜艳。

烹调方法

余。

原料

净鱼肉 100g,小菜心 3 棵,水发木耳 10g,熟笋片 10g。

调味料

葱姜汁 3g,精盐 3g,味精 1g,黄酒 3g,鲜汤 400g,精炼油 15g。

制作要点

(1)制缔:将鱼肉在砧板上斩成粗蓉,放清水中漂至洁白,中途换 3 次清水。用纱布滤去水分,放电磨机中,磨成细泥,放碗中,加入葱姜汁、精盐、味精、黄酒,搅拌均匀,并使之上劲,取一点儿放水中能上浮,即成鱼圆缔。

(2)制鱼圆:锅中倒入清水,左手抓鱼圆缔,从虎口处挤出,右手手指向上刮起,形成 2cm 大小的鱼圆,放入锅中,直到全部做完。

(3)成熟:锅置火上,烧至鱼圆全部成熟,用漏勺捞起。

(4)调配:锅复置火上,倒入鲜汤,放入精盐、味精、水发木耳、熟笋片、小菜心、鱼圆,烧沸后淋几滴精炼油,起锅装入碗中即成。

制作关键

(1)鱼肉要漂尽血水。

(2)鱼肉用机器粉碎,或者砧板上垫生肉皮斩碎。

(3)鱼圆缔要和上劲,并能浮于水面。

(4)鱼圆要形圆,加热时火力不能过大,以防内部有孔洞。

制作流程

| 净鱼肉漂去血水,磨成细泥 | → | 加入精盐、味精等搅拌上劲 | → | 挤成小球入锅养熟 | → | 配料、汤、鱼圆、调味料入锅烧沸,装入碗中即成 |

思考题
1.有哪几种鱼肉能制作鱼圆?
2.为什么水大沸时余制会使鱼圆内部产生孔洞?

烧荔枝鱼

鱼肉形如荔枝，烧肉酥烂入味，香味扑鼻。

烹调方法

烧。

原料

活黑鱼 1 条（约 1000g），猪板油丁 15g，蒜瓣 25g，青蒜段 15g。

调味料

白糖 10g，酱油 15g，香醋 3g，湿淀粉 7g，糖色 3g，精盐 2g，葱段 5g，姜片 5g，黄酒 5g，芝麻油 5g，精炼油 750g（实耗 35g）。

制作要点

（1）整理：将黑鱼宰杀洗净，用刀沿脊骨平批至尾部，取下两片鱼肉，批去胸刺，洗净，在肉面剞上荔枝花刀，切成长 4cm、宽 2cm 的长方块，放盘内，用湿淀粉、糖色拌均匀。

（2）炸烹：炒锅置火上，放入精炼油，待油七成热，将鱼块逐一放入，炸至淡黄色，使其翻卷成荔枝形，倒入漏勺中沥去油。

（3）烧制：原锅复置火上，倒入精炼油，放入葱段、姜片、猪板油丁、蒜瓣、荔枝鱼块、香醋、黄酒、酱油、精盐、白糖和适量清水，烧沸后放入青蒜段，移小火焖烧 5min，再转大火收稠汤汁，出锅装盘，淋上芝麻油即成。

制作关键

（1）荔枝花刀的深度一致。

（2）卤汁浓度不够，可勾芡增稠。

制作流程

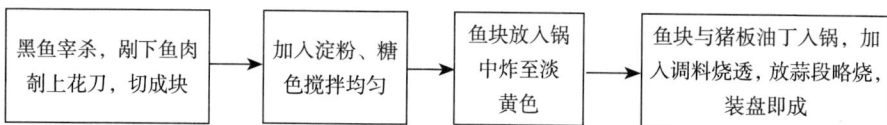

黑鱼宰杀，剔下鱼肉剞上花刀，切成块 → 加入淀粉、糖色搅拌均匀 → 鱼块放入锅中炸至淡黄色 → 鱼块与猪板油丁入锅，加入调料烧透，放蒜段略烧，装盘即成

思考题

1. 此菜加入糖色起什么作用？

2. 剞花刀时应注意哪些方面？

干炸银鱼

此菜色泽金黄，外香脆里鲜嫩，清香爽口。

烹调方法

干炸。

原料

鲜银鱼 250g，鸡蛋 1 个。

调味料

姜片 5g，葱段 5g，面粉 120g，黄酒 10g，精盐 3g，干淀粉 10g，花椒盐 5g，甜面酱 15g，芝麻油 5g，精炼油 750g（实耗 35g）。

制作要点

（1）整理：银鱼去头，拉去肠脏，洗净沥干水分，放碗内，加精盐、姜片、葱段和黄酒拌匀，浸渍 5min，取出另放碗内。去葱、姜，加鸡蛋，用干淀粉、面粉搅拌均匀待用。

（2）炸制：炒锅置火上，倒入精炼油烧至六成热，投入银鱼，用手勺不断翻动，至色泽金黄，鱼身轻浮时，倒入漏勺中沥去油，撒上花椒盐、芝麻油，装入盘中。上桌时带甜面酱一小碟。

制作关键

（1）银鱼要新鲜。

（2）银鱼在炸前要浸渍入味。

制作流程

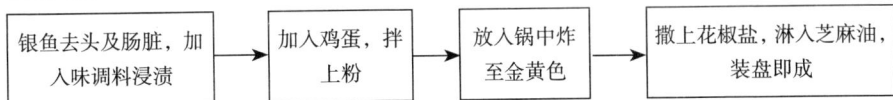

| 银鱼去头及肠脏，加入味调料浸渍 | → | 加入鸡蛋，拌上粉 | → | 放入锅中炸至金黄色 | → | 撒上花椒盐，淋入芝麻油，装盘即成 |

思考题

1.银鱼在什么季节肉质最肥美？

2.银鱼身体呈半透明状，其肠脏一般怎样去除？

熏白鱼

凡熏类制品总离不开葱段、锅巴屑与白糖。此菜有葱段的清香，利用锅巴屑和糖的焦化作用，使制品上色，增加菜肴的美观。切不可用木屑熏制，木屑不完全燃烧，产生烟焦油是致癌物质，有害人体健康。此菜为夏令佳肴，色泽棕红明亮，鱼肉熏香鲜嫩，别具风味。

烹调方法

熏。

原料

白鱼 1 条（约 400g）

调味料

米饭锅巴屑 100g，潮茶叶 15g，酱油 10g，白糖 15g，姜片 5g，葱段 5g，精盐 4g，黄酒 5g，芝麻油 8g。

制作要点

（1）整理：将白鱼去鳞、去腮、去内脏洗净，再将鱼剖成两片，一片连头，一片连尾，在鱼身上每隔 3cm 划一斜刀，用精盐、酱油、黄酒、葱段、姜片腌 30min。

（2）熏锅：锅内放潮茶叶、白糖、锅巴屑，架上铁丝络，上放葱段、姜片，将白鱼放在上面，盖好锅盖（鱼离锅盖 4cm，锅盖四周用纸密封）。

（3）成熟：锅置小火上，慢慢加热至封纸熏黄，黄烟过后冒白烟时，锅离火略闷，鱼即熏熟，取出涂上芝麻油，装入盘中即成。

制作关键

（1）鱼要新鲜。

（2）腌制时要掌握好口味。

（3）熏制时，火力不宜过大。

制作流程

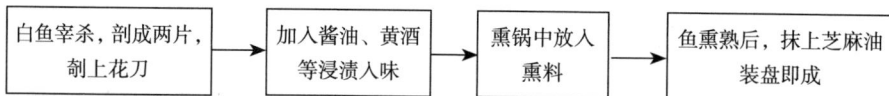

白鱼宰杀，剖成两片，剞上花刀 → 加入酱油、黄酒等浸渍入味 → 熏锅中放入熏料 → 鱼熏熟后，抹上芝麻油装盘即成

思考题

1.熏菜常用哪些熏料来熏制食物原料？

2.常见的用于熏的食物原料有哪些？

3.加热时的火力应怎样控制？

炝虎尾

鳝鱼细而长，鱼肉极嫩，形和色似老虎的尾巴，故得名"虎尾"。在烫制鳝鱼时，沸水中放入精盐能使鳝鱼肌肉紧缩，不易烫破皮。放入醋，则主要是保持鱼肉光泽，去黏液并除去腥味。此菜蒜香浓郁，鱼肉细嫩，口味肥润不腻。

烹调方法

炝。

原料

熟鳝鱼脊背 300g。

调味料

酱油 8g，白糖 3g，姜片 5g，葱段 5g，蒜泥 5g，精盐 2g，味精 1g，黄酒

5g，鲜汤 15g，香醋 5g，花椒 3g，胡椒粉 1g，芝麻油 2g，精炼油 10g。

制作要点

（1）蒸制：将鳝鱼脊背入沸水锅焯水，捞出沥去水分，将其理齐，鱼皮朝下，扣入碗内，放入姜片、葱段、黄酒、精炼油、鲜汤、香醋、精盐、味精、酱油、香醋、白糖，上笼蒸 10min 取下，拣去姜葱，翻身复在盘内，上放蒜泥、胡椒粉。

（2）浇油：同时炒锅置火上，倒入芝麻油，放入花椒，炸至花椒焦枯，捞去，将油浇入盘中的蒜泥上即成。

制作关键

（1）要选择细嫩的鳝鱼。

（2）控制好蒸鳝鱼的火力与时间。

（3）鳝鱼的焯水时间与蒸制时间要恰当，才能保持鲜嫩。

（4）蒜泥亦可下锅炒成金黄色，再起锅浇在鳝鱼上，其味更佳。

制作流程

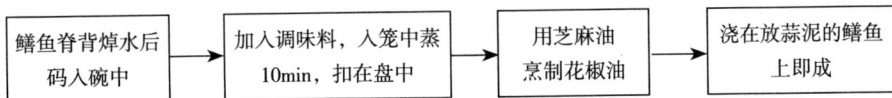

| 鳝鱼脊背焯水后码入碗中 | → | 加入调味料，入笼中蒸 10min，扣在盘中 | → | 用芝麻油烹制花椒油 | → | 浇在放蒜泥的鳝鱼上即成 |

思考题

1．鳝鱼怎样熟出骨？

2．制作此菜应注意哪些方面？

生炒鳝丝

通过练习该菜，掌握活鳝鱼的宰杀、去骨、滑炒方法。此菜亮油包芡，刀工精细，质地细嫩，口味咸鲜。

烹调方法

滑炒。

原料

活粗鳝鱼 500g，葱片 8g。

调味料

鸡蛋清 20g，精盐 2g，味精 1g，黄酒 5g，香醋 5g，湿淀粉 7g，胡椒粉 1g，精炼油 750g（实耗 25g）。

制作要点

（1）切丝：将活粗鳝鱼宰杀、去内脏，洗净后剔下鱼肉，切成细丝，放碗中，加入精盐、湿淀粉、鸡蛋清拌和均匀。

（2）炒制：炒锅置火上烧热油，放入上过浆的鳝丝，迅速划开，至全部变色时，倒入漏勺中沥去油；锅复置火上，放入少许精炼油，放入葱片稍煸，加入黄酒、精盐、味精，用湿淀粉勾芡，倒入鳝鱼丝，颠翻炒锅，淋入香醋，撒上胡椒粉，起锅装入盘中即成。

制作关键

（1）鳝鱼要鲜活。

（2）鳝鱼肉在切制时，注意刀工一致。

制作流程

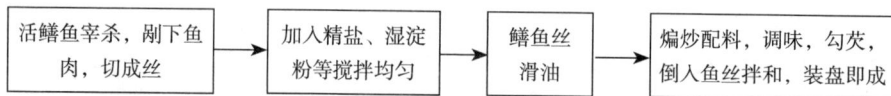

活鳝鱼宰杀，剐下鱼肉，切成丝 → 加入精盐、湿淀粉等搅拌均匀 → 鳝鱼丝滑油 → 煸炒配料，调味，勾芡，倒入鱼丝拌和，装盘即成

思考题

鳝鱼为什么要鲜活？

炒蝴蝶片

鱼片卷曲似蝴蝶，味鲜质嫩，蒜香浓郁。

烹调方法

滑炒。

原料

活鳝鱼（每条约150g）2条，熟笋片15g，红椒片15g，蒜片5g，鸡蛋1个。

调味料

酱油8g，白糖5g，精盐2g，胡椒粉1g，黄酒5g，香醋5g，干淀粉3g，湿淀粉7g，芝麻油5g，精炼油750g（实耗25g）。

制作要点

（1）加工：将活鳝鱼剁断颈骨，剖开腹部，去内脏，洗净黏液，剔除龙骨、肚腹小刺，斩去头、尾，用斜刀法将鱼肉一刀批至皮，一刀批断皮，即成蝴蝶片，放碗内用精盐、鸡蛋清、干淀粉拌和均匀。

（2）滑油：炒锅置火上，倒入精炼油，烧至四成热时，放入鳝鱼肉迅速划开，至全部变色时，倒入漏勺中沥去油。

（3）炒制：炒锅复置火上，锅内留少许油，放入红椒片、笋片、蒜片稍炒，加黄酒、酱油、白糖，用湿淀粉勾芡，倒入蝴蝶片，颠翻炒锅，加入芝麻油、香醋，翻拌均匀，装入盘中，撒上胡椒粉即成。

制作关键

（1）鳝鱼出骨要肉不带骨，骨不带肉。

（2）鳝鱼肉上的黏液要去除。

制作流程

| 将活鳝鱼宰杀，剐下鱼肉 | → | 加入精盐、淀粉等搅拌均匀 | → | 鳝鱼片滑油 | → | 煸炒配料，调味，勾芡，倒入鱼片拌和，装盘即成 |

思考题

1. 怎样去除鳝鱼肉上的黏液？
2. 怎样根据鳝鱼的大小，调整批鳝鱼肉的用刀角度？

炒软兜

据传，熟杀鳝鱼是将活鳝鱼装入纱布兜内，放入带有葱、姜、盐、醋的沸水锅内，烫至鱼身卷曲，口张开时捞出，取其脊背肉制作此菜。成菜后，鱼肉十分细嫩，用筷子夹起，两端下垂，犹如小孩胸前的兜肚带，食用时可以将汤汁兜住，故名"软兜"。此菜鳝鱼脊背有光泽，软嫩异常，清鲜爽口，蒜香浓郁。

烹调方法

熟炒。

原料

细鳝鱼 700g，蒜片 10g。

调味料

葱段 5g，姜片 5g，黄酒 5g，酱油 7g，白糖 5g，精盐 2g，味精 1g，香醋 5g，胡椒粉 1g，湿淀粉 8g，精炼油 750g（实耗 25g）。

制作要点

（1）加工：锅内放入清水、精盐、香醋、葱段、姜片，用旺火烧沸，速倒入鳝鱼，盖紧锅盖，水沸后再加入少量清水，并用手勺轻轻地将鳝鱼推动翻身，焖至鳝鱼口完全张开，将鳝鱼捞出，放入清水中洗净，然后捞出，取脊背肉一掐两段，放入沸水锅中烫一下，捞出沥去水分。

（2）炒制：锅置旺火上，倒入精炼油，烧至五成热时，投入蒜片炸香，放入鳝鱼脊背肉，加入黄酒、味精、酱油、白糖，用湿淀粉勾芡，淋入香醋、精炼油，颠锅装盘，撒上胡椒粉，起锅装入盘中即成。

制作关键

（1）鳝鱼要选择细小者。
（2）制作此菜最好用脊背肉。

制作流程

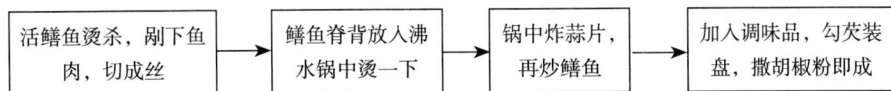

| 活鳝鱼烫杀，剐下鱼肉，切成丝 | → | 鳝鱼脊背放入沸水锅中烫一下 | → | 锅中炸蒜片，再炒鳝鱼 | → | 加入调味品，勾芡装盘，撒胡椒粉即成 |

思考题

1.为什么说"小暑黄鳝赛人参"？

2.举出其他烫杀鳝鱼的方法？

椒盐大虾

通过练习该菜，掌握大虾的加工方法与椒盐味的调制。此菜大虾色泽棕红，味道鲜香，外脆里嫩。

烹调方法

炸。

原料

沙虾 300g。

调味料

葱花 15g，胡椒粉 1g，花椒粉 1g，蒜泥 10g，精盐 2g，味精 1g，黄酒 5g，精炼油 750g（实耗 30g）。

制作要点

（1）加工：沙虾洗净，用黄酒、精盐稍腌。

（2）炸熟：锅置火上，倒入精炼油，烧至八成热，倒入沙虾，炸至外脆里嫩，沥去油，放入葱花、胡椒粉、花椒粉、蒜泥、精盐、味精，拌和均匀，装入包有锡纸的平盘内即成。

制作关键

（1）沙虾要新鲜。

（2）炸制时，虾既要炸脆，又不能炸焦。

制作流程

| 活沙虾洗净 | → | 加入精盐、黄酒略腌 | → | 放入油锅中，炸至外脆里嫩 | → | 与调味料热拌，装入盘中即成 |

思考题

1.除沙虾外，还可以用哪些大虾来制作此菜？

2.沙虾炸后为什么要趁热拌上调味品？

油爆虾

色泽鲜红明亮，口味酸甜适口，壳脆肉嫩。

烹调方法

炸、泡。

原料

大河虾 200g。

调味料

酱油 5g，白糖 20g，姜末 3g，葱花 3g、精盐 1g，黄酒 5g，香醋 10g，精炼油 750g（实耗 25g）。

制作要点

（1）加工：大河虾剪去须脚，用水洗净，沥干水分待用。

（2）炸制：炒锅置火上，倒入精炼油，烧至七成热时，放入大河虾略炸捞出，待油温升至八成热时，再放入大河虾复炸至上浮，倒入漏勺中沥去油。

（3）泡制：炒锅复置火上，锅内留少许油，放入酱油、白糖、姜末、葱花、精盐、黄酒烧沸，淋入香醋，立即倒入大河虾，略泡后装入盘中即成。

制作关键

（1）大河虾要鲜活。

（2）放入油锅中炸时油温要高。

制作流程

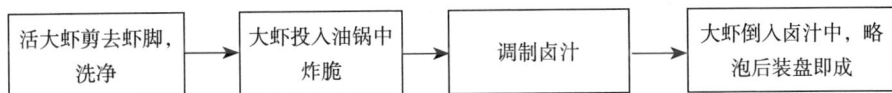

| 活大虾剪去虾脚，洗净 | → | 大虾投入油锅中炸脆 | → | 调制卤汁 | → | 大虾倒入卤汁中，略泡后装盘即成 |

思考题

1. 为什么活虾比死虾制作出的成品色泽鲜艳？

2. 油炸时油温为什么要高些？

炝 虾

活河虾肉嫩味鲜，是较好的生食原料之一。只要合理加工调味，符合卫生要求即可。此菜味道浓郁，虾肉细嫩，口味鲜美。

烹调方法

炝。

原料

活河虾 500g，香菜末 10g。

调味料

酱油 7g，白糖 8g，姜末 3g，蒜泥 3g，精盐 2g，味精 1g，浓香型高度曲酒 15g，香醋 5g，胡椒粉 1g，芝麻油 5g，红腐乳汁 5g。

制作要点

（1）整理：将活虾洗净，用漏勺捞起，沥去水分，放入玻璃碗中，盖上玻璃盖。

（2）炝制：取小碗 1 只，放入酱油、白糖、姜末、蒜泥、精盐、味精、浓香型曲酒、香醋、胡椒粉、芝麻油、红腐乳汁，调匀，随活虾一起上桌，食时浇在虾活上，迅速盖上盖。只见活虾遇到浓烈的调味品的刺激，上窜下跳，卤汁在碗内撒泼，诱入食欲。

制作关键

（1）河虾必须是鲜活品。

（2）活虾不需要去虾脚，从水中捞出来，浇上调味料即可食用。

制作流程

```
活河虾洗净，放    →    调制炝虾的卤汁    →    上桌后，卤汁浇在活虾
入玻璃碗中                                    上，盖上盖即成
```

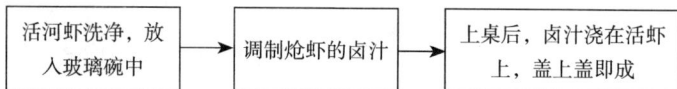

思考题

1.为什么活虾能生食？

2.生食活虾时应注意哪些方面？

炸虾球

虾球成型后表面光滑，圆而不瘪，形似核桃，香脆鲜嫩。食时可蘸番茄酱或花椒盐，滋味鲜美。炸虾球的制作还可以起举一反三的作用。如裹上其他调味品可制作茄汁虾球、橙汁虾球、糖醋虾球、山楂虾球等。加上不同的特色原料，裹上面包糠炸成脆皮虾球、掺入菠萝粒再裹上馒头丁炸成的菠萝虾球、外面裹上松子仁炸的松仁虾球、外面裹上核桃仁炸成的桃仁虾球、外面裹上椰蓉炸成的椰蓉虾球等。

烹调方法

炸。

原料

虾仁 250g，熟肥膘蓉 100g，去皮荸荠 100g，鸡蛋 1 个。

调味料

黄酒 3g，精盐 3g，味精 1g，葱姜汁 3g，干淀粉 10g，花椒盐 3g，番茄酱 15g，精炼油 750g（实耗 25g）。

制作要点

（1）制缔：将虾仁洗净斩成蓉。荸荠斩成米粒状，并挤去水分，放碗中加

入虾蓉、熟肥膘、葱姜汁、黄酒、精盐、味精、干淀粉、鸡蛋清搅匀。

（2）炸制：将锅置火上，倒入精炼油，烧至四成热，用手抓起虾糊挤成直径3cm、形似核桃大小的虾圆球，挤入锅内，用铁勺不断翻动，炸至虾球起软壳、呈玉白色且上浮时，倒入漏勺中沥去油，装入盘中，盘边放番茄酱、花椒盐，以供蘸食，即成。

制作关键

（1）虾仁要新鲜，冰箱冰冻者最好不用。

（2）油炸时油温的高低，是虾球外形是否饱满的关键。

制作流程

虾仁洗净斩成蓉 → 加入调味料拌成虾缔 → 挤虾球入油锅，炸至浮起 → 倒入漏勺中沥去油，装入盘中即成

思考题

1.虾仁怎样进行"打水"？

2.怎样才能使虾球外表光滑饱满？

烩虾饼

此菜虾饼扁圆淡黄，质地细嫩，口味鲜美。

烹调方法

烩。

原料

虾仁200g，生猪肥膘肉15g，水发木耳10g，熟笋片10g，鸡蛋1个，菜心5棵。

调味料

精盐2g，味精1g、黄酒3g、湿淀粉8g，葱花3g，鲜汤100g，精炼油750g（实耗25g）。

原料

（1）整理：将虾仁洗净，挤去水分，与肥膘肉分别斩成蓉，同放入碗内，加入鸡蛋清、葱花、湿淀粉、黄酒、精盐搅拌上劲，成虾缔待用。菜心放入沸水中烫一下，捞出用凉水浸凉。

（2）制虾饼：炒锅置火上，放入少量精炼油，待锅热后，左手抓虾缔，从食指和大拇指中间挤出虾缔，右手用中指、食指和无名指抓下虾丸，略用劲摔在锅壁上，成圆饼形，再加入精炼油养熟，倒入漏勺中沥去油。

（3）烩制：炒锅复置火上，锅内留少许油，放入鲜汤、虾饼、木耳、笋片、菜心、黄酒、精盐、味精，烧沸后用湿淀粉勾芡，起锅装盘。

制作关键

（1）虾蓉含水量多，调制虾缔不可加水。

（2）烹制虾饼时，火力不宜过大，以防色泽过深。

制作流程

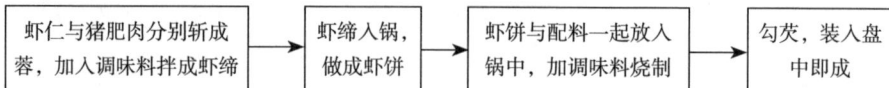

| 虾仁与猪肥肉分别斩成蓉，加入调味料拌成虾缔 | → | 虾缔入锅，做成虾饼 | → | 虾饼与配料一起放入锅中，加调味料烧制 | → | 勾芡，装入盘中即成 |

思考题

1.该菜肴对虾仁有何要求？

2.制作虾饼时，要注意哪些方面？

脆皮虾球

此菜色呈金黄，外香脆，里鲜嫩。

烹调方法

炸。

原料

虾仁 250g，熟猪肥膘肉 30g，面包糠 100g，鸡蛋 1 个。

调味料

精盐 3g，味精 1g，黄酒 5g，姜葱汁 5g，花椒盐 2g，番茄酱 15g，干淀粉 10g，精炼油 750g（实耗 30g）。

制作要点

（1）制虾球：虾仁洗净，沥干水分，与肥膘肉分别斩成蓉，同放入碗内，加精盐、鸡蛋、味精、黄酒、姜葱汁、干淀粉搅匀成虾馅，用手将虾馅挤成直径 2cm 的小球，逐个滚上面包糠，放入盘内。

（2）炸制：炒锅置火上，倒入精炼油，油温至四成热时，放入虾球，炸至金黄色，并浮于油面，倒入漏勺中沥去油，装入盘中，撒上花椒盐。上桌时带番茄酱一小碟蘸食。

制作关键

（1）虾仁要挤尽水分，以便虾球成型。

（2）若没有面包糠原料，也不能用甜味的馒头屑代替。

（3）油炸时油温不宜过高。

制作流程

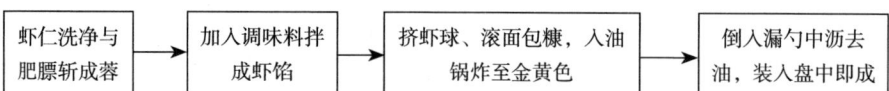

| 虾仁洗净与肥膘斩成蓉 | → | 加入调味料拌成虾馅 | → | 挤虾球、滚面包糠，入油锅炸至金黄色 | → | 倒入漏勺中沥去油，装入盘中即成 |

思考题

1.制作此菜时为什么不能用甜味的馒头屑代替面包糠?

2.虾球炸至金黄色时是不是熟了?

3.虾球成品的要求是什么?

芝麻虾饼

此菜色泽金黄,芝麻酥香,虾肉细嫩,味道鲜美。

烹调方法

炸。

原料

鲜河虾仁 250g,猪肥膘肉 50g,荸荠 80g,脱壳芝麻 100g,鸡蛋 1 个。

调味料

葱花 3g,姜末 3g,精盐 2g,味精 1g,黄酒 3g,干淀粉 10g,花椒盐 3g,精炼油 750g(实耗 25g)。

制作要点

(1)整理:将虾仁洗净,挤去水分,与膘肉分别斩成细蓉,同放碗内,加入鸡蛋清、黄酒、葱花、姜末、干淀粉、味精、精盐调匀上劲成虾缔。再将荸荠去皮,用刀拍碎,斩成米粒大小,挤去水分,放入虾缔中搅匀。

(2)炸制:炒锅置旺火上,倒入精炼油,烧至六成热,用手抓起虾缔挤成小丸子,放在盘中裹匀芝麻,用手按平成虾饼,下油锅内炸透,呈金黄色时倒入漏勺中沥去油,整齐码在盘中,上桌时带一小碟花椒盐蘸食。

制作关键

(1)荸荠斩碎后含有大量的水分,应将水分挤去。

(2)炸制时要控制好油温。

(3)虾饼要一样大小,便于同时成熟。

制作流程

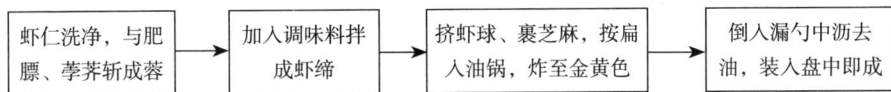

| 虾仁洗净,与肥膘、荸荠斩成蓉 | → | 加入调味料拌成虾缔 | → | 挤虾球、裹芝麻,按扁入油锅,炸至金黄色 | → | 倒入漏勺中沥去油,装入盘中即成 |

思考题

1.虾饼中放入荸荠粒有何作用?

2.调制虾缔时,应注意哪些方面?

翡翠虾球

此菜色彩鲜明，蚕豆鲜嫩，虾蓉软嫩略脆。

烹调方法

清炸。

原料

虾仁 200g，猪肥膘肉 50g，鲜蚕豆仁 100g，鸡蛋 1 个。

调味料

葱花 3g，姜末 3g，精盐 2g，味精 1g，黄酒 3g，干淀粉 10g，花椒盐 2g，芝麻油 5g，精炼油 750g（实耗 25g）。

制作要点

（1）制缔：将虾仁洗净，挤去水分，与肥膘肉分别斩成细蓉，同放碗内，加入鸡蛋清、黄酒、葱花、姜末、干淀粉、味精、精盐调匀上劲成虾缔。鲜蚕豆仁放入沸水锅中烫一下，捞出用清水过凉，倒入漏勺中沥去水分，放砧板上斩成粗粒，倒入虾缔中拌匀。

（2）炸制：炒锅置旺火上，倒入精炼油，烧至六成热，用手抓起虾缔挤成小丸子，放入油锅内炸透，浮起时倒入漏勺中沥去油。

（3）拌制：炒锅复上火，放入翡翠虾球，加入花椒盐和芝麻油，颠翻炒锅，起锅装盘即成。

制作关键

（1）鲜蚕豆仁要鲜嫩，色泽翠绿，不能发黄。

（2）蚕豆仁焯水后，要立即用凉水浸凉，以防止其变黄。

（3）虾丸要挤得大小一致。

制作流程

思考题

1.为什么一般来说蚕豆仁"越绿越嫩，越黄越老"？

2.翡翠虾球入锅油炸时应掌握哪些关键？

虎皮虾

此菜色泽金黄，外皮酥脆，里嫩鲜香。

烹调方法

炸。

原料

虾仁 150g，豆腐皮 2 张，面包糠 75g，鸡蛋 1 个。

调味料

姜葱汁 3g，精盐 2g，味精 1g，黄酒 3g，干淀粉 10g，花椒盐 2g，精炼油 750g（实耗 25g）。

制作要点

（1）制生坯：将虾仁洗净后挤去水分，斩成蓉，放碗内加入葱姜汁、鸡蛋清、黄酒、精盐、味精、干淀粉搅成虾缔。豆腐皮用刀切去毛边，再切成长 5cm、宽 3cm 的长方片，铺平，逐片涂上虾缔，再裹上面包糠，即成虎皮虾生坯。

（2）炸制：炒锅置小火上，倒入精炼油，将虎皮虾生坯有面包糠的一面朝下，推入锅内，将虾缔煎熟，再加精炼油，炸至虎皮虾浮起，色呈金黄色时，倒入漏勺中沥去油，放在砧板上切成条，装入盘中，撒上花椒盐即成。

制作关键

（1）虾仁要挤去水分，调缔时要调稠浓些。

（2）炸虎皮虾时，要控制好油温。

制作流程

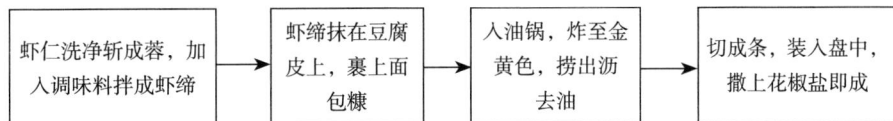

虾仁洗净斩成蓉，加入调味料拌成虾缔 → 虾缔抹在豆腐皮上，裹上面包糠 → 入油锅，炸至金黄色，捞出沥去油 → 切成条，装入盘中，撒上花椒盐即成

思考题

1. 豆腐皮为什么不耐高温？

2. 虎皮虾为什么要先煎后炸？

炸虾卷

此菜色泽金黄，虾肉鲜香，口味鲜美。

烹调方法

炸。

原料

河虾仁 150g，猪瘦肉 100g，猪网油 200g，鸡蛋 2 个，大米粉 50g，面粉 25g。

调味料

葱花 3g，姜末 3g，精盐 3g，味精 1g，黄酒 5g，干淀粉 15g，番茄沙司 20g，精炼油 750g（实耗 25g）。

制作要点

（1）整理：将虾仁洗净沥干，与猪肉分别斩成米粒状，放碗内，加精盐、味精、黄酒、干淀粉、蛋黄 1 个、葱花、姜末拌匀成馅。鸡蛋清 1 个，放入另一碗内，加干淀粉搅匀成蛋清糊。另 1 个鸡蛋放碗中，加入面粉、大米粉和适量清水调成米粉糊。

（2）制生坯：猪网油洗净晾干，切成长 15cm、宽 10cm 的长方形块，平摊案板上，表面抹一层蛋清糊，将虾肉馅放在网油半边，卷成虾卷。

（3）炸制：炒锅置旺火上，倒入精炼油，烧至七成热，将虾卷逐条蘸满米粉糊，放入油锅中炸至色泽金黄，轻浮油面时，倒入漏勺中沥去油，用刀切成 2cm 长的斜段，装入盘中，上桌时另带番茄沙司 1 小碟蘸食。

制作关键

（1）猪网油要洗净并晾干，否则容易脱糊。

（2）虾卷不宜卷得过粗，以 1.5cm 粗细为好。

（3）米粉糊要挂均匀、光滑。

（4）炸制时，油温要先高后低再高，否则容易使制品外焦里不熟。

制作流程

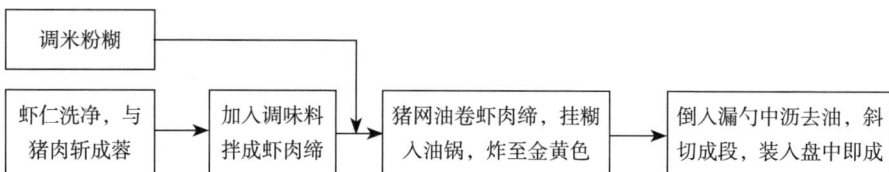

思考题

1.怎样将猪网油洗净？

2.米粉糊的特点是什么？

炒凤尾虾

通过练习该菜，掌握凤尾虾的加工方法、清炒类菜肴的烹制技巧。此菜色泽鲜艳，凤尾虾红白相间，味极鲜美。添加其他配料可制作出各种菜肴：用鲜芒果片与之炒的香芒凤尾虾、酸菜片与之同炒的酸菜凤尾虾等；改用不同糊进行干炸的菜肴有芙蓉凤尾虾、脆皮凤尾虾等；稍改变形状的有鲜汤捶虾、凤尾虾托、芝麻凤尾虾、圆蛋凤尾虾、色拉凤尾虾等。

烹调方法

滑炒。

原料

鲜活河虾 750g，青豆 60g，鸡蛋 1 个，葱白片 15g。

调味料

黄酒 5g，精盐 7g，味精 1g，干淀粉 10g，鲜汤 50g，湿淀粉 5g，精炼油 750g（实耗 25g）。

制作要点

（1）整理：将青豆放入沸水锅内烫至色呈翠绿，捞出，放入冷水中浸凉。将虾去头，去身壳，留尾壳，放清水盆中，用旋转水流洗掉红筋，当虾肉洁白时，取出沥干水，放入碗内，加入鸡蛋清、精盐、干淀粉，搅拌均匀。

（2）炒制：将锅置旺火上烧热，倒入精炼油，烧至四成热时，将虾放入，用手勺不停地推动，待虾肉全部变色，尾壳变红时，倒入漏勺沥去油。锅复置火上，倒入少许精炼油，下葱白片、青豆炒几下，加入鲜汤、精盐、黄酒、味精，烧沸后用湿淀粉勾芡，倒入凤尾虾，颠翻炒锅，起锅装入盘中即成。

制作关键

（1）河虾要鲜活，死虾的虾尾色泽不鲜红。

（2）虾要泡洗去血水、肠泥。

（3）滑油时控制好油温，油温高了虾肉色泽变深，反之浆易脱落。

制作流程

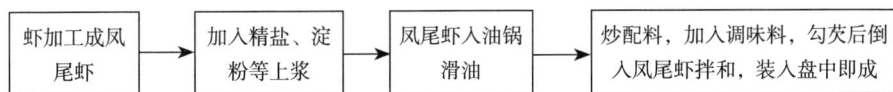

| 虾加工成凤尾虾 | → | 加入精盐、淀粉等上浆 | → | 凤尾虾入油锅滑油 | → | 炒配料，加入调味料，勾芡后倒入凤尾虾拌和，装入盘中即成 |

思考题

1. 怎样将虾加工成凤尾虾？

2. 制作该菜应掌握哪些关键？

交切虾

此菜色泽金黄，香、鲜、薄、脆，口味鲜美。

烹调方法

炸。

原料

虾仁 150g，豆腐皮 2 张，炒熟芝麻 75g，鸡蛋 1 个。

调味料

葱姜汁 3g，精盐 3g，味精 1g，黄酒 3g，干淀粉 10g，精炼油 750g（实耗 25g）。

制作要点

（1）制生坯：将虾仁洗净，挤去水分，斩成蓉，加葱姜汁、鸡蛋清、黄酒、精盐、味精、干淀粉，拌和均匀。豆腐皮用干净湿布覆盖在上面使其变软，再用刀切成长 10cm、宽 5cm 的长方片。在豆腐皮的两面抹上虾馅，沾上芝麻，成交切虾生坯。

（2）煎制：炒锅置小火上，倒入少量精炼油滑锅，将交切虾生坯入锅煎熟，倒出。

（3）炸制：原锅复置火上，倒入精炼油，待油温六成热时，放入交切虾，炸成金黄色时，倒入漏勺中沥去油，放砧板上，切成 2cm 宽的条，装入盘中即成。

制作关键

（1）豆腐皮的两面抹上的虾馅厚薄要均匀。

（2）交切虾炸前应先将两面煎熟，再入锅炸至金黄色。

制作流程

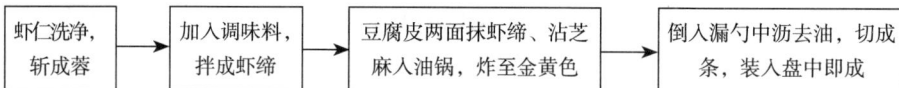

| 虾仁洗净，斩成蓉 | → | 加入调味料，拌成虾缔 | → | 豆腐皮两面抹虾缔、沾芝麻入油锅，炸至金黄色 | → | 倒入漏勺中沥去油，切成条，装入盘中即成 |

思考题

1.调制虾缔时，不用姜末和葱花，而用葱姜汁，是什么原因？

2.交切虾入锅煎制时，应注意哪些方面？

盐水大虾

此菜色泽鲜红，肉质细嫩，口味鲜美。

烹调方法

煮。

原料

鲜活大河虾 250g。

调味料

葱段 3g，姜片 3g，精盐 4g，花椒 3g，黄酒 10g。

制作要点

（1）整理：将大虾剪去虾须，洗净后放入沸水中烫一下，捞出。

（2）煮制：炒锅置火上，放清水、葱段、姜片、黄酒、精盐、花椒，烧沸约 5min，去姜、葱、花椒，放入河虾烧沸后略焖，起锅装盘，浇上原汁即成。

制作关键

（1）煮虾前先焯水，使成品清爽。

（2）煮虾时间不宜太长，否则虾肉不嫩。

制作流程

| 大虾洗净，剪去须 | → | 大虾放入沸水锅中烫一下 | → | 加调味料，入锅煮熟 | → | 装入盘中即成 |

思考题

1.河虾中质量最好的是什么虾，其他还有哪些代表品种的大虾？

2.为什么虾越新鲜，成熟后虾壳越红？

高丽凤尾虾

此菜色泽鲜艳，凤尾虾尾鲜红，虾身洁白，外脆里嫩。

烹调方法

干炸。

原料

鲜活大河虾 20 只，鸡蛋 3 个。

调味料

黄酒 3g，精盐 2g，味精 1g，干淀粉 100g，番茄沙司 15g，精炼油 750g（实耗 25g）。

制作要点

（1）整理：将大虾去头和身壳，留尾壳，放清水盆中，用 3 支竹筷搅动水，搅一会儿，换清水再搅，当虾肉洁白时，捞出沥干水分，放入碗内，加入精盐、黄酒、味精浸渍入味。

（2）调糊：鸡蛋清放碗中，用打蛋器打成发蛋，加入干淀粉，调成发蛋糊。

（3）炸制：将锅置旺火上烧热，倒入精炼油，烧至五成热时，将虾裹上发蛋糊放入，用筷子翻身使另一面炸凝固，待虾全部炸完，用漏勺捞起，待油温升至六成热时，倒入凤尾虾炸至外壳变硬，倒入漏勺中沥去油，装入盘中，另带番茄沙司 1 小碟一起上桌。

制作关键

（1）河虾要鲜活，死虾的虾尾色泽不鲜艳。

（2）凤尾虾要浸渍入味。

（3）发蛋糊中的蛋清与淀粉比例要适当。

（4）油炸时，不可炸成金黄色。

制作流程

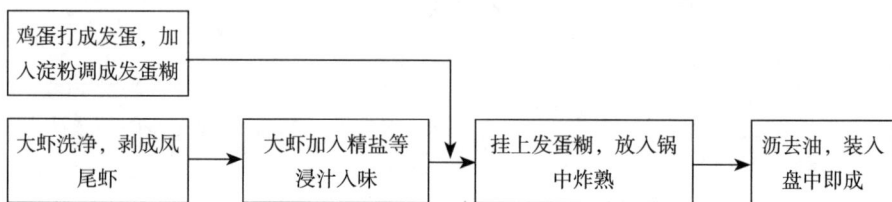

思考题

1.发蛋糊中的蛋清与淀粉比例一般为多少？

2.凤尾虾挂糊入锅时的油温控制在什么范围？

3.常用的凤尾虾一般用哪些种类的虾来制作？

清汤搌虾

通过练习该菜，掌握凤尾虾的加工方法与搌虾的制作方法。此菜红白相间，色泽鲜明，鲜嫩爽口。

烹调方法

氽。

原料

大草虾 24 只，菜心 4 棵。

调味料

鲜汤 400g，精盐 2g，味精 1g，黄酒 5g，干淀粉 25g，精炼油 2g。

制作要点

（1）制生坯：将大草虾去头、身壳，留尾壳，成凤尾虾，放砧板上，虾肉部份拍上干淀粉，敲薄、敲大，呈椭圆形。

（2）氽制：锅置火上，倒入鲜汤，加入精盐、味精、黄酒、菜心，烧沸后，放入凤尾虾，待烧沸后，淋精炼油盛入汤碗中即成。

制作关键

（1）大草虾要新鲜。

（2）凤尾虾的虾肉部分要敲大、敲薄。

制作流程

大虾洗净去头壳、身壳，留尾壳 → 大虾肉上拍上干淀粉，敲大、敲薄 → 锅中放入鲜汤、配料、调味料，烧沸后放入凤尾虾 → 装入汤碗中即成

思考题

1. 河虾一般怎样加工成凤尾虾?
2. 凤尾虾怎样捶制?
3. 制作捶虾有哪些关键?

爆鱿鱼卷

鱼块卷成卷筒形，刀纹清晰，质地脆嫩，色泽浅黄，口味鲜美。

烹调方法

爆炒。

原料

水发鱿鱼 1 条，红椒片 10g。

调料

葱花 3g，姜末 3g，蒜片 2g，精盐 2g，味精 1g，鲜汤 8g，芝麻油 5g，湿淀粉 7g，胡椒粉 1g，精炼油 750g（实耗 25g）。

制作要点

（1）刀工：鱿鱼撕去膜，肉面朝上，平放在砧板上，用刀剞上卷筒花刀，深度为肉厚的 2/3，然后切成长 4cm、宽 2cm 的长方块。

（2）调汁：在小碗内将鲜汤、味精、精盐、胡椒粉、湿淀粉兑成芡汁。

（3）焯水：鱿鱼放入沸水锅中烫至刀绞露出、卷曲成长圆筒形捞出。

（4）油爆：炒锅置火上，倒入精炼油，烧至五成热时，倒入鱿鱼卷略爆，随即倒入漏勺沥去油。

（5）成熟：炒锅复置火上，锅内留少许油，推入葱花、姜末、蒜片略炸，加入红椒片，随即把对好的芡汁倒入锅中，倒入鱿鱼卷，颠翻几下，淋上芝麻油出锅，装入盘中即成。

制作关键

（1）鱿鱼剞刀的深度适当，使之自然卷曲。

（2）鱿鱼入锅的油温要高，使之卷曲效果符合要求。

制作流程

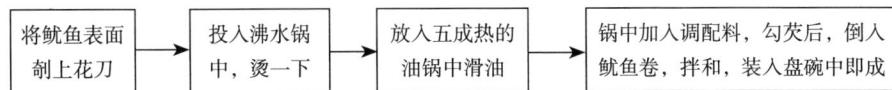

将鱿鱼表面剞上花刀 → 投入沸水锅中，烫一下 → 放入五成热的油锅中滑油 → 锅中加入调配料，勾芡后，倒入鱿鱼卷，拌和，装入盘碗中即成

思考题

1. 鱿鱼剞花刀的规律是什么?
2. 简述油温较高时鱿鱼入锅的优点。

鱿鱼锅巴

此菜鱿鱼鲜嫩,锅巴酥香。

烹调方法

熘。

原料

水发鱿鱼 1 条,熟火腿片 10g,水发香菇 10g,熟笋片 10g,锅巴 150g。

调味料

鲜汤 100g,黄酒 5g,精盐 3g,味精 1g,湿淀粉 10g,胡椒粉 1g,米汤适量,精炼油 750g(实耗 25g)。

原料

(1)整理:将鱿鱼批成大薄片,放入沸水锅内焯水后捞出,沥干水分;香菇批成小片;锅巴掰成 3cm 大小的圆片。

(2)调汁:炒锅置火上,放入鲜汤、火腿片、鱿鱼片、香菇片、笋片、黄酒、精盐、味精,烧沸后用湿淀粉勾成米汤芡,起锅装入大汤碗中,撒上胡椒粉。

(3)熘制:与此同时,另取一锅置火上,放入花生油,待油温至九成热,放入掰小块的锅巴,炸至金黄色时倒入漏勺中沥去油,装入盆中,随同烩好的鱿鱼一起上席,上席后将鱿鱼倒入锅巴盆内即成。

制作关键

(1)油炸锅巴油温要高,否则炸不酥脆。

(2)烩鱿鱼和炸锅巴同时进行,以保证卤汁倒入锅巴盆内时,会听到"嗞嗞"的响声。

制作流程

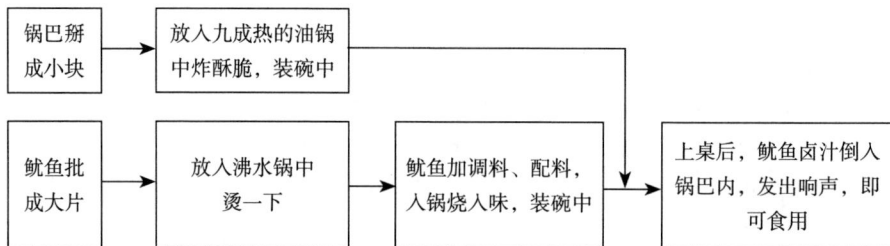

思考题

1.炸锅巴的油温为什么要高？

2.怎样保证卤汁倒在锅巴上，听到"嗞嗞"的响声？

爆墨鱼花

此菜鱼块卷成筒形，刀纹清晰，质地脆嫩，色泽浅黄。

烹调方法

爆炒。

原料

鲜墨鱼 1 条，青椒片 10g。

调料

葱花 3g，姜末 3g，蒜片 2g，精盐 3g，味精 1g，鲜汤 10g，芝麻油 5g，湿淀粉 7g，胡椒粉 1g，精炼油 750g（实耗 25g）。

制作要点

（1）整理：将墨鱼肉面朝上，平放在砧板上，用刀剞上麦穗花刀，然后切成长 4cm、宽 2cm 左右的长方块。

（2）调汁：在小碗内将鲜汤、味精、精盐、胡椒粉、湿淀粉兑成芡汁。

（3）焯水：墨鱼放入沸水锅中烫至刀绞露出、卷曲成长圆筒形捞出。

（4）油爆：炒锅置火上，倒入精炼油，烧至七成热时，倒入墨鱼卷略爆，随即倒入漏勺中沥去油。

（5）成熟：炒锅复置火上，锅内留少许油，推入葱花、姜末、蒜片略炸，加入青椒片，随即把兑好的芡汁搅拌均匀倒入锅中，放入墨鱼卷，颠翻几下，淋上芝麻油出锅，装入盘中即成。

制作关键

（1）墨鱼剞刀的深度要适当，使之卷曲成麦穗形。

（2）墨鱼入锅的油温要高，使之卷曲效果符合要求。

制作流程

| 墨鱼剞上麦穗花刀，切成小长方块 | → | 墨鱼块入沸水中烫一下 | → | 锅中放入配料、调制好的芡汁 | → | 倒入墨鱼卷拌和，淋芝麻油，装入盘中即成 |

思考题

1.墨鱼剞花刀的规律是什么？

2.墨鱼色泽洁白，在烹制时不能用有色调味品，其他还要注意哪些方面？

第七章

蔬菜类原料菜肴制作

本章内容：蔬菜类原料菜肴制作

教学时间：24 课时

教学目的：先由教师演示，再由学生练习，通过讲、演、练、评，达到训练目的。让学生通过蔬菜烹饪原料代表性菜肴品种的制作，掌握蔬菜类烹饪原料的初加工方法、刀工技术、调味技能以及各种烹调方法，能制作出基本的、简单的、有代表性的蔬菜菜肴品种，并符合制作要求，为下一阶段蔬菜类中国名菜的制作打下坚实的基础。

教学要求：1.让学生了解蔬菜类原料常用品种的性质。

2.使学生掌握蔬菜类原料的基本加工方法。

3.让学生根据营养要求，正确对蔬菜类原料进行配菜。

4.让学生能够选择适合蔬菜类原料的烹调方法。

5.让学生能够对蔬菜类原料进行正确的调味。

课前准备：由实验员或任课教师准备炉灶、所需原料（有的需要初加工）、用具、餐具等。

糖醋扬花萝卜

扬花萝卜可以打上蓑衣刀，也可以用刀面一拍，将其拍松，使其吸收卤汁能力更强。此菜造型美观，质地脆嫩，酸甜可口。

烹调方法

腌渍。

原料

扬花萝卜 250g。

调味料

精盐 2g，白糖 25g，白醋 5g，芝麻油 5g。

制作要点

（1）刀工：将扬花萝卜削去根和蕊，洗涤干净，一剖两半，切成蓑衣花刀，用精盐拌和均匀，腌约 10min。

（2）调味：萝卜挤去水分，再用白糖、白醋、芝麻油拌和，浸渍 5min，在盘内将蓑衣扬花萝卜切口处朝盘边，一层一层地在盘中摆成大丽花形即成。

制作关键

（1）打蓑衣刀时，要注意刀距均匀，深度一致。

（2）拌糖醋味时，要挤去水分，使味易渗入。

制作流程

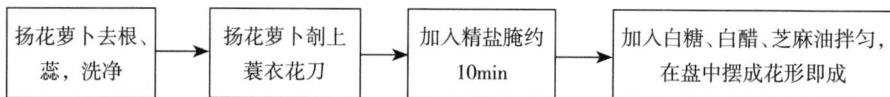

| 扬花萝卜去根、蕊，洗净 | → | 扬花萝卜剞上蓑衣花刀 | → | 加入精盐腌约 10min | → | 加入白糖、白醋、芝麻油拌匀，在盘中摆成花形即成 |

思考题

1. 扬花萝卜的选料如何？
2. 切蓑衣萝卜有哪些技巧？

炸土豆松

土豆是练习基本功的一种比较好的烹饪原料。它价格低廉，肉质黏液多，质地脆嫩，切削时易滑动，造成切出的丝大小不一。故需要一定的经验才能将土豆丝切好。此菜土豆松色泽金黄，质地酥脆，口味鲜香。

烹调方法

干炸。

原料

大土豆 300g。

调味料

花椒盐 5g，精炼油 750g（实耗 25g）。

制作要点

（1）刀工：将土豆削去皮，切成薄片，再切成细丝，放入清水中洗去土豆丝表面的淀粉，再放入沸水中烫一下，捞出放入清水中浸凉，捞出挤去水分。

（2）炸制：炒锅置火上，倒入精炼油，烧至六成热时，放入土豆丝，炸至淡金黄色时，倒入漏中沥去油，放入盘中，撒上花椒盐即成。

制作关键

（1）土豆切成细丝要精细，放空气中时间要短，以防褐变。

（2）土豆丝焯水后，要挤去水分，以减少油炸的时间。

（3）土豆丝炸至淡金黄色即可。

制作流程

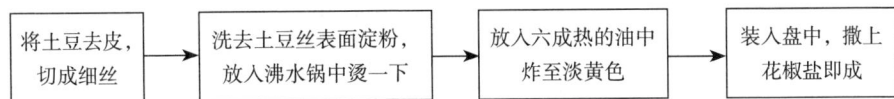

| 将土豆去皮，切成细丝 | → | 洗去土豆丝表面淀粉，放入沸水锅中烫一下 | → | 放入六成热的油中炸至淡黄色 | → | 装入盘中，撒上花椒盐即成 |

思考题

1.减少土豆褐变的方法有哪些？

2.用哪些油可使土豆丝炸后更金黄？

拔丝土豆

此菜糖丝绵长，香甜软嫩，适合练习拔丝菜肴的制作。

烹调方法

拔丝。

原料

大土豆 300g，面粉 100g，鸡蛋 1 个。

调味料

白糖 150g，精炼油 750g（实耗 25g）。

制作要点

（1）整理：将土豆削去皮，切成大厚片，用挖球器挖成球形土豆（或先切成 2.5cm 见方的正方形，再削去四角与四边，修成圆形），放入清水中洗去土豆表面的淀粉，捞出沥去水分。面粉放入碗中，加入鸡蛋和少量清水，调成全蛋糊。

（2）炸制：炒锅置火上，倒入精炼油，烧至六成热时，将土豆球挂上全蛋糊放入锅中，炸至淡金黄色时，用漏勺捞出，掐去糊须，放入油锅中，用三成热的油温炸至土豆球浮于油面，升高油温，炸至金黄色时，倒入漏勺中沥去油。

（3）熬糖：另取锅上火，倒入少量的精炼油和白糖，手勺不停地搅动，用小火熬至糖全部变成液体，倒入炸过的土豆球，翻拌均匀，装入抹有精炼油的盘中（若是冬天盘下应放一开水碗，一起上桌，以延长拔出丝的时间）即成。

制作关键

（1）去皮的土豆应放入水中，防止土豆褐变。

（2）土豆表面的糊要挂均匀，入锅油炸，要炸熟。

（3）白糖入锅熬制时，火力不宜过大，并用手勺不停地搅动，防止熬焦。

（4）盘面要抹点精炼油，以防糖液粘连盘子。

（5）随制随吃，凉了就会粘连在一起，食用不方便。

制作流程

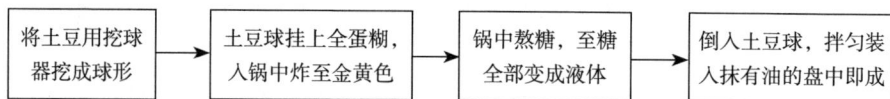

| 将土豆用挖球器挖成球形 | → | 土豆球挂上全蛋糊，入锅中炸至金黄色 | → | 锅中熬糖，至糖全部变成液体 | → | 倒入土豆球，拌匀装入抹有油的盘中即成 |

思考题

1. 拔丝有哪几种方法？

2. 制作拔丝土豆要注意哪些方面？

炸菜松

此菜色泽碧绿，刀工精细，质地酥脆。

烹调方法

干炸。

原料

大青菜叶 300g。

调味料

精盐 2g，精炼油 1000g（实耗 25g）。

制作要点

（1）刀工；将青菜叶洗净，批去粗叶脉，切成 1mm 粗的细丝。

（2）炸制：炒锅置火上，倒入精炼油 1000g，烧至六成热时，放入菜叶丝，炸至浮于油面，油泡变小时，倒入漏中沥去油，放入盘中，撒上少许精盐，略拌即成。

制作关键

（1）青菜切成细丝要精细。

（2）油炸时要掌握好油温。

制作流程

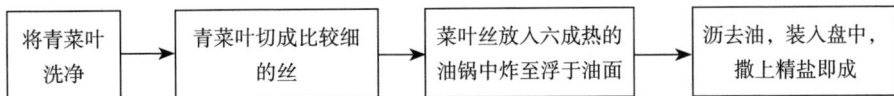

| 将青菜叶洗净 | → | 青菜叶切成比较细的丝 | → | 菜叶丝放入六成热的油锅中炸至浮于油面 | → | 沥去油，装入盘中，撒上精盐即成 |

思考题

1.青菜叶要如何挑选？

2.油炸青菜叶丝的油温一般是多少？

三丝菜卷

此菜色泽鲜艳，形态美观，质地脆嫩，酸甜可口。

烹调方法

腌渍。

原料

包菜 300g，胡萝卜 2 根，笋丝 50g，黄瓜 1 根。

调味料

白糖 15g，白醋 3g，芝麻油 5g，精盐 2g，味精 1g。

制作要点

（1）整理：将包菜叶洗净，放入沸水中烫软，捞出放凉水中浸凉，沥去水分，放入精盐、味精拌和待用。胡萝卜、黄瓜分别切成细丝，与笋丝一起放碗中加入精盐、味精、白糖、白醋、芝麻油浸渍 10min。

（2）卷制：将包菜叶平铺在操作台上，放上笋丝、胡萝卜丝、黄瓜丝，卷成手指粗的卷，切成斜段，排入盘中，摆成菊花形即成。

制作关键

（1）笋丝、胡萝卜丝、黄瓜丝要切得比较细。

（2）包菜叶要将三丝卷紧。

制作流程

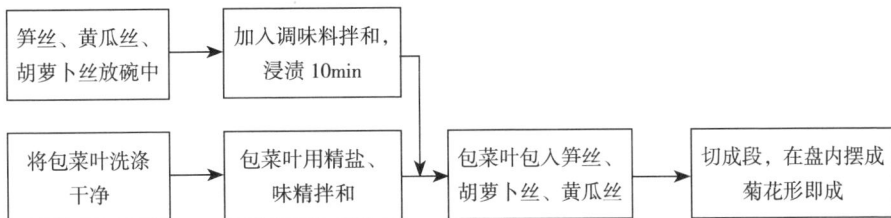

| 笋丝、黄瓜丝、胡萝卜丝放碗中 | → | 加入调味料拌和，浸渍 10min | | |
| 将包菜叶洗涤干净 | → | 包菜叶用精盐、味精拌和 | → | 包菜叶包入笋丝、胡萝卜丝、黄瓜丝 | → | 切成段，在盘内摆成菊花形即成 |

思考题

1. 怎样使菜卷不散碎？
2. 为什么此菜要现做现吃？

酱汁茭白

茭白生长在水中，嫩脆似笋，晶莹如玉，历来与鲈鱼、莼菜并列为江南三大名菜。茭白味道甘美，鲜嫩爽滑，与甜面酱同烹，色泽酱红，鲜嫩适口。

烹调方法

酱汁。

原料

嫩茭白 400g。

调味料

甜面酱 15g，精盐 1g，味精 1g，葱段 5g，姜片 5g，白糖 5g，芝麻油 5g，鲜汤 25g，精炼油 750g（实耗 20g）。

制作要点

（1）整理：将茭白剥去叶，刨去皮，洗涤干净，切成长 3cm、宽 1cm 的条。

（2）滑油：炒锅置火上，倒入精炼油，烧至四成热时，下入茭白条养 2min 后倒入漏勺中沥去油。

（3）成熟：炒锅复上火，锅内留少许油，放入葱段、姜片略炸，捞出不用，再放入甜面酱稍炒，放入鲜汤、精盐、味精、白糖、茭白条，烧至入味，收稠卤汁，淋入芝麻油，使卤汁紧裹在茭白表面，装入盘中即成。

制作关键

（1）茭白要选用嫩尖部位，且黑心部位不能用。

（2）不能用动物性食用油烹制，因其冷却后易凝固。

制作流程

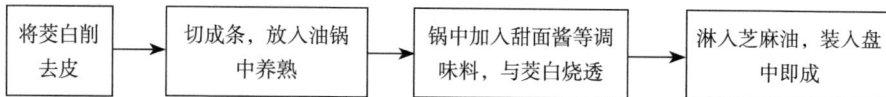

| 将茭白削去皮 | → | 切成条，放入油锅中养熟 | → | 锅中加入甜面酱等调味料，与茭白烧透 | → | 淋入芝麻油，装入盘中即成 |

思考题

1. 茭白如何选料？
2. 酱法一般操作程序如何？操作时应注意哪些？

葱油莴苣

此菜色泽碧绿，刀工精细，质地酥脆，葱油味浓。

烹调方法

腌渍。

原料

莴苣 300g。

调味料

精盐 2g，味精 1g，米葱 15g，芝麻油 15g，精炼油 10g。

制作要点

（1）整理：将莴苣削去皮，切成细丝，放碗中，加入精盐、味精、芝麻油浸渍 10min。米葱切成葱花，放小碗中。

（2）拌制：锅置火上，倒入精炼油、芝麻油，烧至六成热时，将油倒入有葱花的小碗中，浇在莴苣丝上即成。

制作关键

（1）莴苣丝要切得比较细。

（2）莴苣丝腌制时间不宜过长。

（3）熬葱油时，油温不宜过高，以防将葱炸焦。

制作流程

| 将莴苣削去皮 | → | 莴苣洗涤干净，切成细丝 | → | 加入精盐、味精、芝麻油拌匀 | → | 淋入炸好的葱油，装入盘中即成 |

思考题

1. 莴苣主要有哪些代表品种？其特征是什么？

2. 熬葱油时，要注意哪些方面？

酱汁芽笋

此菜色泽酱红，酱味鲜浓，质地脆嫩。

烹调方法

酱。

原料

鲜芽笋 750g。

调味料

甜面酱 15g，虾子 3g，鲜汤 40g，精盐 2g，白糖 5g，芝麻油 5g，精炼油 750g（实耗 25g）。

制作要点

（1）整理：将芽笋切去根蒂，去外壳，削去老根，用刀剖开，切成长 4cm 的笋段，再用刀面将笋段轻轻拍松，放入沸水锅中烫一下，捞起沥去水。用水将甜面酱化开。

（2）焐油：炒锅置火上，倒入精炼油，放入笋段焐油后，倒入漏勺沥油。

（3）成熟：炒锅复上火，倒入精炼油和甜面酱汁，加入白糖，搅动手勺，熬透，倒入鲜汤，放入虾子、笋段烧沸，加精盐，待汤汁稠浓时，用手勺不停搅动，使汤汁逐步紧裹在笋段上，装盘，淋上芝麻油即成。

制作关键

（1）鲜笋要去掉老根、外壳。

（2）鲜笋含有一定量的鞣酸，需要焯水加以去除。

（3）甜面酱用油炒后，可增加香味，增添菜肴光泽。

制作流程

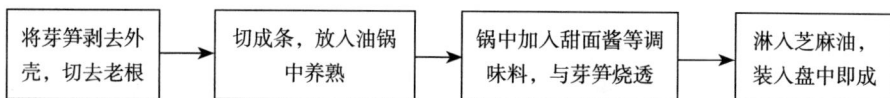

将芽笋剥去外壳，切去老根 → 切成条，放入油锅中养熟 → 锅中加入甜面酱等调味料，与芽笋烧透 → 淋入芝麻油，装入盘中即成

思考题

1.甜面酱是用什么原料制成的？

2.为什么鲜笋比罐头笋味道鲜？

炸慈菇片

通过该菜练习，掌握慈菇片的切制方法与加热方法。此菜酥脆爽口，甘甜味香。

烹调方法

炸。

原料

大慈菇 300g。

调味料

花椒盐 5g，精炼油 750g（实耗 25g）。

制作要点

（1）整理：将慈菇去掉外皮，切成薄片，泡入水中洗去表面淀粉，再放入沸水锅中略烫捞出，并反复清洗几次，清洗掉表面淀粉黏液。

（2）炸制：炒锅置火上，倒入精炼油，待油温六成热时，投入慈菇片炸至浮于油面，质地变脆时，倒入漏勺中沥去油，放入盘中，撒上花椒盐即成。

制作关键

（1）应选用稍大的慈菇，且个头差不多大小，以保证其均匀性。

（2）所切制的片应厚薄均匀，这样保证成熟一致。

（3）切成片后应立即放入水中，防止其褐变。

（4）炸制时，油温要高，一炸即成。

制作流程

| 将慈菇切成薄片洗净，泡入清水中 | → | 放入沸水中略烫，再洗去黏液 | → | 慈菇片放入六成热的油锅中炸至浮于油面 | → | 沥去油，装入盘中，撒上花椒盐即成 |

思考题

1.简述慈菇的选料。

2.简述炸慈菇的油温。

脆炸藕夹

通过练习该菜，掌握夹类菜肴的制作方法，掌握脆炸方法。莲藕全身都是宝，生熟可食，荤素皆宜。藕夹外脆里嫩，色泽金黄，香脆味美。

烹调方法

炸。

原料

小嫩藕（直径约4cm）500g，猪肋条肉150g，鸡蛋2个，面粉150g。

调味料

精盐6g，味精1g，黄酒5g，葱花3g，姜末3g，胡椒粉1g，花椒盐2g，干淀粉10g、精炼油750g（实耗35g）。

制作要点

（1）整理：将嫩藕切去藕节、削去外皮，用刀切成1cm厚的连刀片（又称夹刀片）；猪肋条肉斩成蓉，加精盐、味精、干淀粉、1个鸡蛋、姜末、葱花、黄酒、胡椒粉，拌和均匀成猪肉缔；面粉加鸡蛋、精盐和适量清水拌成全蛋糊。

（2）制生坯：用左手将藕片扒开，夹上猪肉缔，成藕夹生坯待用。

（3）炸制：锅置火上，放入精炼油，烧至六成热，把藕夹逐块挂上全蛋糊，投入锅中,炸约2min,捞起用手掐去糊须,再下锅复炸呈金黄色时,捞出装入盘中,撒上花椒盐即成。

制作关键

（1）藕夹要切得厚薄均匀，便于油炸成熟。

（2）所夹的肉缔数量适中。

（3）炸制时掌握好油温，以防炸焦。

制作流程

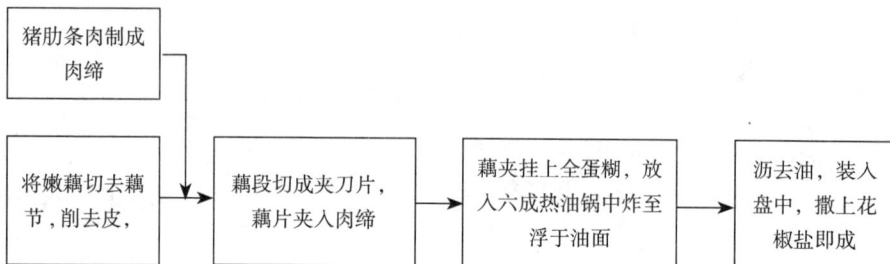

思考题

1.藕如何选料?

2.炸藕夹的方法是什么?

文思豆腐羹

通过练习该菜，掌握豆腐丝的切制方法与技巧及烩制方法。此菜色彩艳丽，刀工精细，质地软滑，入口即化。

烹调方法

烩。

原料

豆腐 1 盒，水发香菇 20g，熟冬笋 10g，熟火腿 25g，熟鸡脯肉 50g，青菜叶丝 10g。

调味料

精盐 3g，味精 1g，鸡清汤 400g，湿淀粉 25g，精炼油 5g。

制作要点

（1）整理：将豆腐批去老皮，切成细丝，在冷水锅中焯水（若是内酯豆腐可不必焯水），以去掉豆腥味。将香菇、冬笋、火腿、鸡脯肉皆切成细丝。

（2）烩制：锅上火，放入鸡清汤烧沸，投入香菇丝、冬笋丝、火腿丝、鸡脯肉丝、青菜叶丝、豆腐丝，加入精盐和味精烧沸，用湿淀粉勾芡，淋上精炼油，装入碗中即成。

制作关键

（1）选用质嫩形整的豆腐，以内酯豆腐为佳。

（2）在切丝时，刀面要抹上清水切，这样切的丝不易断。

（3）豆腐焯水要用冷水锅焯水，且不能大沸，否则易起孔，质地变老。

（4）淀粉最好用玉米淀粉，一是光泽好，二是不易分层。

制作流程

| 豆腐切成细丝 | → | 豆腐丝放入冷水锅中，烧沸后捞出 | → | 锅中放入豆腐丝及调料和配料，沸后勾芡 | → | 淋油，装入碗中即成 |

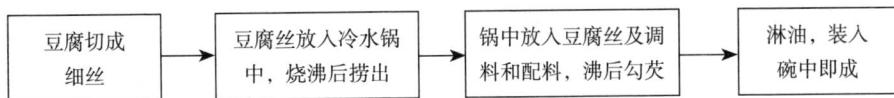

思考题

1.豆腐的选料要求有哪些？

2.谈谈切豆腐丝的技巧。

鸡汁煮干丝

通过练习该菜，掌握方干的切丝技巧与方法以及煮制的方法。选取用黄豆制做的方干，切成丝入沸水中浸烫3次，以去掉方干的腥涩味，再以鸡汤、虾仁、笋片、绿菜叶烧煮，质地绵软细嫩。

烹调方法

煮。

原料

黄豆方干3块，虾仁75g，熟笋片30g，熟鸡丝30g，熟火腿丝10g，鸡蛋1个，青菜叶15g，熟鸡肫片、熟鸡肝片各40g。

调味料

干淀粉5g，精盐3g，鸡汤200g，鸡精2g，精炼油10g。

制作要点

（1）整理：将方干先片成薄片，再切成细丝，放容器中加入沸水烫泡，用竹筷拨散，至凉后再换沸水烫2次，捞出沥干水分待用。

（2）上浆：虾仁洗净，挤去水分，加入1g精盐和干淀粉、鸡蛋清拌和上劲。

（3）滑油：炒锅置火上，倒入25g精炼油，将虾仁炒熟后盛起待用。

（4）煮制：炒锅复置火上，倒入鸡汤、干丝、鸡丝、鸡肫肝片、笋片、精炼油，大火烧开后，烧5min后，至汤色浓白，加入精盐、鸡精、青菜叶、虾仁略烧，装入盘中，撒上熟火腿丝即成。

制作关键

（1）干丝要切得粗细均匀，无散碎和大小头。

（2）干丝在煮前要烫去腥涩味。

（3）要烧煮入味，使干丝鲜嫩味美。

197

（4）装盘时要注意色彩的搭配、美观。

制作流程

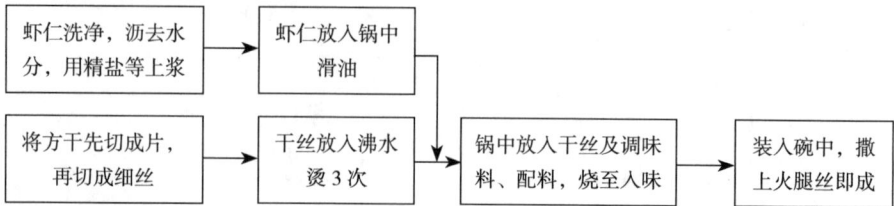

| 虾仁洗净，沥去水分，用精盐等上浆 | → | 虾仁放入锅中滑油 |

| 将方干先切成片，再切成细丝 | → | 干丝放入沸水烫3次 | → | 锅中放入干丝及调味料、配料，烧至入味 | → | 装入碗中，撒上火腿丝即成 |

思考题

1. 简述干丝切制的技巧。
2. 简述去除干丝异味的方法。

烫干丝

通过练习该菜，掌握细干丝的切法与烫制方法。烫干丝是用黄豆方干切成棉线般的细丝，经过3次浸烫，将豆腐干所带的豆腥味全部泡尽，泡烫的同时也使干丝更加绵软。再与其他调配料拌和在一起食用，色泽美观，口感丰富，鲜香适口，回味悠长。

烹调方法

拌。

原料

豆腐干2块，小虾米10g，香菜5g。

调味料

酱油5g，精盐2g，嫩姜5g，白糖3g，味精1g，芝麻油7g。

制作要点

（1）刀工：将豆腐干用片刀片成30片左右，再切成细丝，放入容器中，倒入沸水，水量比干丝高约2cm，待沸水凉后，沥去水分，再倒入沸水，如此3次。

（2）整理：小虾米放碗中，倒入开水，使虾米泡开，沥去水待用。香菜洗净，斩成小粒。嫩姜批成薄片，切成头发粗的细丝，放小碗中，用凉开水泡约15min，捞起挤去水分。

（3）调汁：锅置火上，加入酱油、白糖、精盐、味精和适量清水，烧沸后即成烫干丝的卤汁。

（4）拌制：将烫过的干丝抓入盘中，堆得稍高些，放上姜丝、虾米、香菜末，浇上卤汁，淋上芝麻油即成。

制作关键

（1）姜丝要切得细如发丝，并要泡去辣味。

（2）豆腐干应选择上等的优质黄豆方干。

（3）干丝要经过几次开水浸泡，以泡去豆腥味。

（4）酱油一定要用"熟"酱油。

制作流程

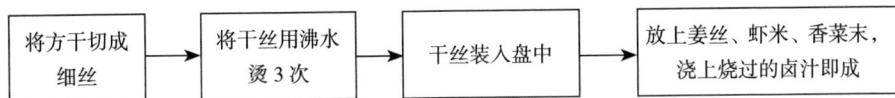

将方干切成细丝 → 将干丝用沸水烫3次 → 干丝装入盘中 → 放上姜丝、虾米、香菜末，浇上烧过的卤汁即成

思考题

1. 简述该菜生姜的选料。

2. 简述调制烫干丝的卤汁的调制过程。

怪味桃仁

通过练习该菜，掌握怪味的烹调方法。此菜麻辣甜酥，香脆可口。既可以作单盘，又可以作花色冷盘中的假山造型。

烹调方法

挂霜。

原料

核桃仁 250g。

调味料

辣椒粉 3g，花椒粉 2g，甜面酱 10g，白糖 200g，精炼油 750g（实耗 30g）。

制作要点

（1）整理：将核桃仁用开水浸泡后，撕去外皮，洗涤干净。

（2）炸制：炒锅上火，倒入精炼油，烧至三成热时，倒入核桃仁，炸至酥脆后，倒入漏勺中沥去油。

（3）挂霜：锅洗涤干净复上火，加入清水，倒入白糖，烧沸后加入甜面酱用手勺不停地搅动，至泡变小、卤汁有劲时，放入核桃仁、花椒粉、辣椒粉，离火并不断翻动，使核桃仁裹匀糖液，至核桃仁粒粒分开时，装入盘中。

制作关键

（1）核桃仁要用小火炸至酥脆。

（2）熬糖时甜面酱不宜放得过多，以免发黑。

制作流程

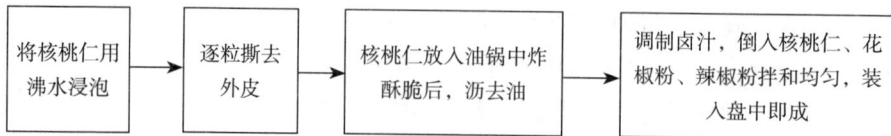

| 将核桃仁用沸水浸泡 | → | 逐粒撕去外皮 | → | 核桃仁放入油锅中炸酥脆后，沥去油 | → | 调制卤汁，倒入核桃仁、花椒粉、辣椒粉拌和均匀，装入盘中即成 |

思考题

1. 简述核桃仁的选料。
2. 怪味如何调制？

挂霜腰果

通过练习该菜，掌握挂霜方法。此菜色泽洁白，腰果酥脆，甘甜味香。

烹调方法

挂霜。

原料

腰果 250g。

调味料

白糖 200g，精炼油 750g（实耗 25g）。

制作要点

（1）炸制：炒锅上火，倒入精炼油，烧至三四成热时，倒入腰果，用小火将其养炸至淡黄色时，倒入漏勺中沥去油。

（2）挂霜：炒锅复上火，洗涤干净，放入清水，倒入白糖，烧沸后用小火熬制，并不停地用手勺搅动，使其均匀受热，当熬到锅中翻小泡，糖汁黏性最大，温度为115℃时倒入腰果，炒锅离火，用手勺翻动腰果，使其迅速冷却，挂匀糖霜，至腰果一粒粒分开时，停止搅动，倒入盘中，晾凉。

制作关键

（1）油炸腰果时要用小火炸至淡黄色，防止炸焦。

（2）掌握好主料、白糖、清水的比例，一般为 10 : 9 : 4。

（3）熬糖时要用中小火慢慢熬成。

（4）糖结晶时不需要撒上糖粉或干淀粉。

制作流程

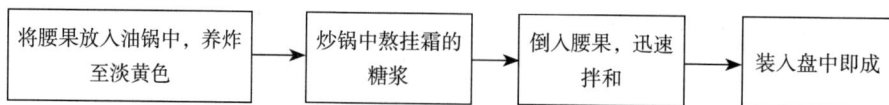

| 将腰果放入油锅中，养炸至淡黄色 | → | 炒锅中熬挂霜的糖浆 | → | 倒入腰果，迅速拌和 | → | 装入盘中即成 |

思考题

1.简述此菜原料之间的比例。

2.简述挂霜的技巧。

卤香菇

此菜色呈棕褐色，质地软嫩，口味鲜香咸甜。

烹调方法

煮。

原料

水发香菇250g。

调味料

酱油7g，白糖4g，精盐3g，味精1g，芝麻油5g。

制作要点

（1）整理：将水发香菇洗净，去根蒂，放入碗中加水适量，上笼蒸透取出。

（2）煮制：锅置火上，把蒸好的香菇连卤汁一起倒入锅内，加酱油、精盐、白糖、味精烧沸后，转小火焖至软糯，转大火收稠卤汁，淋上芝麻油起锅冷却，小香菇可直接装入盘中，若是大香菇需批成小片，装入盘中即成。

制作关键

（1）选取的香菇大小要基本一致，这样便于成熟，也更加美观。

（2）香菇要蒸软，卤汁不要浪费。

制作流程

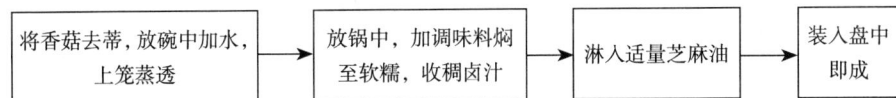

将香菇去蒂，放碗中加水，上笼蒸透 → 放锅中，加调味料焖至软糯，收稠卤汁 → 淋入适量芝麻油 → 装入盘中即成

思考题

1.简述如何选择香菇。

2.香菇为什么要蒸透至软烂？

蜜汁橄榄山芋

此菜形似橄榄，整齐美观，色泽红润光亮，质地软糯，香甜可口。

烹调方法

蜜汁。

原料

红心山芋 1000g。

调味料

白糖 150g，蜂蜜 3g，糖桂花卤 3g，精炼油 750g（实耗 25g）。

制作要点

（1）刀工：将红心山芋削去外皮，切成宽 1.5cm、长 5cm 的块，用刀削成橄榄形。

（2）炸制：炒锅置火上，倒入精炼油，烧至五成热时，放入山芋炸至起硬壳时，捞出沥油。

（3）蜜汁：炒锅复置火上，放入清水、白糖、蜂蜜、糖桂花卤、橄榄山芋，烧至卤汁稠浓时，装入盘中即成。

制作关键

（1）山芋要削成大小相似的橄榄形。

（2）油炸山芋时要使表面产生硬壳，防止软烂，否则会影响美观。

制作流程

| 将山芋削去皮，切削成橄榄形 | → | 放油锅中炸至起硬壳 | → | 放入锅中，加入调味料，烧至卤汁稠浓 | → | 装入盘中即成 |

思考题

1. 简述山芋的食疗营养成分及功效。

2. 烹制此菜时火候怎样控制？

蜜枣扒山药

此菜色泽鲜艳，油润甜美，细嫩滑爽。

烹调方法

扒。

原料

山药 400g，蜜枣 150g。

调味料

白糖 120g，糖桂花卤 3g，湿淀粉 7g，精炼油 10g。

制作要点

（1）整理：将山药洗净后，放入锅中，加入清水煮熟，撕去皮。蜜枣用水略泡去核，两面刻上花刀。碗内抹上精炼油，将蜜枣排列在碗底，然后将山药切成长 7cm 的条，用刀拍松，排列在蜜枣上，每一层山药之间撒上白糖，排叠饱满。

（2）蒸制：将蜜枣、山药碗上笼蒸约 40min，取出翻扣入盘内。

（3）浇汁：炒锅置火上，碗中的卤汁倒入锅中，放入糖桂花，用湿淀粉勾芡，起锅浇在蜜枣山药上即成。

制作关键

（1）山药要煮透、煮烂。

（2）在碗内抹上精炼油，便于扣入盘内。

（3）调制糖卤时，锅要洗涤干净。

制作流程

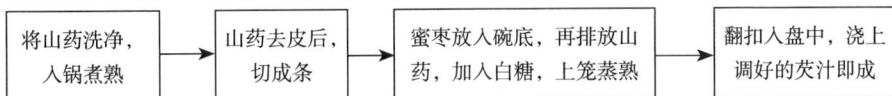

将山药洗净，入锅煮熟 → 山药去皮后，切成条 → 蜜枣放入碗底，再排放山药，加入白糖，上笼蒸熟 → 翻扣入盘中，浇上调好的芡汁即成

思考题

1.为什么该菜肴要选择淮山药？

2.山药为什么要先煮熟，后去皮？

蜜汁捶藕

此菜色泽红润，捶藕软糯，香甜爽口。

烹调方法

蒸。

原料

老藕 500g，糯米 150g，什锦果脯 150g，鸡蛋1个，生猪板油 75g。

调味料

白糖 100g，湿淀粉 6g，干淀粉 50g，蜂蜜 5g，精炼油 7g，糖桂花适量。

制作要点

（1）整理：干淀粉放入碗中，磕入鸡蛋，再放入少量清水，调成淀粉鸡蛋糊。什锦果脯切成小丁待用。

（2）焖制：将糯米淘洗干净，静置 20min，沥去水分，老藕洗净后在藕节处用刀切开，在每段藕的一端切一刀，将藕孔露出，再将糯米由藕孔放入，盖好藕节，用两根牙签插入，使藕节与藕段间连接在一起，放入水锅中，在中火上烧沸，移小火上焖 2h 左右，至藕酥烂时捞出，去皮和两头藕节，顺长切成 8mm 厚的大片，将藕片抹一层薄薄的淀粉糊，放入操作台上的干淀粉内，再用擀面杖轻轻敲打至藕片变松软即可。

（3）成熟：炒锅置旺火上，倒入精炼油，将藕片炸至金黄色时，倒入漏勺中沥去油，放砧板上切成大块。在大扣碗内抹上精炼油，先放入切成小丁的果脯，再整齐地排入藕块，撒上白糖，盖上猪板油，上笼旺火蒸 1h 左右取出，拣去猪板油丁，扣入汤盘中。

（4）浇汁：炒锅复置火上，倒入清水、白糖、糖桂花、蜂蜜烧沸，用湿淀粉勾芡，浇在藕块上即成。

制作关键

（1）没有藕节的藕不能用，因藕的孔中容易被污染。

（2）糯米放入藕节前，要放入水中静置，使其吸入一定量的水分。

（3）藕片放于淀粉内，用擀面杖轻敲，用力要均匀，使内部变得酥软。

制作流程

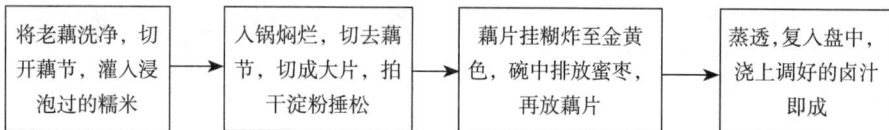

| 将老藕洗净，切开藕节，灌入浸泡过的糯米 | → | 入锅焖烂，切去藕节，切成大片，拍干淀粉捶松 | → | 藕片挂糊炸至金黄色，碗中排放蜜枣，再放藕片 | → | 蒸透，复入盘中，浇上调好的卤汁即成 |

思考题

1. 简述糖桂花长时间放入锅中使卤汁变黑的原因。

2. 简述敲藕块的注意事项。

蜜汁银杏

银杏又称白果，因其形若小杏，色泽银白而得名，以江苏泰兴所产最为著名。银杏肉质香糯，堪称民间佳果，宋代年间被列为贡品。中医认为其味甘苦涩，性平，具敛肺气、定咳嗽、止带浊、缩小便的功效。需要注意的是，银果有一定的毒性，尤其是生银杏，不可贪食。

此菜色呈油绿，香糯酥烂，汤汁甜醇，带有桂花香味。

烹调方法

蜜汁。

原料

银杏 500g。

调味料

白糖 150g，蜂蜜 10g，糖桂花 5g，精炼油 7g。

制作要点

（1）剥壳：将银杏外壳敲碎，剥去。

（2）去衣：炒锅置火上，倒入精炼油，烧至三成热时，放入银杏，用手勺搅拌，银杏肉与内衣之间有银杏液渗出，使内衣与银杏肉分离，通过手勺的搅动，使内衣脱落至锅中，浮于油面，用漏勺捞出浮于油面的内衣，直到全部去除，倒入漏勺中沥去油。

（3）蜜汁：炒锅复置火上，倒入少量清水，加入白糖、蜂蜜，烧至卤汁黏稠时，放入银杏稍煮，放入糖桂花翻拌均匀，起锅盛入盘中即成。

制作关键

（1）银杏选用当年的新鲜银杏。

（2）糖桂花不宜早放，否则汤汁易变黑。

制作流程

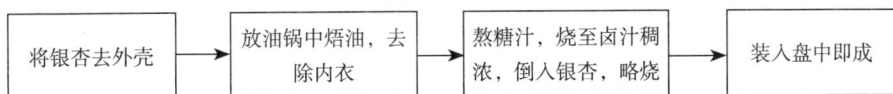

将银杏去外壳 → 放油锅中焐油，去除内衣 → 熬糖汁，烧至卤汁稠浓，倒入银杏，略烧 → 装入盘中即成

思考题

1.简述银杏焐油去内衣的原理。

2.糖桂花为什么不能过早放入锅中？

蓑衣黄瓜

此菜色泽翠绿，刀工精细，脆嫩爽口，咸鲜清香。

烹调方法

拌。

原料

嫩黄瓜2根。

调料

精盐3g，蒜泥5g，味精1g，芝麻油8g。

制作要点

（1）整理：将黄瓜洗净，切去两头，从中间平剖成两半，去瓜瓤，在砧板上切成蓑衣花刀，浸泡在用冷开水、盐调匀的卤汁中。

（2）拌制：浸渍约5min，捞出沥干水分，拌入精盐、味精、蒜泥、芝麻油，整齐地排放在盘中即成。

制作关键

（1）选用嫩黄瓜，可不去皮。

（2）老黄瓜不宜选用。

（3）蓑衣花刀刀工精细，刀距均匀。

（4）腌渍时间不能过长。

制作流程

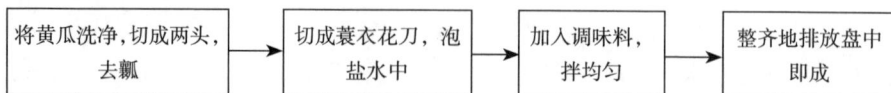

| 将黄瓜洗净,切成两头,去瓤 | → | 切成蓑衣花刀,泡盐水中 | → | 加入调味料,拌均匀 | → | 整齐地排放盘中即成 |

思考题

1.简述蓑衣花刀的运刀要领。

2.制作扬州酱菜中的乳黄瓜与蓑衣黄瓜是否用的是相同的黄瓜?

果珍冬瓜

此菜又名白玉黄金条,果味浓香,酸甜爽口,质地脆嫩。

烹调方法

腌渍。

原料

嫩冬瓜 500g,果珍粉 100g。

原料

白糖 50g,柠檬汁 5g,橘子香精 1g。

制作要点

(1)整理:冬瓜去皮去瓤,洗净,切成长 4cm、宽 0.9cm 的条,投入沸水中烫至断生捞出,控净水分。

(2)腌渍:将冬瓜条放进保鲜盒,倒入果珍粉、白糖、柠檬汁,滴入 2 滴橘子香精,搅拌均匀,盖上盖,放入冰箱中冷藏 4h,即可装入盘中食用。

制作关键

(1)要选择质地较嫩的冬瓜。

(2)冬瓜放入冰箱中要注意生熟分开放。

制作流程

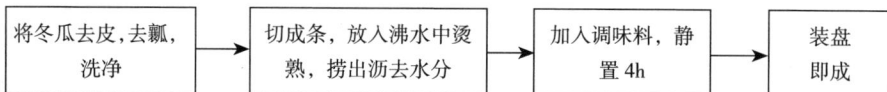

| 将冬瓜去皮,去瓤,洗净 | → | 切成条,放入沸水中烫熟,捞出沥去水分 | → | 加入调味料,静置 4h | → | 装盘即成 |

思考题

1.简述冬瓜的食疗保健功效。

2.冬瓜条放入水锅中焯水的作用有哪些?

软炸口蘑

此菜色泽淡黄，外松软，里鲜嫩，酸甜适口。

烹调方法

软炸。

原料

大口蘑 24 朵，鸡蛋 3 个。

调味料

番茄酱 25g，白糖 15g，精盐 3g，味精 1g，鲜汤 50g，干淀粉 25g，芝麻油 5g，精炼油适量。

制作要点

（1）整理：将口蘑洗净，放入鲜汤，加精盐、味精，烧透入味，捞出沥干水分，沾上少许干淀粉。鸡蛋清放入盘内，用发蛋器搅打成泡沫状，加入干淀粉搅成发蛋糊。

（2）炸制：炒锅置火上，倒上精炼油，烧至四成热，用筷子将口蘑逐一挂满发蛋糊，放入油锅内炸至刚熟即捞出，待油温升至六成热时，再倒入炸过的口蘑，复炸至淡黄色时，倒入漏勺中沥去油，装入盘中。将番茄酱用芝麻油、白糖、精盐炒后，与菜肴一起上席蘸食。

制作关键

（1）口蘑烧透入味后，要用干淀粉拌和，使发蛋糊挂均匀。

（2）蘑菇炸后要经过复炸，否则制品中含油过多。

制作流程

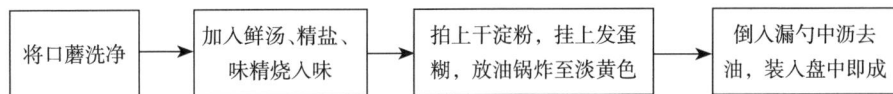

| 将口蘑洗净 | → | 加入鲜汤、精盐、味精烧入味 | → | 拍上干淀粉，挂上发蛋糊，放油锅炸至淡黄色 | → | 倒入漏勺中沥去油，装入盘中即成 |

思考题

1.我国什么地方产的口蘑质量最好？

2.发蛋糊中蛋清与干淀粉的比例一般为多少？

第八章

其他类原料菜肴制作

本章内容：其他类原料菜肴制作

教学时间：22课时

教学目的：先由教师演示，再由学生练习，通过讲、演、练、评，达到训练目的。让学生通过其他烹饪原料代表性菜肴品种的制作，掌握其他类烹饪原料的初加工方法、刀工技术、调味技能、各种烹调方法，能制作出基本的、简单的、有代表性的其他类菜肴品种，并符合制作要求，为下一阶段其他类中国名菜的制作打下坚实的基础。

教学要求：1.让学生了解其他类原料常用品种的性质。

2.使学生掌握其他类原料的基本加工方法。

3.让学生根据营养要求正确对其他类原料进行配菜。

4.让学生能够选择适合其他类原料的烹调方法。

5.让学生能够对其他类原料进行正确的调味。

课前准备：由实验员或任课教师准备炉灶、所需原料(有的需要初加工)、用具、餐具等。

炒素蟹粉

此菜形象逼真，色泽金黄鲜亮，口味鲜香细嫩。

烹调方法

炒。

原料

胡萝卜350g，土豆100g，水发香菇25g，水发腐竹25g，鸡蛋1个，香菜10g。

调味料

姜丝3g，葱丝3g，精盐4g，味精1g，黄酒5g，湿淀粉6g，干淀粉3g，胡椒粉1g，香醋3g，芝麻油5g，精炼油25g。

制作要点

（1）整理：将胡萝卜、土豆去皮洗净，入蒸笼内蒸烂取出，用刀拓成蓉泥状。水发香菇、腐竹切成细丝。

（2）混合：将胡萝卜、土豆泥放入碗中，磕入鸡蛋，加入干淀粉、精盐、味精，搅匀后再加入姜丝、葱丝、黄酒、香菇丝和腐竹丝搅匀。

（3）炒制：炒锅置旺火上，放入精炼油，烧至四成热时，放入搅均的各种原料，炒透后用湿淀粉勾芡，淋入香醋和芝麻油，起锅装入盘中，撒上胡椒粉，再用香菜点缀即成。

制作关键

（1）土豆去皮不宜过早，以防止土豆表面发生褐变，变成黑褐色。

（2）胡萝卜、土豆不宜拓得过细，影响菜肴形状。

（3）炒制后，菜肴不宜过稀。

制作流程

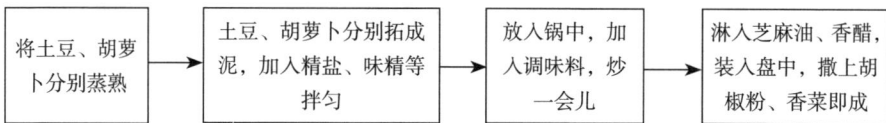

| 将土豆、胡萝卜分别蒸熟 | → | 土豆、胡萝卜分别拓成泥，加入精盐、味精等拌匀 | → | 放入锅中，加入调味料，炒一会儿 | → | 淋入芝麻油、香醋，装入盘中，撒上胡椒粉、香菜即成 |

思考题

1. 胡萝卜、土豆、香菇丝、腐竹各代表蟹的什么部位？

2. 临成熟时，撒入胡椒粉、淋入香醋起什么作用？

炒素虾仁

此菜形似虾仁，色泽洁白如玉，青豆青脆碧绿，鲜美可口。

烹调方法

滑炒。

原料

去皮熟山药 200g，鸡蛋 1 个，青豆 50g，葱末 10g。

调味料

精盐 3g，味精 1g，鲜汤 10g，湿淀粉 5g，干淀粉 10g，精炼油 750g（实耗 25g）。

制作要点

（1）制生坯：将熟山药切成边长 3cm、宽 1.5cm、厚 0.5cm 的菱形块，加精盐、蛋清、干淀粉拌和均匀后成"虾仁"生坯，放在盘子里待用。

（2）滑油：炒锅置火上，倒入精炼油，烧至四成热后，将素虾仁放入锅中迅速划开，当其色泽变白，浮起在油面上时，即可倒入漏勺中沥油。

（3）炒制：炒锅复置火上，锅内留少许精炼油，烧热后放葱末煸香，放入青豆煸一下，放少许鲜汤，加精盐、味精，烧沸后用湿淀粉勾芡，倒入素虾仁，颠翻几下，淋入精炼油，出锅装入盘中即成。

制作关键

（1）山药切成块状时，要注意大小一致，厚薄一致，像虾仁的形状。

（2）每个山药块都要裹上蛋清、干淀粉，这样滑油后才像"大玉"虾仁。

（3）滑油时要注意掌握火候，否则容易脱浆。

制作流程

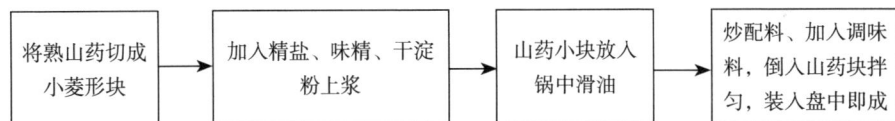

| 将熟山药切成小菱形块 | → | 加入精盐、味精、干淀粉上浆 | → | 山药小块放入锅中滑油 | → | 炒配料、加入调味料，倒入山药块拌匀，装入盘中即成 |

思考题

1. 市场上卖的速冻素虾仁，是用什么原料制成的？

2. 制作该菜要掌握哪些关键点？

糖醋素排骨

此菜形似排骨，外香内脆，酸甜可口。

烹调方法

熘。

原料

鲜藕 500g，干面粉 150g，鸡蛋 2 只。

调味料

姜末 3g，葱花 3g，白糖 25g，精盐 1g，鲜汤 10g，湿淀粉 7g，香醋 10g，芝麻油，精炼油 750g（实耗 25g）。

制作要点

（1）整理：将鲜藕去藕节和尾部，洗净刨去皮，切成长约 3cm、宽约 1cm、厚约 0.5cm 的长条，用清水洗去藕条表面淀粉，放在盘子里待用。

（2）调糊：取干面粉，加入鸡蛋 2 个，用清水搅拌成全蛋糊待用。

（3）炸制：炒锅置火上，放入精炼油，烧至七成热时，将切好的藕条裹上全蛋糊，依次下锅炸至金黄色，倒入漏勺中沥去油待用。

（4）熘制：锅复置火上，锅内留精炼油少许，将姜末、葱花煸一下，放入鲜汤，加酱油、白糖、香醋，用湿淀粉勾芡，倒入炸好的排骨生坯，颠翻几下，淋香醋、麻油，颠翻几下出锅装盘即成。

制作关键

（1）藕切条后要用清水洗一下，以洗去表面淀粉。

（2）鸡蛋面粉糊要调得厚一些，使藕条挂糊均匀。

制作流程

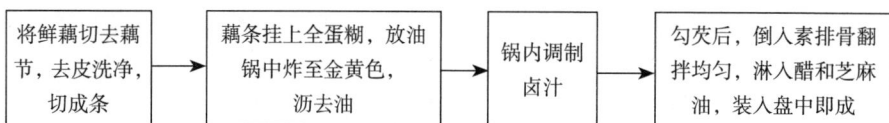

| 将鲜藕切去藕节，去皮洗净，切成条 | → | 藕条挂上全蛋糊，放油锅中炸至金黄色，沥去油 | → | 锅内调制卤汁 | → | 勾芡后，倒入素排骨翻拌均匀，淋入醋和芝麻油，装入盘中即成 |

思考题

1. 藕条暴露在空气中为什么会变成褐色？

2. 我国有哪些著名的藕品种？

熘素鹅皮

此菜形似鹅皮，色泽棕红，香脆酸甜。

烹调方法

熘。

原料

油面筋 150g，水发香菇片 5g，熟笋片 25g，红辣椒片 25g。

调味料

姜末 3g，葱花 3g，白糖 25g，酱油 5g，精盐 1g，黄酒 5g，鲜汤 10g，湿淀粉 7g，香醋 10g，芝麻油 5g，精炼油 750g（实耗 25g）。

制作要点

（1）整理：油面筋用刀一切两半，翻转外面向里待用。取碗 1 只，放入白糖、酱油、香醋、湿淀粉、鲜汤调成糖醋汁。

（2）炸制：炒锅置火上，放入精炼油至七成热时，投入油面筋，炸至金黄色，捞起装入盘中。

（3）熘制：炒锅复至火上，锅内留少许油，投入姜末、葱花、香菇片、笋片、辣椒片，煸炒后倒入糖醋汁烧沸，倒入盘中，淋入芝麻油即成。

制作关键

（1）油面筋要新鲜，不能有哈喇味。

（2）油炸面筋时，因面筋水分较少，要控制油温。

制作流程

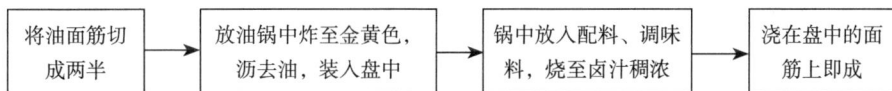

将油面筋切成两半 → 放油锅中炸至金黄色，沥去油，装入盘中 → 锅中放入配料、调味料，烧至卤汁稠浓 → 浇在盘中的面筋上即成

思考题

1. 若没有油面筋，可用生面筋代替吗？

2. 简述糖醋汁中的调味品之间的比例。

素斩肉

此菜色泽金黄，口味鲜咸微甜，质地软嫩，以汤匙食之。

烹调方法

焖。

原料

豆腐 750g，笋片 100g，水发香菇 30g，山药 150g，面筋泡 50g，大米粉 75g，青菜 400g，鸡蛋 2 个。

调味料

葱花 5g，姜末 5g，酱油 7g，白糖 5g，精盐 2g，味精 1g，黄酒 5g，鲜汤 10g，干淀粉 15g，芝麻油 5g，精炼油 750g（实耗 25g）。

制作要点

（1）整理：山药蒸熟去皮，与香菇、面筋泡分别切成丁。青菜心放入沸水中烫一下，捞出放入凉水中浸凉。

（2）制生坯：豆腐用手捏碎，放入山药丁、香菇丁，加入葱花、姜末、黄酒、白糖、鸡蛋、干淀粉、米粉、味精、精盐搅匀，做成每只重约 50g 的素斩肉生坯。

（3）炸制：炒锅置旺火上，放入精炼油，烧至六成热时，将素斩肉放入炸至金黄色时，倒入漏勺中沥去油。

（4）焖制：炒锅复上火，放入鲜汤、精盐、笋片、素斩肉，再放入酱油、白糖，盖上锅盖，置中火上烧沸，转用小火焖约 15min，再加入味精、芝麻油，起锅装入碗中即成。

制作关键

（1）要选用较老豆腐，用纱布挤去水分。

（2）调制时要顺着一个方向搅拌。

（3）油炸时油温要高，炸至起硬壳，色呈金黄，防止焖烧时素斩肉散碎。

制作流程

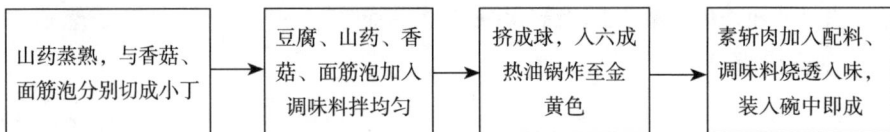

| 山药蒸熟，与香菇、面筋泡分别切成小丁 | → | 豆腐、山药、香菇、面筋泡加入调味料拌均匀 | → | 挤成球，入六成热油锅炸至金黄色 | → | 素斩肉加入配料、调味料烧透入味，装入碗中即成 |

思考题

1.简述常用的豆腐的种类。

2.简述调制豆腐缔的关键。

素火腿

此菜形色似火腿，色泽酱红，鲜咸爽口，柔中带韧。

烹调方法

蒸。

原料

豆腐皮 10 张。

调味料

酱油 3g、白糖 5g、味精 1g，芝麻油 5g，红曲米水 15g，精炼油 50g。

制作要点

（1）整理：将锅置火上，倒入酱油、白糖、芝麻油、红曲米水、味精烧沸，放入豆腐皮浸透入味。冷却后取出豆腐皮，用洁布包起，再用绳子扎紧，成长 16cm、直径 5cm 的圆条。

（2）蒸制：将豆腐皮圆条放入盘内，上笼蒸约 1h 取出，解去麻绳，至冷却后，切成小片装盘即成。

制作关键

（1）豆腐皮要浸软，否则易碎裂。

（2）卷时要挤干水分，逐张摊平，叠齐包紧。

（3）豆腐皮长条待冷却后，再解去麻绳，利于素火腿成型。

（4）切片时，刀法用锯切，防止片形散碎。

制作流程

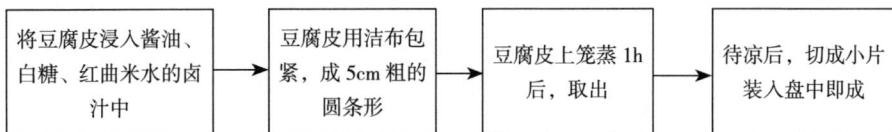

| 将豆腐皮浸入酱油、白糖、红曲米水的卤汁中 | → | 豆腐皮用洁布包紧，成5cm粗的圆条形 | → | 豆腐皮上笼蒸1h后，取出 | → | 待凉后，切成小片装入盘中即成 |

思考题

1.豆腐皮是豆制品中的一种，它是怎样制成的？

2.为什么豆腐皮卷冷后利于切削成型？

口蘑锅巴汤

锅巴在南北朝时就见诸文字，当时被称之为锅底饭。做菜的锅巴宜用糯米或粳米饭制作的厚度均匀的薄片锅巴，油炸食之，味香酥脆，美味适口。此菜色泽金黄，锅巴香松，色、香、味、声俱美。

烹调方法

炸、烩。

原料

锅巴 100g，干口蘑 50g。

调味料

精盐 2g，味精 1g，鲜汤 120g，湿淀粉 12g，精炼油 750g（实耗 25g）。

制作要点

（1）蒸制：干口蘑洗净放入大碗内，加入开水泡透捞出，洗涤，剪去菇蒂，批成大片，盛入大碗内，加入清水，上笼蒸约 10min，取出待用。

（2）拌和：锅置火上，倒入鲜汤，加入精盐、味精，烧沸后，将蒸好的口蘑和汤一起倒入锅内，烧开后勾薄芡，倒入汤碗中。

（3）烩制：锅复置火上，倒入精炼油 750g，待油烧至八成热后，将锅巴掰成小块，入锅炸至金黄色时，倒入漏勺中沥去油，装入盘内，与口蘑同时上桌，至桌上后，立即将卤汁倒入锅巴中即成。

制作关键

（1）选料时，锅巴一定要选用片薄、色匀、厚度均匀的粳米锅巴。

（2）在油炸锅巴时一定要掌握好油温。

（3）锅巴炸好后应立即上桌浇上卤汁，以防止听不到锅巴的响声。

制作流程

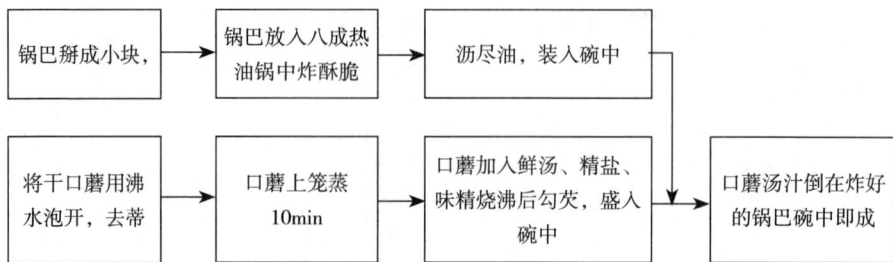

1.经油炸的锅巴质地不松脆是何原因？
2.若锅巴厚薄不均匀，炸制后会出现什么现象？

雪花豆腐

此菜是将豆腐切成指甲片状，与虾仁、蘑菇片等一起烩制而成，豆腐片形似雪花，故而得名。雪花豆腐质地细嫩，味道鲜美，形状美观。

烹调方法

烩。

原料

内酯豆腐 1 袋，虾仁 150g，蘑菇 10g，香菜叶 10g，熟火腿末 5g。

调味料

精盐 2g，味精 1g，鲜汤 100g，湿淀粉 15g，芝麻油 5g，精炼油 10g。

制作要点

（1）整理：将豆腐切成指甲片状，入冷水锅中，烧沸后捞出沥去水分待用；蘑菇切成小片；虾仁洗净，用精盐、湿淀粉拌和均匀待用。

（2）烩制：炒锅置火上，倒入鲜汤，烧沸后放入豆腐、蘑菇、精盐、味精、精炼油，待沸后用湿淀粉勾芡，并不断地用手勺推动，防止焦底，中途分两次将精炼油加入，勾芡后约烧 5min，淋入芝麻油，起锅装入碗中，撒上熟火腿末、香菜叶即成。

制作关键

（1）豆腐宜选用质地较嫩的豆腐。

（2）菜肴勾芡后，要不断用手勺推动，以防焦底。

制作流程

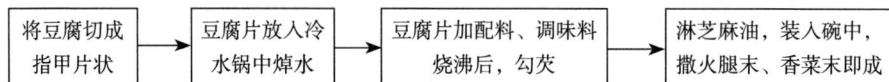

思考题

1. 怎样使雪花豆腐符合"鲜、烫、嫩"要求?

2. 请解释雪花豆腐菜肴表面较平静,没有一点儿蒸汽,但食用时却特别烫这一现象的原因。

酿冬瓜

此菜色泽鲜艳,形状美观,口味鲜美,瓜嫩质鲜。

烹调方法

蒸。

原料

嫩冬瓜1000g,水发香菇丁25g,熟鸡脯肉丁50g,熟笋丁25g,火腿丁25g,虾仁75g,香菜25g,红椒片15g。

调味料

葱姜汁5g,精盐4g,味精1g,黄酒5g,湿淀粉8g,鲜汤100g,精炼油15g。

制作要点

(1)制馅:将水发香菇丁、熟鸡脯肉丁、熟笋丁、火腿丁、虾仁放入锅中,加入鲜汤、葱姜汁、精盐、味精,浇沸后,用湿淀粉勾芡成馅心,装入碗中待用。

(2)制生坯:将冬瓜去皮,切成4cm长的长方块,用刀切下一片做盖,剩下的里面挖空,填入馅心,盖上盖,用香菜、红椒片点缀,成冬瓜盒。

(3)蒸制:将冬瓜盒放入笼中蒸7min,取出放入盘中。

(4)浇汁:炒锅置火上,放鲜汤、精盐、味精烧沸,用湿淀粉勾芡,淋入精炼油,浇在冬瓜盒上即成。

制作关键

(1)冬瓜要切得一样大小。

(2)馅心中的丁不宜切得过大,以3mm见方为宜。

制作流程

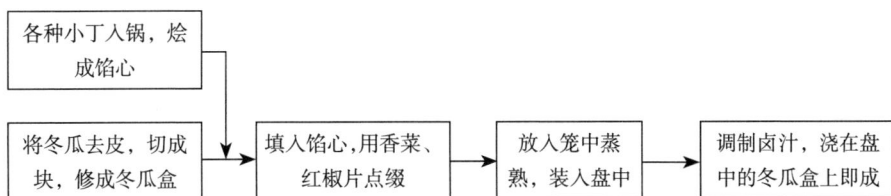

各种小丁入锅,烩成馅心

将冬瓜去皮,切成块,修成冬瓜盒 → 填入馅心,用香菜、红椒片点缀 → 放入笼中蒸熟,装入盘中 → 调制卤汁,浇在盘中的冬瓜盒上即成

思考题

1.此菜对冬瓜有何要求？

2.用香菜、红椒片可摆出哪些美丽的造型？请图示。

酿丝瓜

此菜色泽翠绿，馅鲜味美，瓜嫩质鲜。

烹调方法

蒸。

原料

嫩丝瓜400g，虾仁125g，生肥膘肉50g，鸡蛋1个，火腿末25g。

调味料

葱姜汁3g，精盐4g，味精1g，黄酒5g，湿淀粉8g，鲜汤60g，精炼油15g。

制作要点

（1）制馅：将虾仁洗净与生肥膘肉分别斩成蓉，同放碗中，加入鸡蛋清、黄酒、葱姜汁、精盐、味精、湿淀粉，搅拌成馅待用。

（2）制生坯：将丝瓜刮去皮，切成4cm长的段，用小刀挖去瓜瓤，塞入虾馅，两头沾上火腿末。

（3）蒸制：炒锅置火上，倒入精炼油，烧至四成热时，放入丝瓜，移微火上养3min，倒入漏勺中沥去油，装盘。

（4）浇汁：炒锅复置火上，放入鲜汤，加精盐、味精烧沸，用湿淀粉勾芡，淋入精炼油，起锅浇在丝瓜上即成。

制作关键

（1）丝瓜应刮去表皮，使丝瓜皮下的绿色保留。

（2）丝瓜在油锅中油温不宜过高。

制作流程

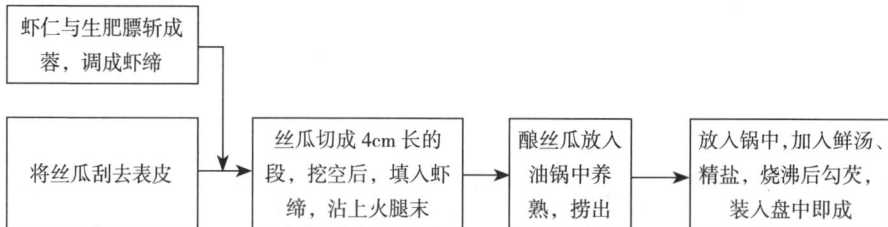

思考题

1. 此菜对丝瓜有何要求？
2. 怎样保持丝瓜的绿色？

酿青椒

此菜外形完整，青椒碧绿，质嫩味鲜。

烹调方法

烧。

原料

嫩青椒 200g，瘦猪肉 150g，虾仁 50g，鸡蛋 2 个。

调味料

葱花 3g，姜末 3g，酱油 8g，白糖 5g，精盐 2g，味精 1g，黄酒 5g，湿淀粉 8g，鲜汤 80g，芝麻油 5g，精炼油 750g（实耗 25g）。

制作要点

（1）整理：选同样大小的嫩青椒，用刀切去蒂，挖去籽及里面的瓤，洗净，沥去水分。

（2）填酿：将虾仁、猪肉分别斩蓉，放碗内，加精盐、味精、鸡蛋清 1 个、姜末、葱花、湿淀粉、黄酒，搅拌成肉馅。另用 1 个蛋清和湿淀粉调制成糊，将每个青椒里面涂点儿糊，再将肉馅填入并按实，肉馅占体积的 90%，使之外形饱满。

（3）焐油：炒锅置火上，倒入精炼油，待油温至四成热时，将填酿好的青椒放入，待酿青椒在油中上浮，倒入漏勺中沥去油。

（4）烧制：炒锅复上火，锅内留少许油，投入姜末和葱花煸香，倒入青椒，加酱油、白糖和少许鲜汤烧沸，用湿淀粉勾芡，淋入芝麻油出锅，整齐地排入盘中即成。

制作关键

（1）选用大小适度的灯笼青椒，并且形状要端正。

（2）酿青椒焐油至变色即好，时间不宜太长。

（3）调制的卤汁颜色不宜过深。

（4）对于不喜欢吃辣的人，可用菜椒制作。

制作流程

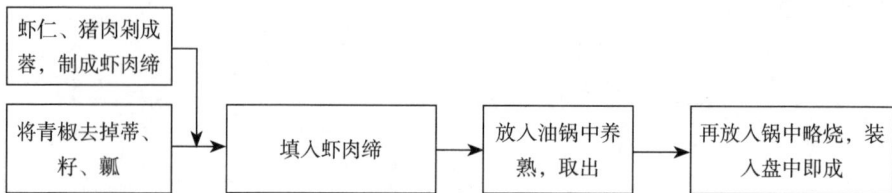

思考题

1. 为什么辣椒比较辣的部位是籽和筋?
2. 怎样使酿青椒成品颜色不变黄?

汤爆双脆

此菜鸭肫、肚尖质地脆嫩,刀纹清晰,味道鲜美。

烹调方法

汤爆。

原料

猪肚头 2 只,鸭肫 3 只,香菜 5g。

调味料

葱段 5g,姜片 5g,精盐 3g,味精 1g,黄酒 5g,鲜汤 20g,胡椒粉 1g,嫩肉粉 2g,芝麻油 5g。

制作要点

（1）整理:用刀批去猪肚头上的肚皮和油污,成肚仁,切成 2 条,分别剞上兰花刀,再切成块。鸭肫剖开洗净,批去肫皮,每只切成 4 片,每片剞上兰花刀。肫花、肚花同放碗内,放入嫩肉粉浸渍 2h 左右待用。

（2）汤爆:锅置火上,放入适量清水,加黄酒、葱段、姜片,烧沸放入肚花、肫花略烫,用漏勺捞出沥去水,拣去葱姜,用沸水浇上,冲去浮沫,放入汤碗内。将鲜汤烧沸,加精盐、味精倒入汤碗,撒上胡椒粉,淋芝麻油,摆上香菜叶即成。

制作关键

（1）猪肚、鸭肫剞花刀的深度要符合要求。
（2）肚花、肫花烫制时间不可太长,烫熟即可,否则易老。

制作流程

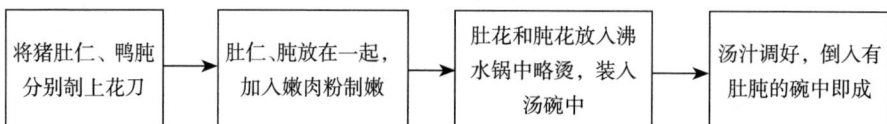

1.猪肚仁怎样加工?

2.猪肚仁、鸭肫除了用嫩肉粉制嫩外,还可以用什么原料制嫩?并叙述其制嫩原理。

肉末烧茄子

此菜色泽光亮,质地软烂而形状完整,咸甜适口。

烹调方法

烧。

原料

紫色嫩茄子500g,去皮猪五花肉100g。

调味料

葱花7g,姜末5g,酱油12g,白糖7g,精盐2g,味精1g,黄酒5g,豆瓣酱18g,精炼油40g。

制作要点

(1)整理:将猪肉洗净,切成末。茄子去蒂,用刀切成滚刀块。豆瓣酱斩成粗蓉。

(2)炒制:锅置火上,倒入精炼油,烧热后将肉末、豆瓣酱倒入锅内,炒至肉末变白时盛起。

(3)烧制:锅复置火上,锅内留少许油,将茄子倒入锅内翻炒,茄子变软时放入肉末、酱油、葱花、姜末、黄酒、白糖和少量水,盖上盖烧熟,放入味精、精盐,拌和均匀,装入盘中即成。

制作关键

(1)猪肉要剔除老筋。

(2)茄子不要烧得过度,应质地软烂而不失其形。

制作流程

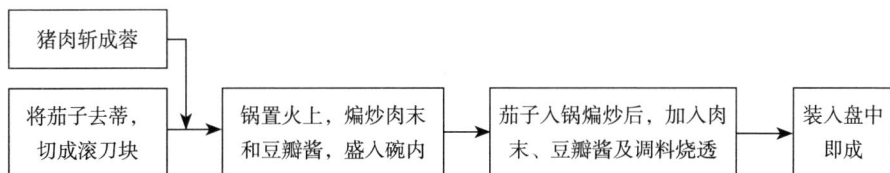

猪肉斩成蓉

将茄子去蒂,切成滚刀块 → 锅置火上,煸炒肉末和豆瓣酱,盛入碗内 → 茄子入锅煸炒后,加入肉末、豆瓣酱及调料烧透 → 装入盘中即成

1.茄子依颜色分,有几个品种?

2.茄子还可以切成其他哪些形状？

酥炸番茄

此菜色泽金黄，外香酥，里鲜嫩。

烹调方法

炸。

原料

番茄 250g，虾仁 100g，猪瘦肉 150g，面粉 75g，泡打粉 7g，鸡蛋 1 个。

调味料

酱油 5g，白糖 5g，精盐 4g，味精 1g，葱姜汁 3g，黄酒 5g，干淀粉 12g，泡打粉 1g，花椒盐 3g，湿淀粉 5g，芝麻油 5g，精炼油 750g（实耗 25g）。

制作要点

（1）整理：将番茄洗净，用沸水烫一下，撕去皮，从正中切成两半，去籽及瓤，切成 8 瓣，撒上干淀粉待用。虾仁、猪肉分别斩成蓉，同放碗内加葱姜汁、黄酒、鸡蛋、酱油、白糖、精盐、味精、湿淀粉、味精搅拌上劲，再加芝麻油拌成馅，分别放在番茄片上，用手抹成椭圆形的生坯。面粉放碗内，加入泡打粉、清水调成厚糊状。

（2）炸制：锅置火上，倒入精炼油，烧至七成热时，将番茄生坯逐个挂糊，放入油锅中炸至定型捞出，待油温升至八成热时，再放入番茄片炸至金黄色，倒入漏勺中沥去油，装入盘中，撒上花椒盐即成。

制作关键

（1）初炸时要控制油温。

（2）复炸油温要高，外壳才能酥脆。

制作流程

番茄去皮、籽及瓤，切成 8 瓣 → 虾仁、猪肉斩成蓉，加调料拌成馅 → 将馅填入番茄 → 挂糊，入锅油炸 → 复炸、沥油，撒花椒盐即可

思考题

1.泡打粉的主要成分是什么？

2.烫番茄的水温是否应随着季节而变化？

锅巴鱼片

此菜色泽金黄，外香酥，里鲜嫩。

烹调方法

脆熘。

原料

鲈鱼肉 150g，锅巴 100g，面粉 75g，鸡蛋 1 个。

调味料

白糖 15g，精盐 3g，葱姜汁 3g，黄酒 5g，吉士粉 2g，湿淀粉 15g，泡打粉 1g，鲜汤 10g，番茄沙司 25g，泰国鸡酱 50g，芝麻油 5g，精炼油 750g（实耗 25g）。

制作要点

（1）整理：将鲈鱼肉批成小片，放碗中，加入精盐、葱姜汁、黄酒浸渍入味。面粉放碗内，加入泡打粉、清水、吉士粉、鸡蛋清调成脆皮糊。

（2）炸制：锅置火上，倒入精炼油，烧至七成热时，将鲈鱼片逐片挂上脆皮糊，放入油锅中炸至金黄色时捞出，放深盘中。待油温升至九成热时，放入锅巴炸至金黄色，倒入漏勺中沥去油，装入盘中鱼片的另一边。

（3）熘制：锅复上火，锅内留少许油，倒入番茄沙司稍煸，放入泰国鸡酱、鲜汤、白糖，烧沸后，用湿淀粉勾芡，淋入芝麻油，浇在鱼片、锅巴上即成。

制作关键

（1）脆皮糊调好后，要静置 10min，再挂在鱼片上，入锅油炸。

（2）油炸锅巴的油温要高。

（3）调制的卤汁为酸甜味，若酸味不足，应淋入少许白醋。

制作流程

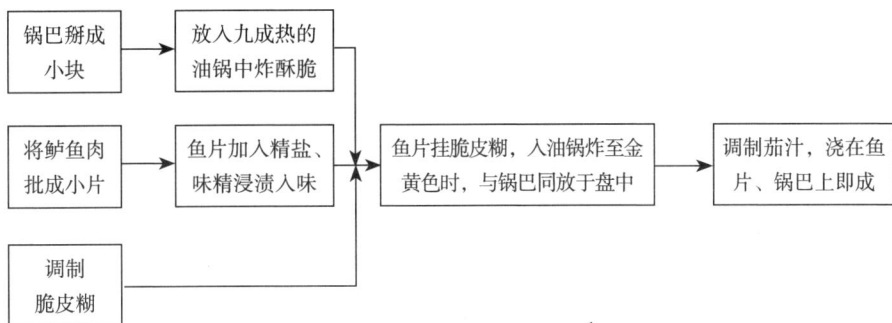

思考题

1.为什么油炸锅巴时的油温要高？

2.番茄沙司为什么要进行煸炒？

鸭肉菜饭

鸭肉菜饭为冬季佳肴，"大锅饭香，小锅菜美"。成品饭呈淡黄色，与火腿、青菜、冬笋色彩相映，味道鲜美。

烹调方法

煮。

原料

光鸭半只（约400g），熟母鸡半只，熟猪肋条肉100g，熟火腿15g，雪里蕻菜叶15g，鲜冬笋丁15g，青菜心5棵，大米300g。

调味料

葱段5g，姜片5g，精盐5g，味精2g，黄酒10g，鲜汤300g，胡椒粉1g，虾子3g，精炼油50g。

制作要点

（1）整理：将光鸭放入锅内，加清水、葱段、姜片、黄酒烧沸，移小火焖烂，捞出。熟鸭子、熟母鸡分别拆去骨头，与熟火腿、熟猪肋条肉分别切成1cm见方的丁。青菜心洗净，切成1cm边长的丁。粳米淘洗干净。

（2）煮制：炒锅上火烧热，倒入精炼油，投入青菜心段煸炒几下，放入鲜汤、鸭肉丁、笋丁、鸡丁、肉丁、火腿丁、黄酒、精盐、味精、虾子，烧沸后再将大米倒入锅内，用铲子不停地搅拌，待锅内汤水烧干后，再铺上雪里蕻，盖好锅盖，焖约20min，揭开锅盖，将饭上面的雪里蕻菜拣掉，用铲子在饭上面划开，倒入少许精炼油拌匀，装入碗中即成。

制作关键

煮饭时掌握火候，防止煮焦。

制作流程

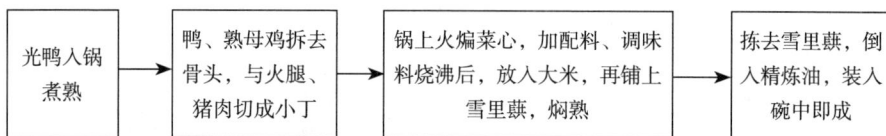

| 光鸭入锅煮熟 | → | 鸭、熟母鸡拆去骨头，与火腿、猪肉切成小丁 | → | 锅上火煸菜心，加配料、调味料烧沸后，放入大米，再铺上雪里蕻，焖熟 | → | 拣去雪里蕻，倒入精炼油，装入碗中即成 |

思考题

鸭肉有哪些营养功效？

扬州蛋炒饭

扬州蛋炒饭是指什锦蛋炒饭。蛋炒饭品种多样，风味各异，如清炒蛋饭（又称碎金饭、桂花蛋炒饭）、月牙蛋炒饭、荷包蛋炒饭、金裹银蛋炒饭、虾仁蛋炒饭、火腿丁蛋炒饭、三鲜蛋炒饭、海鲜蛋炒饭、银鱼蛋炒饭等，用什么配料与蛋、饭同炒就是什么蛋炒饭。此米饭粒粒松散，软硬有度，配料多种多样，鲜韧爽滑，香润可口。

烹调方法

炒。

原料

籼米饭 400g，鸡蛋 4 个，水发海参 20g，熟草鸡腿肉 30g，熟精火腿 10g，熟鸡肫 1 只，虾仁 50g，水发香菇 20g，熟净鲜笋 30g，青豆 10g，水发干贝 10g，湖虾子 1g。

调味料

葱花 10g，精盐 5g，味精 1g，黄酒 5g，鲜汤 60g，干淀粉 5g，精炼油 40g。

制作要点

（1）整理：将水发海参、鸡腿肉、火腿、鸡肫、水发香菇、笋均切成 4mm 见方的小方丁；虾仁加入盐、干淀粉上浆；鸡蛋打入碗内，加入精盐、葱花搅均匀。

（2）炒配料：炒锅置火上，放入精炼油，烧至四成热时，放入虾仁迅速划开，至全部变色时，倒入海参丁、鸡腿肉丁、火腿丁、肫丁、香菇丁、笋丁、青豆、干贝略炒，加入黄酒、精盐、鲜汤烧沸，略烧后倒入碗内。

（3）炒制：炒锅复置火上，放入精炼油，鸡蛋磕入碗中打均匀，鸡蛋倒入锅中快速推炒，炒至呈桂花状，加入熟米饭同炒。炒匀之后，再倒入一半什锦丁与全部卤汁，再次炒匀之后，即将蛋炒饭的 2/3 装入碗中，将剩余的一半什锦丁和虾仁倒入锅内，与 1/3 的饭拌匀，再盖在蛋炒饭上即成。

制作关键

（1）蛋炒饭不可用糯米、泰国香米等米烹制。

（2）米饭以米熟透、无硬心、不软烂、粒粒分清为宜，以捞饭方法蒸熟的饭质量最佳。

制作流程

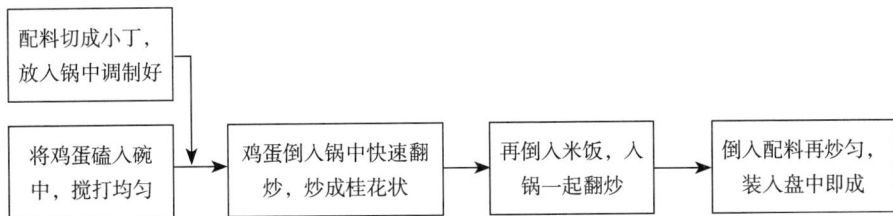

思考题

1.举出 10 个蛋炒饭品种。

2.将鸡蛋液炒成细小颗粒，有哪些关键？

卤汁面筋

面筋是由面粉加入清水调成团后，放入水中洗去淀粉剩余下来的物质，未加热成熟的称为生面筋，反之称为熟面筋。它主要成分是面筋蛋白质，营养丰富。生面筋经过油炸后，成油面筋，具有内空、外圆的特点。此菜面筋柔软，饱含卤汁，甜咸适口。

烹调方法

烧。

原料

生面筋250g，水发香菇片10g，熟冬笋片15g。

调味料

酱油5g，白糖4g，精盐2g，味精1g，湿淀粉8g，鲜汤120g，芝麻油3g，米汤适量，精炼油750g（实耗25g）。

制作要点

（1）炸制：炒锅置旺火上，倒入精炼油，烧至七成熟时，将生面筋撕成小块，逐块放入油锅，用漏勺翻动至半发油面筋状，倒入漏勺沥去油。

（2）烧制：炒锅复置火上，将面筋放入，再放入香菇片、冬笋片、酱油、白糖、精盐、味精、鲜汤烧沸，用手勺翻动，盖上锅盖，移至微火上焖约6min，再转旺火收稠汤汁，用湿淀粉勾米汤芡，淋入芝麻油，装盘即成。

制作关键

（1）此菜可用素配料制作成全素卤汁面筋，也可用鸡汤，口味更佳。

（2）面筋要加盖焖烧，使卤汁渗入到面筋内部。

（3）面筋下油锅炸时，不可炸焦，要掌握好火候。

制作流程

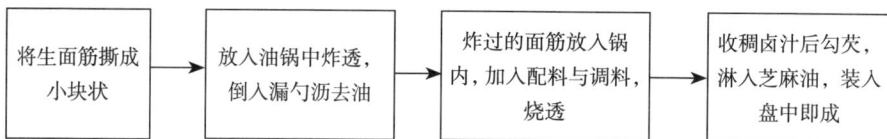

| 将生面筋撕成小块状 | → | 放入油锅中炸透，倒入漏勺沥去油 | → | 炸过的面筋放入锅内，加入配料与调料，烧透 | → | 收稠卤汁后勾芡，淋入芝麻油，装入盘中即成 |

思考题

1.面筋蛋白主要由哪两种蛋白质组成？

2.生面筋经油炸后，为何形成体积膨胀、外圆中空的状态？

下篇 面点基本功训练

第九章

水调面团品种制作

本章内容：水调面团品种制作

教学时间：14课时

教学目的：先由教师演示，再由学生练习，通过讲、演、练、评，达到训练目的。让学生通过水调面团代表性面点品种的制作，掌握水调面团面点制作过程中的和面、揉面、摘剂、制皮、上馅、包捏及常用烹调方法的熟练运用，能制作出基本的、简单的、有代表性的面点品种，并符合制作要求，为下一阶段水调面团中国名点的制作打下坚实的基础。

教学要求：1.让学生了解水调面团的特点。

2.让学生掌握调制水调面团的技巧。

3.让学生掌握水调面团一般品种基本制作方法。

4.让学生掌握水调面团常见品种的烹调方法。

课前准备：准备炉灶、原料（有的需要初加工、预熟处理）、餐具、用具等。

月牙蒸饺

月芽蒸饺形似月牙弯，不倒边不翘角，造型美观，皮薄馅多，口味咸鲜。清代蒲松龄曾写过"馎饦压好麻线细，扁食捏似月牙弯"，今日之月牙蒸饺即是由清代的扁食发展而成的。

烹调方法

蒸。

原料

面粉 250g，鲜肉泥 400g。

调味料

酱油 15g，白糖 8g，精盐 3g，味精 1g，葱花 5g，姜末 5g，鲜汤 50g，虾子 3g。

制作要点

（1）制馅：将鲜肉泥放入碗中，加入酱油、白糖、精盐、味精、葱花、姜末、虾子、鲜汤搅拌入味，然后分两次加入清水 50g，顺一个方向搅拌上劲，成鲜肉馅心，放入冰箱中冷冻 2h 待用。

（2）制生坯：面粉倒在案板上，中间扒一小塘，倒入温水 120g，调成温水面团，放一边醒置 10min，搓成条，摘成 20 只小剂，撒上面粉，逐只按扁，用两只饺杆擀成直径 9cm，中间厚四周稍薄的圆皮。左手托皮，右手持竹刮子刮入 30g 馅心，成一长枣核形，将皮子四六分，然后将左手大拇指弯起，用指关节顶住皮子的 40% 的部位，以左手的食指顺长靠在皮子的 60% 部位，用左手的中指放在拇指与食指的中间略向下的位置，托住饺子生坯。再用右手的食指和拇指将上面皮边捏出约 14 个瓦楞式褶裥，即成月牙蒸饺的生坯。

（3）蒸制：生坯放入笼中，置旺火沸水锅上蒸 8min，视蒸饺鼓起不黏手即为成熟，装入盘中即成。

制作关键

（1）鲜肉馅心里必须加入一定量的鲜汤，经冷冻后再包入饺子中。

（2）所有饺皮要擀得一样大小，且每一张皮子必需是中间厚，边缘薄。

（3）饺子捏好后，将饺边捏一下，使饺子的两角平放。

制作流程

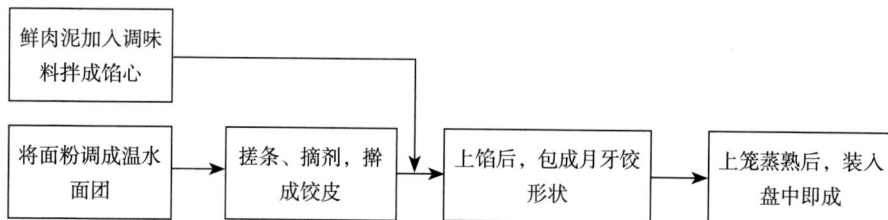

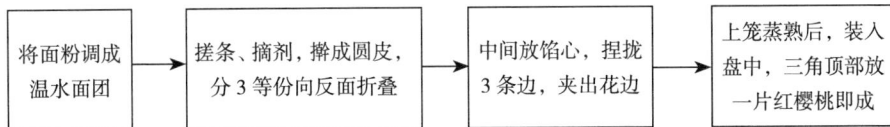

思考题

1.怎样使肉馅中含有较多的卤汁?

2.怎样判断月牙蒸饺是否成熟?

冠顶饺

此面点造型美观，花纹清晰，口味鲜美，是一种常见的面点。

烹调方法

蒸。

原料

面粉 250g，生肉馅 120g，红樱桃片 20 片，鸡蛋液 20g。

制作要点

（1）制皮：面粉倒案板上，倒入温水揉成团。将面团搓成长条，摘成 20 只小剂，揿扁擀成直径 9cm 的圆皮。

（2）制生坯：将圆皮的圆边分 3 等份向反面折叠，中间放上馅心，3 边涂上蛋液，将每边各自对叠起来拢向中心，中间要捏紧，留一孔隙。3 条边对捏紧后，用铜夹子夹出花边，将反面的 3 等份圆皮翻出窝起，再夹出花边，即成冠顶饺生坯。

（3）蒸制：将冠顶饺生坯上笼蒸熟，取出后在三角顶端的空隙处，按上一个圆形红樱桃片即成。

制作关键

（1）面团要揉光滑，且需要和得稍硬些，便于包捏。

（2）圆皮 3 等份要分准，否则 3 个角有大有小。

（3）3 条边的顶部要用剪刀剪平，红樱桃片才能放得较平。

制作流程

将面粉调成温水面团	→	搓条、摘剂，擀成圆皮，分 3 等份向反面折叠	→	中间放馅心，捏拢 3 条边，夹出花边	→	上笼蒸熟后，装入盘中，三角顶部放一片红樱桃即成

思考题

1.怎样将 3 条边分得较准?

2.冠顶饺成熟怎样判断?

鸳鸯饺

此面点形似鸳鸯，制作精细，色泽鲜艳，馅料丰富。

烹调方法

蒸。

原料

面粉 250g，肉馅 300g，熟火腿末 25g，蛋皮末 25g，鸡蛋液 20g。

制作要点

（1）制生坯：面粉用温水和成面团，反复搓揉成长条，摘成 20 只小剂，按扁后擀成直径 9cm 的圆皮。在皮子的四周涂上蛋液，中间放入馅心，将皮子两边的中间部分对粘起，再将坯在手上转 90°，先后将两端的两边对捏紧，成为鸟头、鸟嘴，两边的中间各现出一个圆筒。用铜夹子把鸟嘴、鸟头夹出花纹。再在鸟头的两边的空洞中分别放入火腿末和黄蛋皮末，即成鸳鸯饺生坯。

（2）蒸制：将捏成的鸳鸯饺生坯放入笼内，置旺火沸水锅上蒸约 6min，取出装入盘中即成。

制作关键

（1）调制的面团，掺水量应稍少些。

（2）鸟头、鸟嘴要匀称。

制作流程

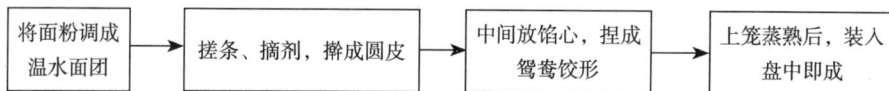

思考题

1.画出一般鸳鸯的图形。

2.为什么此面点加入馅心不宜过多？

白菜饺

此面点形似白菜，小巧玲珑，馅心味美。

烹调方法

蒸。

原料

面粉 250g，菜肉馅 200g，鸡蛋液 20g。

制作要点

（1）制皮：面粉放在操作台上，倒入温水调成团，摘剂，擀成直径 9cm 的圆皮。

（2）制生坯：圆坯皮中放入菜肉馅心，四周涂上蛋液，将圆皮按5等份向中间捏拢成5个角，角上面呈5条双边，将5条边捏紧，然后再将每条边自上而下地推出水波浪花边，将每条边的下端提上来，粘在邻近一瓣菜叶的边上，即成白菜饺生坯。

（3）蒸制：将捏成的生坯装入笼内，置旺火沸水锅上蒸约8min，取出装入盘中即成。

制作关键

（1）圆皮5等份要分均匀。

（2）馅心须和得稍硬，便于饺子成型。

制作流程

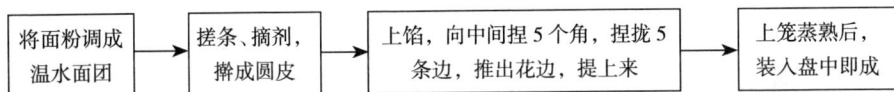

| 将面粉调成温水面团 | → | 搓条、摘剂，擀成圆皮 | → | 上馅，向中间捏5个角，捏拢5条边，推出花边，提上来 | → | 上笼蒸熟后，装入盘中即成 |

思考题

1. 叙述手推花纹的方法与关键。

2. 除菜肉馅外，还可包入哪些馅心？

知了饺

此面点色泽美观，造型逼真，味道鲜美。

烹调方法

蒸。

原料

面粉250g，鲜肉馅300g，虾仁30g，香菇丁10g，鸡蛋液20g。

制作要点

（1）制皮：面粉放在操作台上，倒入温水调成团，搓条、摘剂、擀成直径9cm的圆皮。

（2）制生坯：将圆皮两边斜角折叠成人字形，然后把皮子翻过去，反面涂上蛋液，放上馅心，将两条边各自对叠起来，顶端相连成一个小孔。用骨针将圆孔的中间向里推进，粘起成两个小孔即为眼睛，两小孔中分别放上1粒虾仁，在虾仁的中间戳一个小洞，按上1粒小香菇丁做眼珠。用右手将对叠的两边推出花边来，夹紧。然后再将折叠过去的两圆边从下面翻出来，用手推出花边，即为知了的两翅，将两翅微向后弯，将生坯站立放起，即为知了饺生坯。

（3）蒸制：将生坯放入笼中，置旺火上蒸8min，取出装入盘中即成。

制作关键

（1）推的花纹要清晰。

（2）制作时须注意双翅要对称，两眼也要对称。

制作流程

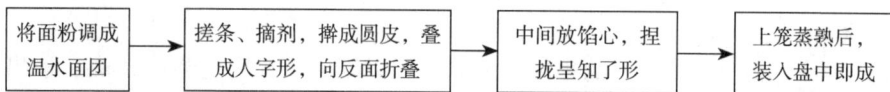

| 将面粉调成温水面团 | → | 搓条、摘剂，擀成圆皮，叠成人字形，向反面折叠 | → | 中间放馅心，捏拢呈知了形 | → | 上笼蒸熟后，装入盘中即成 |

思考题 🍞

1. 制作知了饺有哪些关键点？

2. 怎样判断知了饺已经成熟？

金鱼饺

此面点形似金鱼，造型美观，馅心鲜美。

烹调方法

蒸。

原料

面粉 250g，虾肉馅 300g，鸡蛋液 20g，红樱桃 10 粒。

制作要点

（1）制皮：面粉放在操作台上，倒入温水调成团，搓条、摘剂、擀成直径 9cm 的圆皮。

（2）制生坯：在圆皮中间放上馅心，将坯皮按 4 等份向上提起，涂上蛋液，向中间挤捏，两边的各 1/4 粘起，前端的 1/4 边皮用尖头筷夹出 3 个小孔与中间两边相粘，做成鱼嘴和鱼眼睛。然后再用尖头筷夹住中间的 1/4 下端，将馅心往身部推，把后端的 1/4 皮子按成扇面形，用剪刀剪成 4 片，修成鱼尾形状。最后，在鱼的两只眼睛孔中放上刻圆的红樱桃；在鱼的脊背处用铜夹子夹出背鳍，再用小铜夹在鱼眼后面和靠近尾巴处的两边夹出腹鳍；在尾巴上用小木梳印出鱼尾印痕，即成金鱼饺生坯。

（3）蒸制：将金鱼饺生坯装入笼中，置旺火沸水锅上蒸熟，取出装入盘中即成。

制作关键

（1）面团加水量稍少些，使面团质硬，便于捏制成型。

（2）金鱼形态要自然。

制作流程

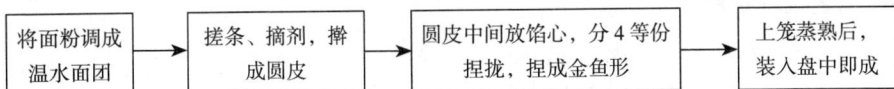

1.画出金鱼的大致形状。

2.制作金鱼饺的关键有哪些?

兰花饺

此面点形似兰花,形态自然,馅心味美。

烹调方法

蒸。

原料

面粉 250g,青菜末 12g,猪肉馅 120g,蛋白末 12g,蛋黄末 12g,香菇末 12g。

制作要点

(1)制皮:面粉放在操作台上,倒入温水,调成团,搓条、摘剂,擀成直径 9cm 的圆皮。

(2)制生坯:圆形面皮中间放上馅心,从圆形面皮边缘按 4 等份向上拢起,向中间捏成四角形,中心留一个小圆孔,用剪刀将 4 条边修齐,然后在每条边上剪出两根面条,中心部分相连,不能剪断。将一边的上面一根面条与相邻边的下面一根面条的下端粘连起来,这样形成 4 个向下倾斜的孔。再将 4 只角的剩余部分的边上剪出边须。粘好后用手指将 4 个角略向一边微弯,做成兰花叶。在 4 个斜形孔洞里分别填进青菜末、蛋白末、香菇末、蛋黄末,即成兰花饺子生坯。

(3)蒸制:将兰花饺子生坯放入笼中,蒸 7min,取出装入盘中即成。

制作关键

(1)面团调制得稍硬些,便于兰花饺的成型。

(2)面皮分 4 等份,要分均匀。

(3)放入 4 个斜形孔的碎料,不宜过多。

制作流程

思考题

1. 兰花饺的馅心为何要制作的稍硬些?
2. 制作兰花饺的关键是什么?

四喜蒸饺

此面点造型美观,色香味俱全。

烹调方法

蒸。

原料

面粉250g,青菜末25g,猪鲜肉馅100g,蛋皮末25g,鸡蛋液20g,火腿末25g,香菇末25g。

制作要点

(1)制皮:面粉放在操作台上,倒入温水,调成团,搓条、摘剂,擀成直径9cm的圆皮。

(2)制生坯:将圆形坯皮中间放上馅心,沿边分成4等份向上向中心捏拢,将中间连结点用蛋液粘起,而边与边之间不要粘连,形成4个大孔。将两个孔洞的相邻的两边靠中心处再用尖头筷子夹出1个小孔眼,计夹出4个小孔眼,然后把4个大孔眼的角端捏出尖头来,在4个大孔眼中分别填入火腿末、青菜末、蛋皮末、香菇末即成四喜饺子生坯。

(3)蒸制:将四喜饺子生坯放入笼中,在旺火上蒸约7min至成熟,取出,装入盘中即成。

制作关键

(1)面团调制要稍硬些。

(2)面皮分4等份要分均匀,使捏出来的孔大小一致。

制作流程

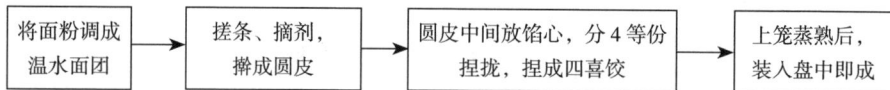

将面粉调成温水面团 → 搓条、摘剂,擀成圆皮 → 圆皮中间放馅心,分4等份捏拢,捏成四喜饺 → 上笼蒸熟后,装入盘中即成

思考题

1. 除了青菜末、火腿末、香菇末、蛋皮末这些填充料,还可以用什么原料代替?

2. 包捏时要注意哪些方面?

糯米烧卖

此面点呈半透明状，甜咸油润，鲜香适口。

烹调方法

蒸。

原料

面粉 250g，糯米 250g，熟猪肉 150g，熟笋丁 50g，香菇丁 50g，精炼油 200g。

调味料

酱油 8g，白糖 5g，姜末 7g，葱花 10g，精盐 3g，味精 1g，清汤少许，精炼油 25g。

制作要点

（1）整理：将糯米掏洗干净，放热水中浸泡 1h 后捞出，上笼锅蒸熟备用。熟猪肉切成 4mm 见方的小丁。

（2）制馅：炒锅上火，放入少量精炼油，放葱花、姜末入锅炸一下，随后放入肉丁煸炒，待肉炒至变色时，放入熟笋丁、香菇丁、酱油、白糖、精盐，然后放入清汤少许，待锅内卤汁沸腾后，倒入蒸好的糯米，收汤后，再放入精炼油抄拌，盛起加入味精即成馅心。

（3）制皮：将面粉放在操作台上，加入温水 100g 调成面团，稍醒后摘成 20 只小剂，按扁面剂，用单饺杆擀成中间厚、边缘薄、边皮呈菊花瓣形状、直径 9cm 的圆形烧卖皮。

（4）蒸制：左手托起坯皮，右手将馅心加入，然后用单手或者双手将烧卖皮四周向上向中间合拢，包成石榴状的生坯，放于笼内，旺火蒸约 7min，取出装入盘中即成。

制作关键

（1）烧卖皮擀好后，应将皮上的面粉抖干净。

（2）包制时注意，收口要整齐，烧卖口要微张开。

制作流程

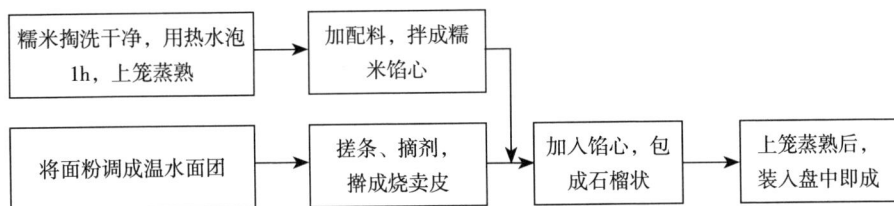

思考题

1.为什么要将烧卖皮上的面粉抖干净?

2.烧卖包制时为什么不能将烧卖口捏得过紧?

冬瓜烧卖

冬瓜烧卖是夏季的时令品种。冬瓜具有减肥、利尿、消喝、解毒等功效,是肾脏病、糖尿病、肥胖病患者的良蔬。冬瓜烧卖皮薄馅嫩,咸鲜适口,清爽解腻。

烹调方法

蒸。

原料

面粉250g,冬瓜1000g,熟火腿肉150g,水发香菇50g,虾米25g。

调味料

姜末3g,葱花3g,精盐5g,味精1g,鲜汤15g,黄酒5g,湿淀粉10g,精炼油15g。

制作要点

(1)整理:将冬瓜削去皮、挖去瓤,切成0.3cm见方的丁,放入沸水锅中焯水,捞出后沥去水分。虾米用开水泡开,与熟火腿肉、水发香菇一起切成小丁。

(2)制馅:炒锅置火上,放入精炼油,投入姜末、葱花、火腿肉丁、香菇丁、虾米、鲜汤、精盐、味精、黄酒,烧沸后至软烂,倒入冬瓜丁,略烧后用湿淀粉勾芡,起锅装入容器中待冷却后使用。

(3)制生坯:面粉用沸水和成面团,摊开晾凉后,搓成细条,摘成20只面剂,用橄榄形饺杆擀成烧卖皮,包入冬瓜馅,成冬瓜烧卖生坯。

(4)蒸熟:将冬瓜烧卖生坯装入笼中,置旺火上蒸熟取出,装入盘中即成。

制作关键

(1)冬瓜应选择质嫩的冬瓜。

(2)火腿肉较咸,应控制放盐量。

(3)冬瓜馅的卤汁不宜过多,宜干不宜稀。

制作流程

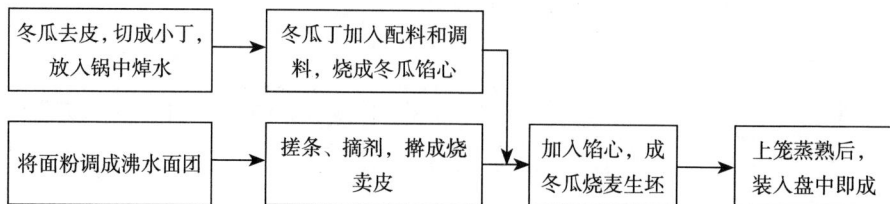

思考题

1.冬瓜烧卖是什么季节的时令品种?

2.怎样使冬瓜馅心的卤汁较少,便于包捏成型?

生肉烧卖

此面点皮薄馅多,汁多鲜嫩,造型优美。

烹调方法

蒸。

原料

面粉 250g,净猪肉 300g。

调味料

酱油 10g,白糖 5g,虾子 3g,味精 2g,芝麻油 5g,葱花 5g,姜末 5g。

制作要点

(1)制馅:将猪肉洗净,用刀斩成泥蓉状,放容器内加入酱油、白糖、葱花、姜末、虾子搅拌,拌匀后加入清水 50g 稀释后拌上劲,然后再放清水 30g 拌透上劲,调准口味,然后放入味精、芝麻油稍静置。

(2)制皮:面粉倒在操作台上,中间扒一个小凹塘,放入温水 120g,揉成面团,放一边静置一会儿,搓成长条,摘成 20 只剂子,按扁面剂,用单杆擀成中间厚、四周薄、边皮呈菊花瓣形、直径 9cm 的圆烧卖皮。

(3)蒸制:左手托住烧卖皮,右手拿竹刮子刮入生肉馅心,然后用单手或双手将烧卖皮四周合拢,包成石榴形状的生坯,放入笼内,置旺火上蒸约 10min,待烧卖口欲漫卤汁时,即可出笼,装入盘中即成。

制作关键

(1)烧卖皮要擀得中间厚、边缘薄,大小一致。

(2)在包制时,收口要齐整,口要稍微张开。

(3)烧卖蒸制时间不宜过长。

制作流程

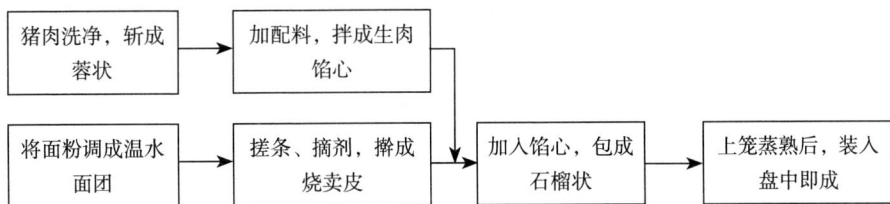

思考题

1.擀烧卖皮时为什么用较多的面粉?

2.怎样判断烧卖蒸制是否成熟?

翡翠烧卖

此面点皮薄馅多,汁多鲜嫩,造型优美。

烹调方法

蒸。

原料

面粉 250g,荠菜 750g,熟火腿末 40g。

调味料

精盐 5g,味精 2g,葱花 5g,姜末 5g,芝麻油 5g。

制作要点

(1)制馅:将荠菜摘洗干净,入沸水锅中焯水,至冷水中浸凉,用刀斩成泥蓉状,挤去水分,放容器内加入精盐、葱花、姜末、味精、芝麻油搅拌均匀。

(2)制皮:面粉倒在操作台上,中间扒一个小凹塘,放入温水 120g,揉成面团,放一边静置一会儿,搓成长条,摘成 30 只剂子,按扁面剂,用单杆擀成中间厚、四周薄、边皮呈菊花瓣形、直径 6cm 的圆烧卖皮。

(3)蒸制:左手托住烧卖皮,右手拿竹刮子刮入馅心,然后用单手或双手将烧卖皮四周合拢,按上火腿末,包成石榴形状的生坯,放入笼内置旺火上蒸约 6min,装入盘中即成。

制作关键

(1)烧卖皮要擀得中间厚、边缘薄,呈半透明状,大小一致。

(2)在包制时,收口要齐整,口要稍微张开。

(3)烧卖蒸制时间不宜过长。

制作流程

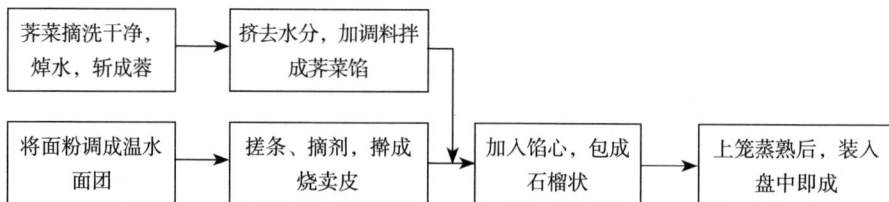

思考题

1.擀烧卖皮时，为何要将面皮擀得较薄？

2.加热时间为何不宜较长？

葱肉锅贴

此面点色泽金黄，外脆里嫩，馅鲜卤多，葱味香浓。

烹调方法

煎。

原料

面粉 250g，猪前夹肉 350g。

调味料

酱油 8g，白糖 5g，葱花 8g，精盐 2g，味精 1g，精炼油 25g。

制作要点

（1）制馅：将猪肉洗净，斩成肉泥，加入酱油、白糖、精盐、味精，搅拌入味，然后分两次放入清水 60g 搅拌，有黏性时倒入葱花拌匀成馅心。

（2）制皮：将面粉倒在案板上，加入沸水 130g，和成热水面团，揉匀揉透，摊开冷却。随后揉合搓成长条，摘成 25 只小剂，按扁后用双饺杆擀成直径 8cm 的圆皮。

（3）制生坯：用左手托住圆皮，右手加入馅心，然后像捏月牙蒸饺一样捏成生坯。

（4）煎制：取平底锅，烧热后倒入少许精炼油，把锅贴自外向里排好，再倒入适量精炼油，煎至饺子底呈金黄色，再倒入冷水至锅贴的中部，盖上锅盖，待水蒸发至干时，刷一点油，略煎后，铲出装入盘中即成。

制作关键

（1）锅贴做得稍小些，便于成熟。

（2）锅贴是下面煎，中间煮，上面蒸的成熟方法，因此要盖紧锅盖。

制作流程

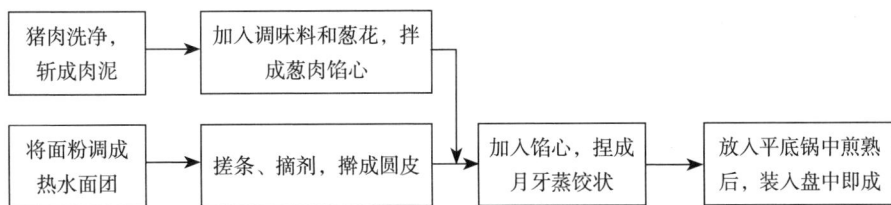

思考题

1. 锅贴为什么不能做得稍大些？
2. 锅贴成熟过程的特点是什么？

鲜肉锅贴

此面点色泽金黄，外脆里嫩，馅鲜卤多，肉香浓郁。

烹调方法

煎。

原料

面粉 250g，猪前夹肉 200g。

调味料

酱油 8g，白糖 5g，姜末 5g，葱花 5g，精盐 2g，味精 1g，鲜汤 50g，芝麻油 5g，精炼油 40g。

制作要点

（1）制馅：将猪前夹肉洗净，斩成肉泥，放入碗内，加入酱油、白糖、姜末、葱花、精盐、味精，搅拌入味，然后分两次放入鲜汤搅拌，上劲后放冰箱中静置 2h。

（2）制皮：将面粉倒上操作台上，加沸水 110g，调成热水面团，揉匀揉透，摊开冷却。随后揉搓成长条，摘成 25 只小剂，按扁后用双饺杆，擀成直径 8cm 的圆皮。

（3）制生坯：用左手托住圆皮，右手挑入馅心，然后像捏月牙蒸饺一样捏成生坯。

（4）煎制：取平底锅置火上，倒入少许精炼油，把锅贴自外向里一圈圈排好，再倒入少许油，盖上锅盖。煎至饺子底呈淡黄色，再倒入冷水至锅贴的一半高度。待水烧干时，煎至底部呈金黄色，刷上芝麻油，装入盘中，可以蘸食香醋。

制作关键

（1）葱最好选用香葱，葱花加入数量要多些。

（2）入锅煎制时，要掌握好火候，以防煎焦。

制作流程

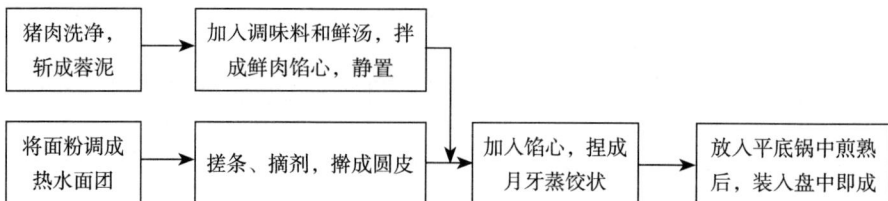

思考题

1.为什么选择香葱来调味？

2.怎样使锅贴既煎熟又使底部煎至金黄色？

鲜肉馄饨

《通雅·饮食》中说馄饨是浑氏、屯氏发明的，故名馄饨。馄饨创制的历史相当悠久，清代王念孙为《广雅》所作疏证转引北齐颜之推的话："今之馄饨，形如偃月，天下之通食也。"由此可知，早在南北朝时期，馄饨已成为我国人民喜爱的一种食品了。

此面点饺皮薄如纸，馅细细无渣，入口爽滑味美。

烹调方法

煮。

原料

面粉 250g，猪瘦肉 200g，食碱液 2g。

调味料

酱油 7g，姜末 3g，葱花 3g，精盐 2g，味精 1g，鲜汤 500g，干淀粉 50g，青蒜末 20g，虾子 5g，胡椒粉 2g，芝麻油 5g。

制作要点

（1）制馅：将猪瘦肉洗净斩成蓉泥，放碗内，加入酱油、精盐、味精、虾子、葱花、姜末搅拌入味，然后分几次加水，拌和上劲，加入芝麻油拌匀。

（2）制皮：将面粉加水 100g、食碱液和成团，擀成薄如纸状的片，撒上干淀粉，再改成 8cm 见方的皮子约 100 张。

（3）制生坯：左手拿皮子，右手挑上馅心，包成馄饨形。

（4）煮制：锅置火上，加入清水烧沸后，放入虾子略煮，下入馄饨，见馄饨浮起，养熟。

（5）装碗：5 只碗内放入芝麻油、酱油、青蒜末、胡椒粉，将鲜汤倒入碗中，再放入熟馄饨即成。

制作关键

（1）擀皮时用纯淀粉做面扑，纯淀粉用两层纱布包成粉扑状。每擀叠一次，要扑一次粉。

（2）擀叠时用力要均匀，操作台要平整。

（3）煮馄饨时要沸水入锅，待馄饨浮出水面时再养制 2min 至熟。

（4）吃馄饨讲究鲜汤，可用鸡汤、肉汤、骨头汤调制。

制作流程

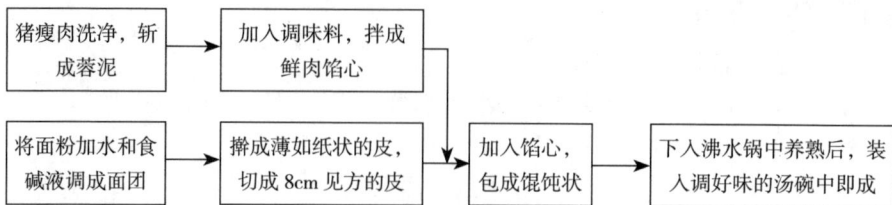

```
┌──────────────┐    ┌──────────────┐
│ 猪瘦肉洗净，斩 │───▶│ 加入调味料，拌成 │
│   成蓉泥      │    │   鲜肉馅心    │
└──────────────┘    └──────────────┘
                                          │
┌──────────────┐    ┌──────────────┐    ┌──────────┐    ┌──────────────────┐
│ 将面粉加水和食 │───▶│ 擀成薄如纸状的皮， │───▶│ 加入馅心，│───▶│ 下入沸水锅中养熟后，装 │
│ 碱液调成面团   │    │ 切成8cm见方的皮  │    │ 包成馄饨状 │    │ 入调好味的汤碗中即成  │
└──────────────┘    └──────────────┘    └──────────┘    └──────────────────┘
```

思考题

1.擀馄饨皮为什么要用粉扑？

2.手擀馄饨皮与机器制作的馄饨皮有何区别？

青椒肉丝面

此面点汤浓味鲜，面条爽滑，肉丝滑嫩，青椒质脆味香。

烹调方法

炒、煮。

原料

猪瘦肉 100g，面粉 150g，青椒 1 个，鸡蛋液 20g。

调味料

酱油 7g，白糖 5g，精盐 2g，味精 1g，鲜汤 150g，黄酒 5g，干淀粉 15g，青蒜末 15g，胡椒粉 1g，小苏打 1g，芝麻油 5g，精炼油 750g（实耗 25g）。

制作要点

（1）制面条：面粉放操作台上，放入清水和少量小苏打调成团，擀成大片，拍上干淀粉，擀薄后切成面条。

（2）炒肉丝：将猪瘦肉切成细丝，放碗内，加入鸡蛋液、精盐、干淀粉拌和均匀。青椒去蒂、去籽，切成丝。锅置火上，倒入精炼油，烧热后，放入肉丝，至全部变色时，倒入漏勺中沥去油。锅复置火上，锅内留少许油，放入青椒稍煸，放入酱油、白糖、精盐、味精、鲜汤、黄酒，烧沸后，用淀粉勾芡，倒入肉丝，淋入芝麻油，撒上胡椒粉，装入盘用待用。

（3）煮制：另取锅置火上，放入清水烧沸后，将面条下锅煮熟，碗内放入鲜汤、青蒜末，将煮熟的面条放入碗中，盖上青椒炒肉丝，食用时拌和均匀即可。

制作关键

（1）面条最好是手擀面，不用机制面。

（2）擀面条的过程中，撒上少量的干淀粉，使面条在成熟的过程中不糊汤，更爽滑，口感好。

（3）下面条时，及时掺入清水，使面条在锅中不大沸，以防面条烧至汤色浑浊。

制作流程

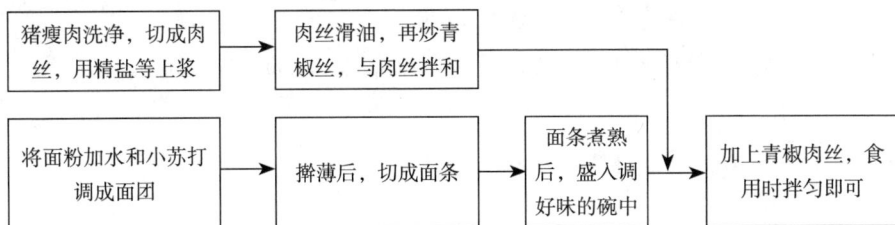

思考题

1.制作面条时，放入少量的小苏打有何作用？

2.用干淀粉做粉拍（用双层纱布将干淀粉包起来，擀面片时在面片上抖拍，使干淀粉均匀地撒落在面片上的这个纱布包，称为粉拍）有何作用？

鲜肉汤包

此面点皮薄、汤多、味鲜，食时先吸汤后吃皮、馅，是扬州点心中的特色点心。

原料

面粉500g，猪肋条肉500g，猪肉皮250g，猪瘦肉150g。

调味料

酱油8g，白糖3g，姜末5g，葱花5g，精盐5g，味精1g，鲜汤200g，黄酒5g，虾子2g，胡椒粉1g，芝麻油5g，干酵母5g，泡打粉5g，香醋15g。

制作要点

（1）整理：将猪肉皮去毛洗净，入沸水锅焯水。炒锅置火上，放入清水，加猪肉皮、猪瘦肉、猪肋条肉经焯水后煮熟捞出，将猪肉切成细丁，肉皮放入绞肉机绞成细粒，肉汤待用。

（2）制皮冻：炒锅上火，放入肉皮末，加黄酒、虾子、精盐，烧沸撇去浮沫，待汤汁稠浓，肉皮粒全部融化，盛入干净容器内冷却，再放入绞肉机绞成皮冻粒。

（3）制馅：将猪肋条肉剁成肉泥，放入盆内，加入酱油、白糖、姜末、葱花、精盐、肉汤、味精拌匀成馅，放入皮冻粒、猪肉丁，加入芝麻油、胡椒粉拌匀，即成鲜肉汤包馅心。

（4）蒸制：将面粉放盆内，加入干酵母、泡打粉和温水调成面团，让其静置10min后，搓成长条，摘成30只面剂，擀成直径10cm的圆皮，在每张圆皮中央放上适量馅心，包成包子形状。将包子嘴捏紧，在笼中静置7min后，上笼蒸熟，装入盘中，带吸管、香醋 1 小碟上桌，即可食用。

制作关键

（1）猪肉皮去净毛，刮洗干净。

（2）汤泡口要收紧，以防汤汁溢出。

（3）吸管吸汤汁时，要待包子稍凉再品尝，以防烫伤口腔。

制作流程

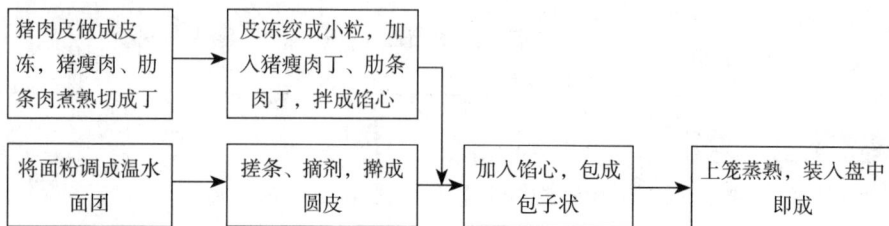

思考题

1.皮冻是怎样制做的？

2.汤包为何要现做现食？

空心饽饽

此面点不能作为独立的面点供客人食用，需与搭配菜肴一起食用。此面点外形蓬松，形状饱满，不破不裂，均匀一致。

烹调方法

烙、烤。

原料

面粉 250g。

调味料

精炼油 15g。

制作要点

（1）制生坯：将面粉放操作台上，中间扒一凹塘，加入沸水，将面粉和成热水面团，反复搓揉，将面团搓长，摘成 15 只小剂，并将小剂擀成小圆薄饼，注意不能有孔，否则烘烤时会漏气。

（2）烤制：将薄饼放在平锅里煎烙，锅中抹上微量精炼油，待薄饼稍变色，翻身烙另一面，两面都烙好后，将薄饼放于炉上直接用火烘烤，薄饼置于铁筷之上，悬空烘烤。这时饼内会产生气体，气体遇热出现膨胀现象，当气体在饼内膨胀如圆鼓状时，立即用另一双筷子从中间一夹，使之呈哑铃形，中间形成空心即成。

制作关键

（1）沸水面团不宜调制过硬，要揉光滑。

（2）在火上烘烤时，既要使薄饼里产生气体，又不能烤焦。

制作流程

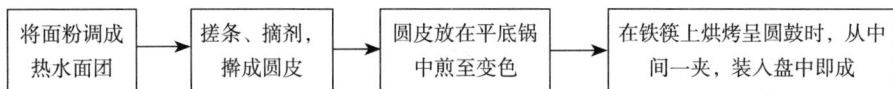

| 将面粉调成热水面团 | → | 搓条、摘剂，擀成圆皮 | → | 圆皮放在平底锅中煎至变色 | → | 在铁筷上烘烤呈圆鼓时，从中间一夹，装入盘中即成 |

思考题

1.沸水面团掺水量一般为多少？

2.薄饼烘烤时应注意哪些方面？

葱油饼

葱油饼，顾名思义就是将葱花掺入面粉中，经油炸做成的饼。此面点酥脆油润，色泽金黄，葱香味浓郁。

烹调方法

炸。

原料

面粉 200g，葱花 75g。

调味料

精盐 2g，精炼油 750g（实耗 30g）。

制作要点

（1）制面团：将面粉放在操作台上，中间扒一个小塘，加入开水 100g，调成沸水面团。

（2）制皮：面团凉后，加入精盐、葱花和精炼油，揉搓均匀，搓成条，摘成 10 只面剂，按扁后擀成直径约为 9cm 直径的圆片。

（3）炸制：锅置火上，放入精炼油，烧至六成热，将葱油饼戳一个洞，投入锅中炸至两面金黄、中间稍膨胀，倒入漏勺中沥去油，装入盘中即成。

制作关键

（1）调制面团时，要掌握好水、油的比例。

（2）油炸时，要注意火力的大小。

制作流程

| 将面粉调成热水面团 | → | 加入精盐、葱花、精炼油调匀 | → | 搓条摘剂，擀成圆片 | → | 放入油锅炸呈金黄色，装入盘中即成 |

思考题

1. 葱油饼为什么会出现含油过多的现象？
2. 煎炸时如果油温过高或过低，各会出现什么现象？

肴肉锅饼

此面点色泽金黄，外脆内嫩，肴肉鲜香。

烹调方法

炸。

原料

面粉 120g，肴肉 200g，鸡蛋 1 个。

调味料

葱花 5g，精盐 5g，味精 1g，鲜汤 15g，蚝油 5g，湿淀粉 5g，精炼油 750g（实耗 25g）。

制作要点

（1）制面糊：将面粉放入碗内，加入鸡蛋、清水，调成稀面糊。

（2）制馅：肴肉切成 0.4cm 见方的丁。炒锅置火上，倒入少量精炼油，烧热后，放入葱花稍煸，加入蚝油、精盐、味精、鲜汤，烧沸后用湿淀粉勾芡，淋入精炼油，倒入肴肉拌和，成肴肉馅心。

（3）炸制：锅复置火上，倒入面糊，摊成直径为 30cm 左右的圆形坯皮。待面皮可揭离锅时放入拌好的肴肉馅心，包起呈长方形，接头处用蛋糊粘牢。将折叠的锅饼翻个身，倒入精炼油，将饼炸至两面呈金黄色，浮于油面时，倒入漏勺中沥去油，放在砧板上，切成小块，装入盘中即成。

制作关键

（1）调制面糊的稀稠度，要符合制品的要求。过稀则坯皮不能成型，反之则在包裹时，容易折断面皮。

（2）摊面皮时要控制好火力，以防焦糊。

制作流程

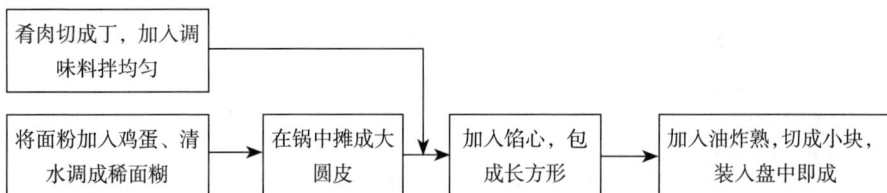

思考题

1.面糊的面粉与水之间的比例如何？

2.怎样控制摊制面皮时的火力？

猫耳朵

猫耳朵，顾名思义就是将面团制作成猫耳朵形状，经水锅养熟的一种面点。此面点形态美观，色泽洁白，口感滑爽，咸鲜味美。

烹调方法

炒。

原料

面粉 150g，猪里脊肉片 100g，水发木耳 10g，青椒 15g，熟笋片 10g。

调味料

酱油 8g，白糖 5g，精盐 3g，味精 1g，湿淀粉 15g，黄酒 7g，芝麻油 5g，精炼油 750g（实耗 25g）。

制作要点

（1）整理：将猪里脊片加入精盐、湿淀粉拌和均匀；青椒切成菱形片。

（2）制生坯：面粉放在操作台上，中间扒一个小塘，加入水调成团，搓细条，摘成 100 只面剂，用大拇指捻搓成猫耳朵形状，入沸水锅中养熟，倒入漏勺中沥去水分。

（3）炒制：锅置火上，放入精炼油 750g，烧至三成热，放入猪里脊片，至全部变色时，倒入漏勺中沥去油。锅复上火，锅内倒入 10g 精炼油，放入青椒片、笋片、木耳片、酱油、白糖、黄酒、味精、清水，烧沸后，用湿淀粉勾芡，倒入猫耳朵、猪肉片，翻拌均匀，淋入芝麻油，装入盘中即成。

制作关键

（1）调制面团时，要掌握好水、面粉的比例。

（2）猫耳朵大小要一致，形态要美观。

制作流程

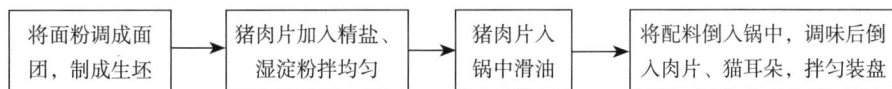

将面粉调成面团，制成生坯 → 猪肉片加入精盐、湿淀粉拌均匀 → 猪肉片入锅中滑油 → 将配料倒入锅中，调味后倒入肉片、猫耳朵，拌匀装盘

思考题

1.怎样制作成大小一致的面剂？

2.怎样将面剂捻搓得更美观？

第十章

膨松面团品种制作

本章内容：膨松面团品种制作

教学时间：14 课时

教学目的：先由教师演示，再由学生练习，通过讲、演、练、评，达到训练目的。

教学要求：1.让学生了解膨松面团的特点。

2.让学生掌握调制膨松面团的技巧。

3.让学生掌握膨松面团一般品种的基本制作方法。

4.让学生掌握膨松面团常见品种的烹调方法。

课前准备：准备炉灶、原料（有的需要初加工、预熟处理）、餐具、用具等。

生肉包

此面点膨松柔软，形状美观，甜咸适口，汁多鲜嫩。

烹调方法

蒸。

原料

面粉 250g，净五花肋条肉 200g，干酵母 3g，泡打粉 3g。

调味料

酱油 5g，白糖 4g，精盐 2g，味精 1g，葱花 3g，姜末 3g，鲜汤 30g，虾子 3g。

制作要点

（1）制馅：将五花肋条肉洗净，斩成肉泥，放容器内，加入酱油、白糖、精盐、味精、虾子、葱花、姜末、鲜汤拌和，沿一个方向搅拌上劲，待用。

（2）制皮：面粉放在操作台上，中间扒一凹塘，放入干酵母、泡打粉、白糖和适量温水，调和均匀，盖上布静置 30min，使面团发酵。将面团稍揉，搓成长条，摘成 20 只剂子。剂子撒上少许干面粉，然后用右手掌拍成中间厚、边缘薄的直径约 9cm 的圆皮。

（3）制生坯：左手托住坯皮，中间略凹，用竹刮子将馅心放在皮子中心，用右手拇指自右向左依次捏出 28 个皱褶，同时用右手的中指紧顶住拇指的边缘，让起过皱褶以后的包子皮边缘从中间通过，夹出一道包子的"嘴边"。每次捏褶子时，拇指与食指略微向外拉一拉，以使包子最后形成"颈项"，最后收成"鲫鱼嘴"形。

（4）蒸制：包子生坯装入笼内，置于旺火上用足汽蒸约 10min，待皮子不粘手，"鲫鱼嘴"内渗有多量卤汁时，即可出笼，装入盘中即成。

制作关键

（1）干酵母应选用即发性干酵母。

（2）调和面粉的水温应随季节作适当的变化，冬天用热水，春秋天用温水，夏天用凉水。

（3）包子入笼后，每只包子之间需留一定的距离，以便让其膨胀，不相互粘连。

制作流程

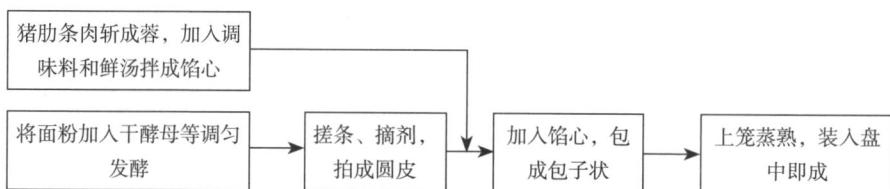

思考题

1. 调制面团的水温应怎样调节?
2. 捏制包子时的姿势应该怎样?

青菜包

此面点膨松绵软，皮薄馅多，清爽适口。

烹调方法

蒸。

原料

面粉 250g，青菜 500g，熟猪前夹肉 120g，虾子 3g，水发香菇 12g，泡打粉 3g，干酵母 3g。

调味料

酱油 7g，白糖 5g，精盐 1g，味精 1g，葱花 3g，姜末 3g，黄酒 5g，鲜汤 15g，精炼油 15g。

制作要点

（1）制馅：将青菜去黄叶，洗净后，放入水锅中烫一下，捞出放入冷水中浸泡至凉，用刀斩成碎粒状，放入布袋中挤去水分。熟猪肉切成 0.4cm 见方的小丁。水发香菇切成 0.4cm 见方的丁。炒锅置火上，倒入适量精炼油，将肉丁煸炒一下，放入酱油、白糖、精盐、味精、葱花、姜末、黄酒、鲜汤、水发香菇粒和虾子，烧沸入味，待冷却后，放入青菜末、精炼油抄拌均匀，即成青菜馅心。

（2）制生坯：面粉放在操作台上，中间扒一凹塘，放入干酵母、泡打粉、白糖和适量温水，调成面团，盖上布静置 30min，使面团发酵。将面团搓成长条，摘成 20 只剂子，然后用右手掌跟拍成圆皮，上馅包入馅心，包成包子，放笼中静置 5min。

（3）蒸制：青菜包子置旺火上蒸约 8min，至包子成熟，取出装入盘中即成。

制作关键

（1）青菜焯水后，要立即放入凉水中浸凉。

（2）肉丁烧至入味后，待凉后再与青菜末拌和，防止青菜变黄。

制作流程

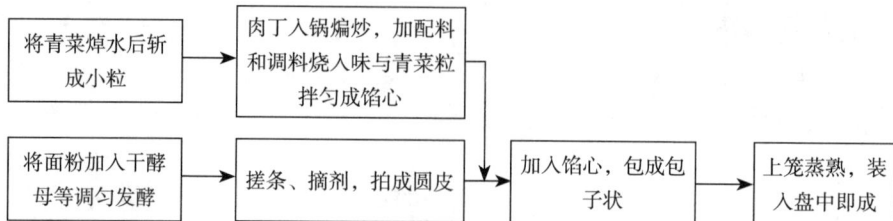

思考题

1.制作青菜馅心时，要注意哪些方面？

2.为什么热肉丁不能立即与青菜末拌和？

萝卜丝包

此面点口味咸鲜，软嫩糯香。

烹调方法

蒸。

原料

面粉250g，白萝卜500g，熟猪肉120g，虾米8g，干酵母3g，泡打粉3g。

调味料

酱油8g，白糖5g，精盐2g，味精1g，葱花8g，姜末5g，黄酒5g，鲜汤20g，精炼油25g。

制作要点

（1）制馅：萝卜洗净去皮，刨成细丝，放入水锅中烫一下，捞出挤去水分。熟猪肉切成0.4cm见方的小丁。虾米放碗中，放入沸水泡软。炒锅置火上，倒入适量精炼油，将肉丁煸炒一下，放入酱油、白糖、精盐、味精、葱花、姜末、黄酒、鲜汤，烧沸入味，然后放入萝卜丝、精炼油抄拌均匀，拌和后倒入盆中冷却，即成萝卜丝馅心。

（2）制生坯：面粉放在操作台上，中间扒一凹塘，放入干酵母、泡打粉、白糖和适量温水，调成面团，盖上布静置30min，使面团发酵。将面团搓成长条，摘成20只剂子，然后用右手掌跟拍成中间厚边缘薄的圆皮，上馅包入馅心，捏成鲫鱼嘴、荸荠鼓的包子，放笼中静置7min。

（3）蒸制：萝卜丝包子置旺火上，蒸约8min至包子成熟，取出装入盘中即成。

制作关键

（1）萝卜馅心中的水分不能过多，否则不利于包捏。

（2）包子包好后，不能立即上笼蒸，需要一段时间让其醒发。

制作流程

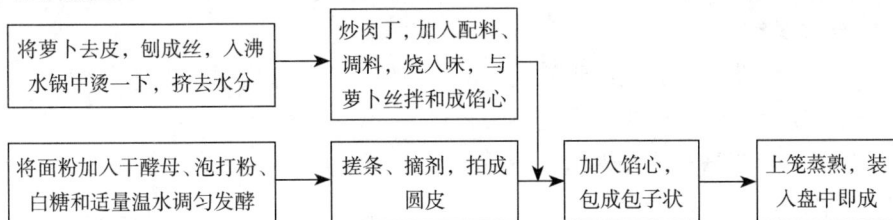

将萝卜去皮，刨成丝，入沸水锅中烫一下，挤去水分	→	炒肉丁，加入配料、调料，烧入味，与萝卜丝拌和成馅心

| 将面粉加入干酵母、泡打粉、白糖和适量温水调匀发酵 | → | 搓条、摘剂，拍成圆皮 | → | 加入馅心，包成包子状 | → | 上笼蒸熟，装入盘中即成 |

思考题

1.怎样控制萝卜丝馅心中的水分?
2.包子捏好后，为什么不能立即上笼蒸?

荠菜包

荠菜富含呈鲜氨基酸，其味较一般蔬菜鲜美，受到大家的喜爱，有"宁吃荠菜鲜，不吃白菜馅"之说。以荠菜做馅鲜美无比，风味独特，可用于包子、饺子、春卷、烧卖、饼子、馄饨、汤圆等。

烹调方法

蒸。

原料

面粉 250g，荠菜 350g，熟猪肋条肉 150g，虾子 3g，鲜笋 25g，干酵母 3g，泡打粉 3g。

调味料

黄酒 10g，精盐 3g，味精 1g，白糖 5g，酱油 6g，虾子 3g，精炼油 15g。

制作要点

（1）加工：将荠菜去掉黄叶、根须后洗净，放入沸水锅中焯水，捞入冷水中浸凉后沥干水分，用刀斩成细末，装入布袋，挤去水分，放入容器中加精炼油、精盐、白糖搅拌均匀。

（2）制馅：将熟猪肉切成 0.4cm 见方的肉丁。鲜笋切成 0.3cm 见方的笋丁，放入沸水锅中烫一下，捞出沥去水分。炒锅置火上，放入酱油、白糖、虾子、精盐、味精、黄酒、清水、肉丁、笋丁一起煮沸，再用中火烧入味，待卤汁收浓后盛起冷却，晾凉后和荠菜末拌匀，即成荠菜馅心。

（3）制生坯：将面粉放在操作台上，中间扒一凹塘，放入干酵母、泡打粉、白糖和适量温水，揉成面团，盖上布，放置一边，注意保温，发酵约 30min，成发酵面团。将面团搓成粗细均匀的条，摘剂后，按皮，上馅，包成包子形状，放笼中醒 5min。

（4）蒸制：荠菜包子放入蒸笼中，置旺火蒸约 8min 出笼，装入盘中即成。

制作关键

（1）荠菜焯水必须沸水入锅，迅速捞出，入冷水浸透，以防止变黄。

（2）荠菜馅一般为咸味馅。

（3）荠菜馅宜现拌现制，馅心不宜长期保存。

制作流程

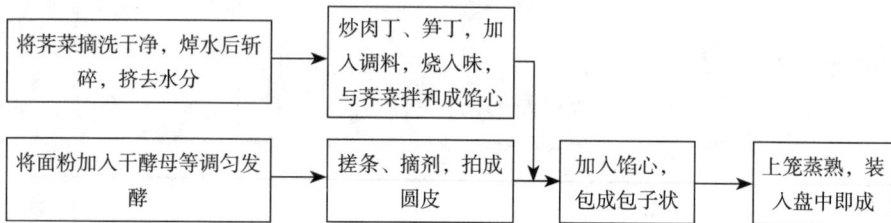

思考题

1.荠菜是季节性的蔬菜吗？

2.制作荠菜馅心应注意哪些方面？

豆沙包

此面点膨松柔软，馅心甜香，质地细腻，桂花香味浓郁。

烹调方法

蒸。

原料

赤豆 100g，面粉 250g，糖桂花 5g，干酵母 3g，泡打粉 3g。

调味料

白糖 60g，精炼油 40g。

制作要点

（1）煮豆：将赤豆洗净，放水中浸泡 1h，倒入锅内加冷水，用旺火煮开，然后小火煮烂，晾凉，倒入筛内，加清水用手擦，边擦边淋入水冲洗，然后把洗出的豆沙倒入布袋内，挤干水分，取出备用。

（2）制馅：炒锅置火上，锅内倒入精炼油、白糖，待其溶化后，倒入豆沙搅拌至沸腾后，用小火熬浓稠，放入糖桂花搅匀，装入容器中，冷却即成细沙馅心。

（3）制生坯：将面粉放在操作台上，中间扒一凹塘，放入干酵母、泡打粉、白糖和适量温水，揉成团，盖上布，放置一边，发酵约 30min，成发酵面团。搓成均匀的条，摘剂后拍皮，上馅包捏成包子形状，放笼中醒 5min。

（4）蒸制：豆沙包子放入蒸笼中，置旺火蒸约 8min 出笼，装入盘中即成。

制作关键

（1）赤豆要煮烂，擦去外壳。

（2）熬豆沙馅时，豆沙馅沸腾后要勤搅动，防止焦底。在加热过程中豆沙馅易溅出锅外，注意操作安全。

制作流程

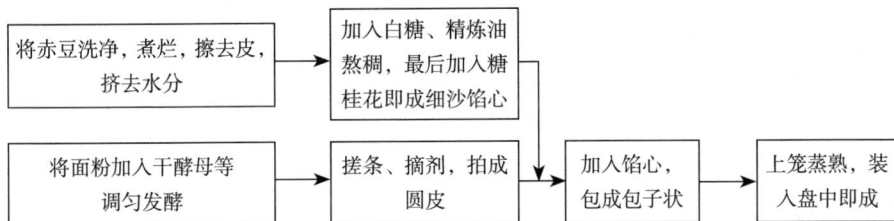

将赤豆洗净,煮烂,擦去皮, 挤去水分	→	加入白糖、精炼油 熬稠,最后加入糖 桂花即成细沙馅心			
将面粉加入干酵母等 调匀发酵	→	搓条、摘剂、拍成 圆皮	→ 加入馅心, 包成包子状	→	上笼蒸熟,装 入盘中即成

思考题

1.何谓细沙馅？豆沙馅与细沙馅有何区别？

2.熬制细沙馅心要注意哪些方面？

枣泥包

枣泥馅心由小红枣、精炼油、白糖熬制而成，具有香、甜、细腻、滋润可口的特色。此面点包皮暄软，枣香扑鼻，营养丰富。

烹调方法

蒸。

原料

面粉 250g，小红枣 200g，干酵母 3g，泡打粉 3g。

调味料

白糖 50g，糖桂花 5g，精炼油 40g。

制作要点

（1）制馅：将小红枣去核洗净，放入锅内加水煮烂，冷却后放入筛罗，在筛罗壁上擦去皮，留下枣泥。炒锅置火上，放入白糖、精炼油、少量清水，待糖溶化后，放入枣泥，煮沸后用小火慢熬，不停地搅拌，熬成干粥状，盛入盆内，加入糖桂花，晾凉即成枣泥馅心。

（2）发面：将面粉500g倒在操作台上,中间扒一小凹塘,放入干酵母、泡打粉、白糖，再放入温水约 250mL，调成面团，揉匀揉透，为防止表皮干硬开裂，用干净湿布盖好，并保持适宜的温度，醒约 30min。

（3）制生坯：将面团揉透，搓成长条，摘成20只剂子。剂子撒上少许干粉，然后用右手掌拍成中间略厚、边缘略薄、直径约8cm的圆皮。左手托住包皮，中间略凹，用竹挑子将馅心放在皮子中心，用右手拇指和食指自右向左依次捏出24个皱褶，同时用右手的中指紧顶住拇指的边缘，让起过皱褶以后的包皮边缘从中间通过，夹出一道包子的"嘴边"。每次捏褶子时，拇指与食指略微向外拉一拉，以使包子最后形成"颈项"，最后收口成"鲫鱼嘴"形状。

（4）蒸制：包子生坯放入笼中，静置5min后，置于旺火沸水锅上，蒸约8min，待皮子不粘手取出，装入盘中即成。

制作关键

（1）小红枣要煮烂，才能将枣肉全部擦下，减少浪费。

（2）包捏成型时，右手中指应与拇、食指配合，抵出包子的"嘴边"。

制作流程

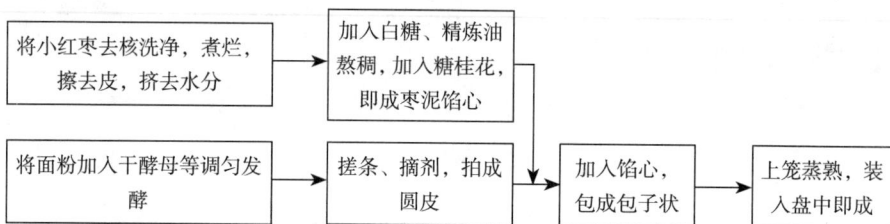

思考题

1. 枣有蜜枣、黑枣、酸枣、枣脯等种类，为什么制作枣泥馅心要用红枣制作？
2. 怎样制作枣泥馅心？

鸭肉菜包

冬季鸭肉味道鲜美异常，以鸭肉配青菜作馅，更加爽口。鸭肉菜包馅心是采用鸭肉丁与肋条肉丁、笋丁烩熟后与青菜蓉拌制而成。它是冬季时令面点，蔬菜绿色透过包皮，绿色隐约可见。此面点色白暄软，褶纹均匀细巧，馅鲜味美。

烹调方法

蒸。

原料

面粉250g，熟鸭肉100g，猪瘦肉70g，青菜叶300g，鲜冬笋70g，泡打粉3g，干酵母3g。

调味料

酱油5g，白糖3g，精盐3g，味精1g，葱花3g，姜末3g，黄酒10g，鲜汤20g，虾子3g，五香粉2g，芝麻油5g，精炼油50g。

制作要点

（1）制馅：将猪瘦肉洗净，入沸水锅煮至七成熟，捞起晾凉，切成0.3cm见方的肉丁。将熟鸭肉、鲜冬笋也分别切成0.3cm见方的丁。炒锅置火上，倒入精炼油烧热，放入肉丁、鸭丁煸炒，加酱油、白糖、精盐、味精、虾子、葱花、姜末、黄酒、鲜汤，烧沸入味，待锅内的二丁呈红色时，再倒入冬笋同煮，煮至卤汁稠浓、笋丁呈芽黄色时起锅，撒上五香粉，冷却待用。将青菜叶洗净晾干，在沸水锅中焯一次，捞起，置于冷水中浸凉后沥干水分，斩成细末，挤去水分。将青菜末倒入冷却了的鸭肉馅内，再放入芝麻油拌匀，即成为鸭肉菜包馅心。

（2）制生坯：将面粉倒在操作台上，中间扒一小凹塘，放进干酵母、白糖、泡打粉，再放入温水调成面团，揉匀揉透，为防止表皮干硬开裂，用干净的湿布盖好，并保持适宜的温度。酵面揉透，搓成长条，摘成20只剂子，剂子撒上少许干粉，用右手掌跟拍成中间略厚、边缘略薄的圆皮，左手托住包皮，中间略凹，用竹刮子上馅，包捏成型，放入笼中静置5min。

（3）蒸制：将鸭肉菜包置于旺火沸水锅上，蒸约9min至包子成熟，取出装入盘中即成。

制作关键

（1）包子捏成型时，右手中指应与拇、食指配合，抵出包子的"嘴边"。

（2）鸭肉菜包应现做现吃，回笼的包子口味不佳。

制作流程

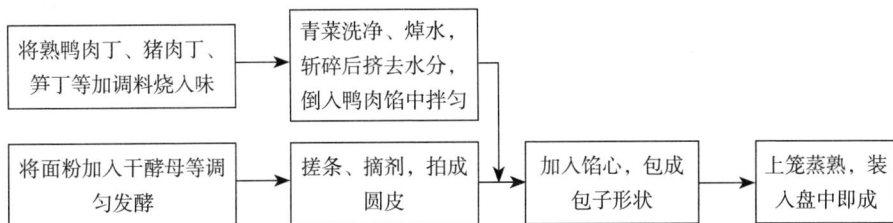

思考题

1.怎样制作鸭肉菜馅？

2.怎样判别鸭肉菜包是否蒸制成熟？

雪菜包

雪菜即雪里蕻，属十字花科植物。它含有芥子苷，故具有较强的刺激性的苦辣味，不可用来鲜食，一般通过腌制将芥子苷变成具有特殊风味的芥子油，运用于制作菜肴、面点中，当然也可将其腌制后晒成干菜，别有风味。

雪里蕻大多是在深秋腌制，冬季食用。用雪里蕻做包子，香味奇特，鲜香脆嫩，肥腴可口。

烹调方法

蒸。

原料

面粉 250g，熟猪肋条肉 100g，腌雪里蕻 130g，熟笋 25g，干酵母 3g，泡打粉 3g。

调味料

酱油 5g，白糖 4g，精盐 2g，味精 1g，葱花 3g，姜末 3g，鲜汤 20g，黄酒 10g，虾子 3g，芝麻油 5g，精炼油 25g。

制作要点

（1）整理：将腌雪里蕻摘洗干净，切成细末，放清水中泡去大部分咸味，再入沸水锅中烫一下，捞出挤去水分。熟猪肉切成 0.4cm 见方的小丁，熟笋切成 0.3cm 见方的小丁。

（2）制馅：炒锅置火上，倒入精炼油，烧热后下姜末、葱花、肉丁，略煸后加酱油、白糖、精盐、味精、黄酒、虾子、鲜汤、笋丁，烧沸后转小火焖至入味，再放入雪里蕻末，直烧至卤汁快干时，淋入精炼油，翻拌均匀，装入盆中，淋入芝麻油，待冷却后使用。

（3）制生坯：面粉加入干酵母、泡打粉、热水，发酵 30min，搓揉均匀，搓成条，摘成 20 小面剂，拍成面皮，包入馅心，放入笼中醒 5min。

（4）蒸制：雪菜包置旺火上，上足汽蒸 8min 至熟，即可出笼。

制作关键

（1）腌雪里蕻要选购质嫩叶绿者。

（2）腌雪里蕻是用盐腌过的，要泡去咸味。

（3）馅心要烧透入味。

制作流程

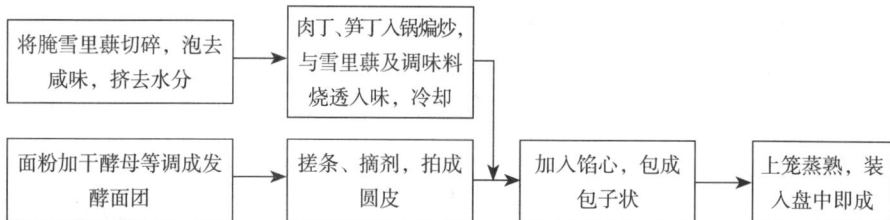

思考题

1.雪里蕻为什么经煸炒后香味更好？

2.如何选购优质的腌雪里蕻？

生煎包

生煎包是用酵面包上肉馅后，通过水油煎制而成，具有底色金黄，皮面松软，馅香可口的特点。此面点馅心卤汁浓鲜，皮子香脆可口。

烹调方法

煎。

原料

面粉 250g，猪前夹肉 170g，干酵母 3g，泡打粉 3g。

调味料

酱油 8g，白糖 5g，精盐 2g，味精 1g，葱花 3g，姜末 3g，鲜汤 20g，黄酒 5g，虾子 2g，芝麻油 5g，精炼油 50g。

制作要点

（1）制馅：将猪前夹肉洗净斩细，放入酱油、白糖、精盐、味精、葱花、姜末、鲜汤、黄酒、虾子搅拌入味，顺一个方向搅拌上劲成肉馅。

（2）制生坯：将面粉倒在操作台上，中间扒一小凹塘，放进干酵母、泡打粉、白糖，再放入温水，调成面团，揉匀揉透，发酵 30min。将面团揉透，搓成长条，摘成 20 只小剂，用两根枣核形的饺杆将小面剂擀成中间厚边皮略薄的圆皮，左手托住包皮，中间略凹，用竹刮子将馅心放在皮子中心，包成包子。

（3）煎制：取平底锅置于火上，烧热后将包子生坯放入锅内，整齐码好，放入少量清水，盖上锅盖，用中火煎至锅内有水气炸裂声，闻有葱香味（约 12min），即可开锅，淋上芝麻油，用平铲铲出一个，见包底呈现出金黄色，即为符合标准，可以出锅装盘。如果包底未达到金黄色，须上火再煎 2 ~ 3min，直至符合要求为止。

制作关键

（1）包捏成型时，包子的褶纹有 20 个左右。

（2）调制馅心时，要分次掺入鲜汤。

制作流程

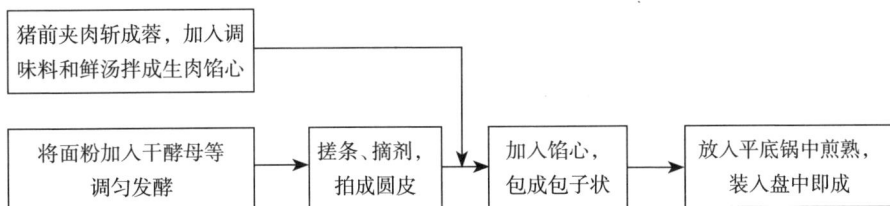

259

思考题

1.为什么此面点放葱量较多？

2.煎制包子时，应怎样掌握火候？

秋叶包

此面点形似秋叶，小巧玲珑，香甜绵软。

烹调方法

蒸。

原料

面粉 250g，细沙馅 150g，干酵母 3g，泡打粉 3g。

调味料

食用绿色色素 2g。

制作要点

（1）制生坯：将面粉加入干酵母、泡打粉、热水拌和均匀，发酵 30min，揉匀后搓成长条，摘成 10 只面剂，将每只面剂搓揉光滑，包入细沙馅心，先用拇指把皮子向馅心捏进一角，在捏进的一只角开始用拇指、食指将皮子两面对齐，两指交叉捏进，将一条长缝一直捏到叶尖，即为中间一条叶脉，在捏进一角的一头捏出叶柄。

（2）蒸制：秋叶包生坯稍醒后，上笼用旺火蒸熟，趁热用牙刷在叶柄上弹上少许绿色素即成。

制作关键

（1）捏制叶纹时，要捏均匀。

（2）捏好后要使其形成曲线形，形似秋叶。

制作流程

| 将面粉等调成发酵面团 | → | 发酵后搓条、摘剂，拍成圆皮 | → | 加入细沙馅心，包成秋叶包子状 | → | 放入笼中蒸熟，装入盘中即成 |

思考题

1.面团发酵时最佳温度是多少？

2.秋叶包怎样包捏成型？

寿桃包

此面点将包子做成寿桃状，形态逼真，质地绵软，香甜适口。

烹调方法

蒸。

原料

面粉 250g，细沙馅 150，干酵母 3g，泡打粉 3g。

调味料

食用红色素 2g。

制作要点

（1）成型、成熟：将面粉加入干酵母、泡打粉、热水和均匀，发酵 30min 后，揉均后搓条，摘成 10 只面剂，每只面剂包入细沙馅捏紧，收口朝下放，上端搓得稍尖，用刀背在桃身至桃尖处压出一道凹痕，略醒后，上笼用旺火蒸 8min 至包子成熟，取出。

（2）点缀：成熟后，用牙刷沾上红色素溶液，将桃尖喷上红色即成寿桃包子。

制作关键

（1）酵面不能发得过足，否则易开裂。

（2）寿桃包的尖端要搓尖些，因在蒸的过程中，面皮会略向下坍塌。

制作流程

| 面粉加入干酵母等调成发酵面团 | → | 发酵后搓条、摘剂，拍成圆皮 | → | 加入细沙馅心，包成寿桃包子状 | → | 放入笼中蒸熟，刷上少许红色溶液，装入盘中即成 |

思考题

1. 为什么制作寿桃的酵面为嫩酵面？

2. 怎样包捏寿桃包？

佛手包

此面点形似植物佛手，造型美观，口味香甜。

烹调方法

蒸。

原料

面粉 250g，干酵母 3g，泡打粉 3g，枣泥馅 50g，鸡蛋液 20g。

制作要点

（1）制生坯：将面粉加入干酵母、泡打粉、热水拌和均匀，发酵 30min 后，揉匀，搓成长条，摘成 10 只面剂，将每只面剂搓揉光滑，包入 5g 枣泥馅，收口朝下，将坯子的 2/3 按成斧头状，用刀切至枣泥馅，两边分别切断，中间八条拉长向后翻折，用鸡蛋清粘牢。

（2）蒸制：佛手包略醒后，上笼蒸 8min 至熟，出笼即成。

制作关键

（1）包入的馅心要在正中，不偏不斜。

（2）用刀切条时，刀距要均匀。

（3）切的刀纹数一般 6 刀以上。

制作流程

| 面粉加入干酵母等调成发酵面团 | → | 发酵后搓条、摘剂，拍成圆皮 | → | 加入枣泥馅心，包成佛手包子状 | → | 放入笼中蒸熟，装入盘中即成 |

思考题

1. 调制发酵面团时，发酵粉用量一般为多少？
2. 制作佛手包的关键是什么？

刺猬包

此面点将包子做成刺猬状，形态逼真，质地绵软，香甜适口。

原料

面粉 250g，干酵母 3g，泡打粉 3g，细沙馅 150g，黑芝麻 40 粒。

制作要点

（1）制成生坯：将面粉加入干酵母、泡打粉、热水和均匀，发酵 30min 后，揉均后搓条，摘成 20 只面剂，每只面剂包入细沙馅捏紧，收口朝下放，上端搓得稍尖，用剪刀剪成嘴形，黑芝麻在眼睛部位按上，身上再用刀剪成细刺形，并剪上两只耳朵和一条尾巴，然后醒 10min。

（2）成熟：上笼用旺火蒸 8min 至包子成熟，取出。

制作关键

（1）酵面不能发得过足，否则易开裂。

（2）刺猬包的尖端要搓尖些，因在蒸的过程中，面皮会略向下坍塌。

制作流程

| 面粉加入干酵母等调成发酵面团 | → | 发酵后搓条、摘剂，拍成圆皮 | → | 加入细沙馅心，包成刺猬包子状 | → | 放入笼中蒸熟，装入盘中即成 |

思考题

1. 为什么制作刺猬的酵面为嫩酵面?
2. 怎样包捏刺猬包子?

荷叶夹子

此面点空松绵软,夹子是双层,内可夹馅(如扒鸭、扒鸡、扒蹄),口味醇香,没有油腻之感。

烹调方法

蒸。

原料

面粉 250g,干酵母 3g,泡打粉 3g。

调味料

精盐 4g,葱花 3g,白糖 2g,芝麻油 20g。

制作要点

(1)发面:将面粉放在操作台上,中间扒一凹塘,放入干酵母、泡打粉、白糖和适量温水,揉成团,盖上布,放置一边,注意保温,让其发酵 30min。

(2)制皮:将面团在操作台上搓成长条,摘成 20 只剂子,将剂子拍成直径 8cm 的圆皮。将圆皮的半边逐一涂上芝麻油,撒上精盐、葱花,然后对叠起来成双层的半圆皮。

(3)制生坯:取干净的细齿木梳一把,用梳齿在半圆皮的表面斜着压出交叉的齿印若干道,然后用左手的拇指和食指捏住半圆皮的圆心部位,用右手拿木梳的顶端顶住圆弧的中间,向圆心处挤压,于 1/2 处取出,再用木梳在两个 90° 的圆弧中心向圆心处再挤压一次,即成生坯。

(4)蒸制:将生坯装入笼中,置旺火沸水锅上蒸约 7min,至荷叶夹子蒸熟后出笼,装入盘中即成。

制作关键

(1)摘下的剂子要大小一致,成品才能大小相等。

(2)精盐要撒均匀,防止局部口味过咸。

制作流程

| 面粉加入干酵母等调匀发酵 | → | 发酵后搓条、摘剂,拍成圆皮 | → | 圆皮的半边涂上芝麻油,撒上盐和葱花,做成荷叶夹子 | → | 放入笼中蒸熟,装入盘中即成 |

思考题

1.卷子与夹子有何区别?

2.操作过程中应注意哪些?

蝴蝶卷

此面点形似蝴蝶,洁白有光泽,质地绵软。

烹调方法

蒸。

原料

面粉 250g,熟火腿末 40g,葱花 30g,干酵母 3g,泡打粉 3g。

调味料

精盐 4g、白糖 2g、芝麻油 20g。

制作要点

(1)制皮:将面粉放在操作台上,中间扒一凹塘,放入干酵母、泡打粉、白糖和适量温水,揉成团,盖上布,放置一边,注意保温,让其发酵 30min。将酵面搓成长条,按扁擀成长 20cm、宽 15cm 的长方形薄片。

(2)成型、成熟:在长方形薄片上均匀地涂上一层芝麻油,然后撒上精盐、熟火腿末、葱花,从对边由外向里卷成长圆筒形状。取快刀将长圆筒横切成 40 片圆片,取其中 2 片,对称并拢,用筷子一双在两圆片下端 1/3 处夹紧,将卷头散出的两边接头作为蝴蝶须,再用手捏成翅尖,即成为蝴蝶卷生坯。将蝴蝶卷生坯上笼蒸熟。

制作关键

(1)根据季节调整和面的水温、干酵母的用量,采取恰当的保温措施。

(2)成品大小一致。

制作流程

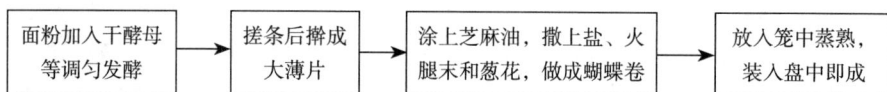

| 面粉加入干酵母等调匀发酵 | → | 搓条后擀成大薄片 | → | 涂上芝麻油,撒上盐、火腿末和葱花,做成蝴蝶卷 | → | 放入笼中蒸熟,装入盘中即成 |

思考题

1.怎样根据季节变化调整面团发酵时间?

2.列举 1 ～ 2 种制作蝴蝶卷的其他方法。

葱油卷

此面点形态大方，质地暄软，葱香味扑鼻，引人食欲。

烹调方法

蒸。

原料

面粉 250g，咸板油丁 40g，葱花 40g，泡打粉 3g，干酵母 3g。

调味料

味精 1g，白糖 2g，芝麻油 15g。

制作要点

（1）制皮：将面粉放在操作台上，中间扒一凹塘，放入干酵母、泡打粉、白糖和适量温水，揉成团，盖上布，放置一边，注意保温保湿，发酵约 30min。将面团揉匀，搓成长条，按扁，擀成 40cm 长的薄面片。

（2）制生坯：薄面皮上均匀地涂上芝麻油，撒上香葱花、味精、咸板油丁，将坯皮由外向里卷 4 圈，用手轻轻按平，用刀将其切成 20 段。用竹筷在每段的中间顺长按一道印痕，双手将两端向相反的方向扭 90°，即成生坯。

（3）蒸制：将生坯放入笼中，置旺火沸水锅上蒸 8min，手按之松软有弹性、不粘手时，取出，装入盘中。

制作关键

（1）咸板油丁需要腌渍 1 天以上才能使用，若时间短则香味差。

（2）面团调制要稍硬，有利于成型美观。

制作流程

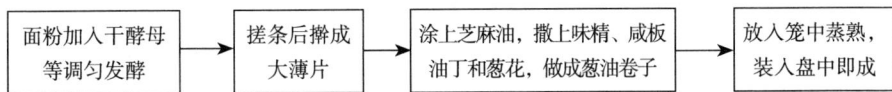

```
面粉加入干酵母  →  搓条后擀成  →  涂上芝麻油，撒上味精、咸板  →  放入笼中蒸熟，
等调匀发酵          大薄片          油丁和葱花，做成葱油卷子        装入盘中即成
```

思考题

1. 为什么咸板油丁需要腌渍后使用？
2. 葱油卷怎样成型？

黄油卷

此面点色泽淡黄，松暄绵口，香甜味美。

烹调方法

蒸。

原料

面粉 250g，干酵母 3g，泡打粉 3g，奶粉 5g，黄油 40g，鸡蛋 1 个。

调味料

白糖 2g，吉士粉 2g。

制作要点

（1）发面：将放在操作台中间的面粉扒一凹塘，加入干酵母、泡打粉、白糖、黄油、奶粉、吉士粉、鸡蛋、温水调匀后与面粉揉成团，醒 15min。

（2）制生坯：将面团分坯，取一块面坯擀成长方形薄皮，刷上化开的黄油，卷成筒状，沿截面切成剂子，用两手拉捏成猪脑卷形。

（3）蒸制：生坯放入笼中，旺火足汽蒸 8min 至黄油卷成熟，取出装入盘中即可。

制作关键

（1）用料比例要得当。

（2）面团要揉匀，坯皮要光洁。

制作流程

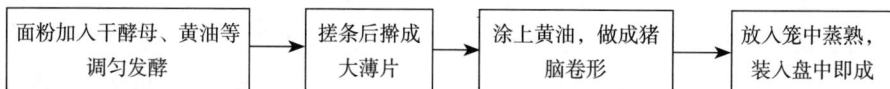

| 面粉加入干酵母、黄油等调匀发酵 | → | 搓条后擀成大薄片 | → | 涂上黄油，做成猪脑卷形 | → | 放入笼中蒸熟，装入盘中即成 |

思考题

1. 面团的用料比例为多少？

2. 制作黄油卷的关键是什么？

鸡丝卷

鸡丝卷不是用鸡丝制成的卷子，而是将面皮切成丝状，蒸熟后，其形犹如鸡丝。丝条清晰，咸鲜松软，清爽适口。

烹调方法

蒸。

原料

面粉 250g，熟瘦火腿 80g，干酵母 3g，泡打粉 3g。

调味料

精盐 2g，味精 1g，葱花 10g，芝麻油 20g，精炼油 20g。

制作要点

（1）发面：将面粉加入干酵母、泡打粉、热水和匀后，发酵 30min，再揉匀，用面杖擀成 0.7cm 厚的长方形薄片，均匀地涂上芝麻油，撒上精盐。

（2）整理：将火腿切成细末，加葱花、精盐、味精一起拌匀，撒在薄片上。

（3）切丝：取刀口锋利的厨刀一把，刀刃涂上芝麻油，将薄片划成宽10cm的长条4条，然后两层一叠，切成细丝，理齐，分成10等份。

（4）制生坯：取1份用手稍稍理直拉长，用刀切齐两头，再切2段约6cm长的段子。共切成20段，成鸡丝卷生坯。

（5）蒸制：将生坯放入小笼中，放在沸水锅上蒸约10min，至不粘手时即可取出，装入盘中即成。

制作关键

（1）刀工要整齐如一，细如鸡丝。

（2）火腿、葱花要均匀地撒在面皮上。

（3）调味的咸淡要适口宜人。

制作流程

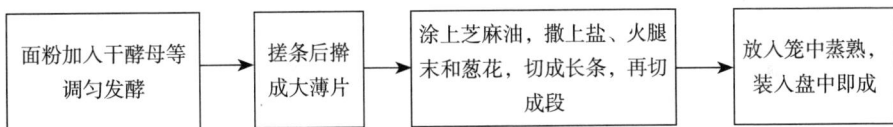

```
面粉加入干酵母等  →  搓条后擀   →  涂上芝麻油，撒上盐、火腿  →  放入笼中蒸熟，
调匀发酵             成大薄片       末和葱花，切成长条，再切      装入盘中即成
                                   成段
```

思考题

1. 此面点无鸡丝，为什么叫鸡丝卷?

2. 制作该面点的关键是什么?

豆腐卷

此面点松软细嫩，口味鲜香。

烹调方法

蒸。

原料

面粉250g，内酯豆腐10g，熟香肠50g，米葱75g，干酵母3g，泡打粉3g。

调味料

白糖2g，芝麻油30g。

制作要点

（1）整理：将米葱洗净，切成葱花；熟香肠撕去外膜，切成米粒大的丁；内酯豆腐切成小粒，放容器中，加入精盐、味精拌匀。

（2）制生坯：将面粉放在操作台上，中间扒一凹塘，放入干酵母、泡打粉、白糖和适量温水，揉成面团，盖上布，放置一边，注意保温保湿，发酵30min左右。将面团揉匀，搓成长条，按扁后擀成长20cm、宽12cm的长方形薄片，在4/5（1/5

留着与面皮相粘，防止散裂）处撒上豆腐丁、香肠粒、葱花，卷成卷，切成10段，刀切面朝上。

（3）煎制：平底锅置火上，烧热后刷上芝麻油，将豆腐卷排入，倒入半碗清水，盖上锅盖，约煎8min，至水分已干，闻之有葱香味，揭开锅盖。若卷子底部色淡再煎2～3min即可离火，用锅铲铲入盘中即成。

制作关键

（1）袋装或盒装内酯豆腐水分较多，应将水分挤去。

（2）卷子排入锅中，卷子与卷子之间应留有一定距离，以便卷子受热膨胀。

（3）煎制时要注意转动平底锅，使豆腐卷受热均匀。

制作流程

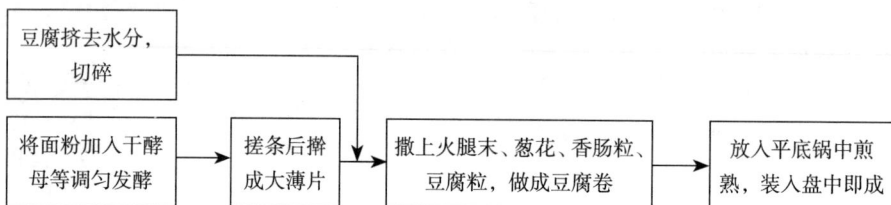

思考题

1.豆腐卷生坯是怎样制作的？

2.煎制时应注意哪些方面？

香肠花卷

香肠花卷是用熟香肠条与面粉制成的卷蒸熟而成。其红白鲜明，咸鲜松软，香肠味浓，清爽适口。

烹调方法

蒸。

原料

面粉250g，熟香肠5根，干酵母3g，泡打粉3g。

调味料

精盐1g，味精1g，葱花5g，芝麻油5g。

制作要点

（1）发面：将面粉加入干酵母、泡打粉、热水和匀后，发酵30min。

（2）整理：将香肠切成8cm×0.5cm×0.5cm的条20根，用精盐、味精、葱花、芝麻油拌均匀。

（3）制生坯：醒好的面团经搓揉，摘成20只剂，再搓成25cm长的细长条，缠绕在香肠条上，成香肠花卷生坯，醒发 10min。

（4）蒸制：将生坯放入小笼中，放在沸水锅上蒸约 7min，至不粘手时即可取出，装入盘中即成。

制作关键

（1）香肠要煮熟，使面团与香肠同时成熟。

（2）香肠要切得大小一致，面团搓条粗细要均匀。

（3）调味的咸淡要适口宜人。

制作流程

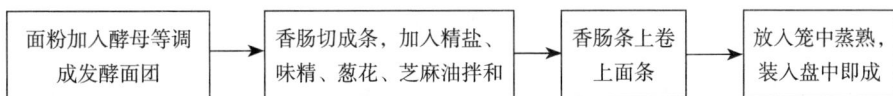

| 面粉加入酵母等调成发酵面团 | → | 香肠切成条，加入精盐、味精、葱花、芝麻油拌和 | → | 香肠条上卷上面条 | → | 放入笼中蒸熟，装入盘中即成 |

思考题

1.面剂搓条时，怎样才能搓得均匀。

2.制作该面点的关键是什么？

高桩馒头

此面点洁白有光泽，层次分明，质地柔韧。

烹调方法

蒸。

原料

面粉 250g，干酵母 3 克，泡打粉 3g。

调味料

白糖 2g。

制作要点

（1）制生坯：将 180g 面粉加入干酵母、泡打粉、白糖、热水揉匀后，发酵 30min，然后再加入剩余面粉揉透，搓成长条，摘成 10 只面剂，再逐只地将面剂反复搓揉，搓成上粗下细的长圆柱体，依次排列于笼内，盖上湿布，静置 10min。

（2）蒸制：将静置过的生坯细头朝下，盖上湿布（以防生坯歪倒），置旺火沸水上蒸约 10min，手按之有弹性，不粘手时，出笼，装入盘中即成。

制作关键

（1）发酵好的面团，必须呛入一定量的干面粉。

（2）成型要求上下粗细基本一致。

制作流程

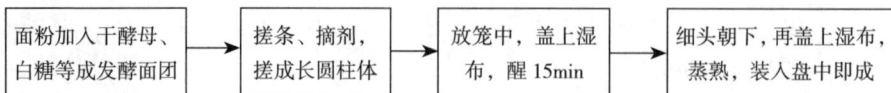

面粉加入干酵母、白糖等成发酵面团 → 搓条、摘剂，搓成长圆柱体 → 放笼中，盖上湿布，醒 15min → 细头朝下，再盖上湿布，蒸熟，装入盘中即成

思考题

1.面团发酵好后，为什么要呛入一定量的干面粉？

2.怎样使制品的形状符合成品要求？

蜂糖糕

此面点采用大酵面制成，经过两次发酵，成品松软绵甜，甜香可口，松软无比。

烹调方法

蒸。

原料

面粉 250g，白糖 35g，糖桂花卤 3g，蜜饯 30g，红枣 100g，干酵母 3g，泡打粉 3 克。

调味料

精炼油 15g。

制作要点

（1）发面：将面粉加入干酵母、泡打粉、热水和成面团，发酵 30min，在面团内再放进白糖、糖桂花卤揉匀，再抓住面团一头在操作台掼上劲，这样成熟后既松又有劲。

（2）制生坯：将酵面分成 2 等份，将每块都揉搓滚动成圆团，至表面光滑而无小气泡为止。取 2 只碗，烫洗干净后，抹去水分，在碗内用油涂抹一下，将光滑的面团的光面朝下，放入碗中，一般面团的体积只能占碗的 70%，把碗放进醒发箱静置，温度需达 30℃左右，湿度 80%，待酵面醒发至与钵口相平时，即可出醒发箱。将酵面分别覆入小笼内，光面朝上，擦去酵面上的油迹，将蜜饯、红枣嵌在表面摆成花纹图案，用右手沾少许清水，将糕面抹平，即成蜂糖糕生坯。

（3）蒸制：将蜂糖糕生坯放沸水锅上蒸 20min，用竹扦子插入糕内，抽出来时扦子上没有生面团，即可出笼食用。

制作关键

（1）酵面调好后要揉上劲，这样成熟后既松又有劲。

（2）搓好的面团要入醒发箱中醒发。

制作流程

思考题

1. 什么叫二次发酵？

2. 怎样使制品内部产生蜂窝状的孔洞？

糖三角

此面点制作方便，造型美观，甜香软嫩。

烹调方法

蒸。

原料

面粉 250g，豆沙馅 60g，干酵母 3g，泡打粉 3g。

调味料

白糖 2g。

制作要点

（1）发面：将面粉放在操作台上，中间扒一凹塘，放入干酵母、泡打粉、白糖和适量温水，揉成团，盖上布，放置一边，注意保温，发酵 30min 左右，成酵面面团。

（2）成型、成熟：发酵好的面团揉匀揉透，摘成 10 只剂子，擀成圆皮，左手托皮，右手用挑子将豆沙馅放入圆皮的中间。然后两手配合，将圆皮捏成一个三角形，放在操作台上，再用右手的食指和拇指挤压捏起的边，使边缘合拢紧密，放笼内醒 7min，再用旺火沸水锅上蒸 10min，即可出笼，装入盘中即成。

制作关键

（1）酵面要充分醒发，内部有均匀的孔洞。

（2）馅心品种可根据情况，灵活掌握。

制作流程

思考题

1. 怎样将面团发酵得既快又好？

2. 为什么生坯做好后，还要醒发？

开花馒头

开花馒头表面开三瓣，像盛开的花朵，吃之绵软爽口，嚼之有味，香甜味美。

烹调方法

蒸。

原料

面粉 250g，干酵母 3g，泡打粉 3g。

调味料

白糖 2g。

制作要点

（1）发面：将 200g 面粉放在操作台上，中间扒一凹塘，放入干酵母、泡打粉和适量温水，揉成团，盖上布，放置一边，注意保温，发酵约 30min，成发酵面团。将 50g 面粉、白糖与发酵的面团揉均匀，放置一旁再发酵 20min。

（2）蒸制：将面团搓成长条，摘成 20 只面剂，将其横截面朝上，放在垫有干笼布的笼内，在旺火、足汽的锅上蒸约 10min，至成熟取出，装入盘中即成。

制作关键

（1）酵面要发足。

（2）白糖掺入后要揉匀。

（3）笼内的笼布（或笼垫）要干，汽要足，以保证每个开花馒头上开三瓣。

制作流程

将一部分面粉加入干酵母等调匀发酵 → 再加入面粉、白糖揉匀，进行二次发酵 → 搓条、摘剂，放入垫有干布的笼内 → 放入笼中蒸熟，装入盘中即成

思考题

1.二次发酵时的温度与湿度有何要求？

2.怎样使开花馒头表面开出三个花瓣？

麻　花

此面点色泽金黄，口感酥脆，口味香甜。

烹调方法

炸。

原料

面粉 250g，泡打粉 5g。

调味料

白糖 20g，精炼油 750g（实耗 25g）。

制作要点

（1）调糖水：将白糖与温水放在碗中拌和至糖粒溶化。

（2）发面：面粉放在操作台上，中间扒一小凹塘，放入糖水、泡打粉、精炼油，拌和均匀，盖上湿布，放在一边静置 10min。

（3）制生坯：将和好的面团擀成宽 5cm、厚 0.7cm 的长条，切成细条，每根条搓上劲，对折绕起，再搓上劲，将单的一头穿入双的一头中即成麻花生坯。

（4）炸制：锅置火上，倒入精炼油，烧至五成热时，放入麻花生坯，炸至金黄色，倒入漏勺中沥去油，装入盘中即成。

制作关键

（1）严格按照原料的比例来调制面团。

（2）面团调制时要搅拌均匀。

（3）切的条大小一致，搓出的麻花生坯才会长短相等，粗细均匀。

制作流程

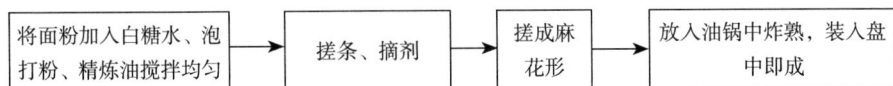

| 将面粉加入白糖水、泡打粉、精炼油搅拌均匀 | → | 搓条、摘剂 | → | 搓成麻花形 | → | 放入油锅中炸熟，装入盘中即成 |

思考题

1.写出泡打粉加热分解的化学方程式，并说明其膨松原理。

2.麻花在搓条时，应注意哪些关键点？

清蛋糕

此面点色泽棕黄，绵软细腻，口味香甜。

烹调方法

烤。

原料

低筋面粉 600g，鸡蛋 900g。

调味料

白糖 80g，精炼油 30g。

制作要点

（1）调蛋糊：将鸡蛋液、白糖倒入打蛋桶中，起动打蛋机高速搅打至蛋液起小泡，色泽变白，呈黏稠状时停止搅动，然后加入低筋面粉慢慢拌匀。

（2）烤制：将蛋糊倒入已垫上蛋糕纸、刷上精炼油的烤盘中，放入已预热到160℃的烤箱中烘烤约20min，呈棕黄色，用牙签戳入，拔出后无蛋糊带出时即可取出，切成小方块，装入盘中即成。

制作关键

（1）鸡蛋要新鲜。

（2）拌粉时不能过多搅动，防止面团起劲，使蛋泡中的气体溢出。

制作流程

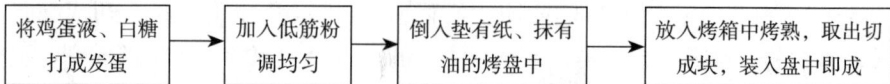

| 将鸡蛋液、白糖打成发蛋 | → | 加入低筋粉调均匀 | → | 倒入垫有纸、抹有油的烤盘中 | → | 放入烤箱中烤熟，取出切成块，装入盘中即成 |

思考题

1.鸡蛋起泡原理是什么？

2.为何拌粉时不能过多搅动？

第十一章

油酥面团品种制作

本章内容： 油酥面团品种制作

教学时间： 14 课时

教学目的： 先由教师演示，再由学生练习，通过讲、演、练、评，达到训练目的。

教学要求： 1. 让学生了解油酥面团的特点。

2. 让学生掌握调制油酥面团的技巧。

3. 让学生掌握油酥面团一般品种基本制作方法。

4. 让学生掌握油酥面团常见品种的烹调方法。

课前准备： 准备炉灶、原料（有的需要初加工、预熟处理）、餐具、用具等。

双麻酥饼

此饼依口味分有甜味、咸味两大类；依馅料分有荤、素馅、荤素合馅三大类；依原料分有五仁椒盐、肉松、火腿、枣泥、豆沙、葱油、花生等类。此面点色泽黄亮，质地酥软，口味甜香。

烹调方法

炸。

原料

面粉 250g，脱壳芝麻 70g，豆沙馅 75g，鸡蛋 1 个。

调味料

熟猪油 55g、精炼油 750g（实耗 30g）。

制作要点

（1）整理：将豆沙馅分成 20 份。

（2）制面团：取面粉 100g、熟猪油 50g 擦成干油酥。另取面粉 100g 加温水 50g、熟猪油 5g，揉成水油面。留下的 50g 做干粉用。

（3）制生坯：将水油面包上干油酥，擀成厚片，叠三层擀薄，再顺长卷成筒状，搓成长条，摘成 20 只剂子。每只剂子按扁，包入馅心，然后将收口朝下，按成圆饼状，刷上鸡蛋液，沾上芝麻。

（4）炸制：锅置火上，放入精炼油，烧至四成熟时，下入生坯，养至膨大时，捞出待油温升至六成热时，入锅复炸，倒入漏勺中沥去油即成。

制作关键

（1）干油酥与水油面比例要正确，软硬要适当，包制时要均匀，擀制时才能酥层均匀。

（2）起酥后擀叠次数不宜过多，一般 2 ~ 3 次擀叠即可，卷成圆筒形，摘成大小均匀的剂子。

（3）包制时，馅心不漏不破。在生坯两面涂抹上鸡蛋液，要反复抹制起黏，便于粘牢芝麻。可用油炸制，也可用烤箱烤制成熟。

制作流程

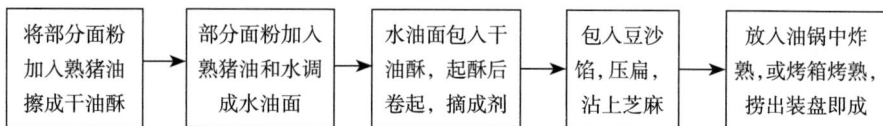

将部分面粉加入熟猪油擦成干油酥 → 部分面粉加入熟猪油和水调成水油面 → 水油面包入干油酥，起酥后卷起，摘成剂 → 包入豆沙馅，压扁，沾上芝麻 → 放入油锅中炸熟，或烤箱烤熟，捞出装盘即成

思考题

1.水油面中的面粉、水、油之间的比例是多少？

2.起酥时应掌握哪些关键点?

开口笑

此面点色泽金黄，表面有裂口，甜酥细腻，香甜适口。

烹调方法

炸。

原料

面粉 250g，鸡蛋 1 只，熟猪油 25g，臭粉 3g，泡打粉 3g。

调味料

白糖 25g，精炼油 750g（实耗 25g）。

制作要点

（1）制面团：将面粉放在操作台上，加入熟猪油、白糖、鸡蛋、泡打粉、臭粉和适量清水，和成光滑的面团。

（2）制生坯：将面团搓成条，摘成 20 只面剂，搓成圆球，即为开口笑生坯。

（3）炸制：锅置火上，倒入精炼油，烧至四成热时，将开口笑生坯放入锅中，待生坯慢慢浮起，再加热至裂出口子，炸至色呈淡金黄色时，倒入漏勺中沥去油，装入盘中即成。

制作关键

（1）掌握好面粉与油脂的比例。

（2）调制的面团硬度适中。

（3）油炸时掌握好油温。

制作流程

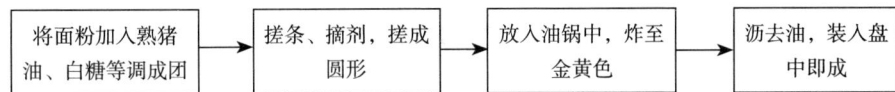

将面粉加入熟猪油、白糖等调成团 → 搓条、摘剂，搓成圆形 → 放入油锅中，炸至金黄色 → 沥去油，装入盘中即成

思考题

1.面团中原料之间的比例如何？

2.油炸时怎样掌握油温？

甘露酥

此面点色泽金黄，表面有细密裂纹，甜香细腻，香甜可口。

烹调方法

烤。

原料

面粉 250g，鸡蛋 1 个，黄油 75g，莲蓉馅 75g，泡打粉 3g，臭粉 3g。

调味料

白糖、精炼油适量。

制作要点

（1）制面团：将面粉放在操作台上，加入黄油、白糖、鸡蛋、泡打粉、臭粉和适量清水，和成光滑的面团。

（2）制生坯：将面团搓成条，摘成 20 只面剂，包入莲蓉馅心，搓成圆球，即成甘露酥生坯。

（3）烤制：烤盘刷上精炼油，将生坯放入烤盘中，刷上鸡蛋液，放入烤箱中，底火 180℃，面火 220℃，烤约 18min，取出装入盘中即成。

制作关键

（1）掌握好面粉、油脂、臭粉、泡打粉的比例。

（2）调制的面团硬度适中。

（3）烤制时调好温度。

制作流程

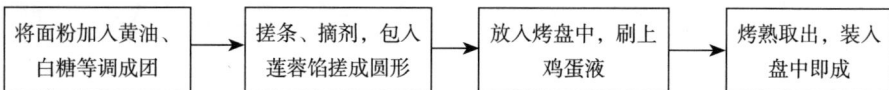

```
将面粉加入黄油、  →  搓条、摘剂，包入  →  放入烤盘中，刷上  →  烤熟取出，装入
白糖等调成团         莲蓉馅搓成圆形       鸡蛋液              盘中即成
```

思考题

1. 面团中原料之间的比例如何？

2. 制作该面点有哪些关键？

葱油火烧

此面点葱香扑鼻，咸鲜油润，饼色金黄，质地酥脆。

烹调方法

烙。

原料

面粉 250g   咸板油丁 50g。

调味料

葱花 20g，精盐 2g，味精 2g，花生油 35g。

制作要点

（1）整理：将咸板油丁和葱花、味精拌匀成馅心。

（2）制面团：取面粉 25g 加入 10g 花生油，擦成干油酥。另取面粉 25g，加入 25g 花生油、2g 精盐和成稀油酥。

（3）制软面团：其余面粉放入缸内，加入沸水 120g，烫成雪花面。再加入凉水约 50g，揉合成软面团，揉复上劲。

（4）制生坯：操作台上抹少许花生油，将面团的一半放在操作台上，用手掌揿成方形，将一半干油酥均匀地涂在上面，卷成长条，摘成 20 只面剂，将面剂逐只按扁按平。右手提起面皮的一端，将面皮摔掼成长条（长约 30cm，宽约 6cm），整齐地排列在操作台上。然后取稀油酥面的一半，均匀地抹在 20 张面皮上，再将葱花猪板油丁馅心的一半均匀地涂在上端。从上端将面皮提起包住馅心，卷成圆筒状，再竖起，按成圆饼形状，即成葱油火烧的生坯。

（5）成熟：平底锅置火上，刷上花生油，放入火烧生坯，一边烙，一边将圆饼面积揿大（直径约 8cm）。转移圆饼位置，待饼底出现黄色香皮时，翻身烙另一面，并刷一遍油。当另一面也出现黄色香皮时，即可将火烧坯皮依次排放在炉壁旁，利用炉内的高温把火烧烘烤成熟。当炉内火烧面呈金黄色并膨胀时，再刷上一遍油，即可将火烧出炉，装入盘中。余下的原料同法操作。

制作关键

（1）面皮擀制时要擀得厚薄均匀。

（2）掌握烙制时的火力。

制作流程

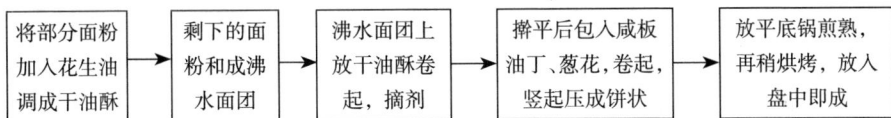

| 将部分面粉加入花生油调成干油酥 | → | 剩下的面粉和成沸水面团 | → | 沸水面团上放干油酥卷起，摘剂 | → | 擀平后包入咸板油丁、葱花，卷起，竖起压成饼状 | → | 放平底锅煎熟，再稍烘烤，放入盘中即成 |

思考题

1. 油酥面团怎样调制？

2. 怎样掌握烙制时的火力？

兰花酥

此面点酥层清晰，层层薄如纸，酥松香脆，造型美观。

烹调方法

炸。

原料

面粉 250g，鸡蛋 1 个。

调味料

熟猪油 58g，精炼油 750g（实耗 25g）。

制作要点

（1）制面团：取面粉 100g、熟猪油 50g，擦成干油酥。取面粉 125g，加温水 60g、熟猪油 8g，揉成水油面。留下 25g 面粉做干粉。

（2）擀酥皮：在水油面中包入干油酥，按扁，擀成长方形薄片，横折叠 3 层，再擀成长方形薄片，再横叠 3 层，用快刀将其改成 20 张 5cm 见方的小方形酥皮。

（3）制生坯：将每个酥皮的三个角沿对角线从顶端向交叉点切进 2/3，将第 4 个角的边切两短口子。将切开角的两个对角的上边窝起来，用蛋液粘牢。再把下面一只角的左右两条边依次提上来，在顶端涂上蛋液，和上面的两条边粘起，即成兰花酥生坯。

（4）炸制：锅置火上，倒入精炼油，待油温升至五成热时，分两次放入生坯。炸至酥层放开，不停地舀油浇入花蕊中，熟后倒入漏勺中沥去油，装入盘中。

制作关键

（1）可在花蕊中放些绵白糖，进行点缀。

（2）调水油面时，要用温水调制。

（3）油炸时，要掌握好火力与油温。

制作流程

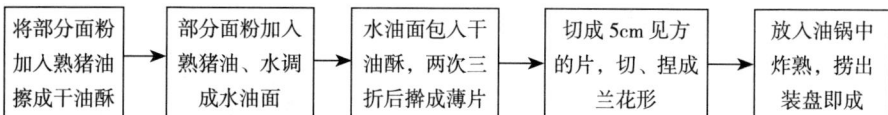

将部分面粉加入熟猪油擦成干油酥 → 部分面粉加入熟猪油、水调成水油面 → 水油面包入干油酥，两次三折后擀成薄片 → 切成 5cm 见方的片，切、捏成兰花形 → 放入油锅中炸熟，捞出装盘即成

思考题

1. 为什么调水油面时，要用温水调制？

2. 为什么油炸兰花酥的油温应稍高些？

3. 成品装盘前吸去成品表面油脂的方法有哪些？

麻花酥

此面点造型美观，小巧玲珑，形如麻花。

烹调方法

炸。

原料

面粉 250g。

调味料

熟猪油 60g，精炼油 750g（实耗 25g）。

制作要点

（1）制面团：取 100g 面粉、50g 熟猪油，擦成干油酥。150g 面粉、10g 熟猪油、60g 温水和成水油面，将水油面按扁，包入干油酥，向上拢起，收口捏紧朝下。操作台上撒上少许干面粉，将面团擀成长方形薄皮，叠成 3 层，再擀成长方形薄片。将薄片对叠起来，擀成长方形厚片，用快刀修齐四边。

（2）制生坯：将修齐的皮子改成 5 根长条，再将每根条改成 4 段，计 20 段。用小刀在每个长方形片的中间顺长切 2cm 的小口子，托住其中一头，从切口处翻出，即成麻花酥生坯。逐只做好，放入盘中。

（3）炸制：炒锅置火上，倒入精炼油，待油温升至五成热时，分两次将生坯投入油锅中炸制，注意保持油温的稳定，待麻花酥浮在油面上时捞出，再用沸油复炸一下，装入盘中即成。

制作关键

（1）干油酥与水油面的硬度要一致。

（2）水油面包入干油酥要包完整。

制作流程

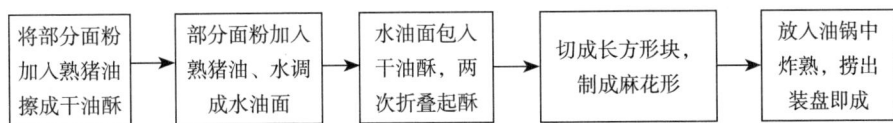

将部分面粉加入熟猪油擦成干油酥 → 部分面粉加入熟猪油、水调成水油面 → 水油面包入干油酥，两次折叠起酥 → 切成长方形块，制成麻花形 → 放入油锅中炸熟，捞出装盘即成

思考题

1. 为什么干油酥与水油面的硬度要一致？

2. 麻花酥生坯怎样制作？

鸡肉眉毛酥

采用卷筒酥的起酥方法，包馅制作成眉毛形状，故而得名。此面点酥层清晰，口感酥香。

烹调方法

炸。

原料

面粉 300g，熟鸡肉粒 80g，熟火腿末 50g，熟笋丁 15g，鸡蛋 1 个。

调味料

葱花 3g，味精 1g，精盐 3g，芝麻油 5g，熟猪油 70g，精炼油 750g（实耗 25g）。

制作要点

（1）制馅：将熟鸡肉粒、熟火腿末、笋丁、葱花、麻油、味精、精盐拌和成馅。

（2）制面团：取面粉120g、熟猪油60g，擦成干油酥。取面粉150g，加温水75g、熟猪油10g，揉成水油面。留下30g面粉做干粉用。

（3）制生坯：将水油面和干油酥各摘成5只面剂。水油面包入干油酥，折叠两次后卷成圆柱体，并用刀横切四截，将每一截按扁，酥纹朝上，放上馅心。将馅心按扁，皮子四周涂上蛋液，然后对折成半圆形，将靠近右手部位的圆弧折进去一小部分，对叠后就形成了一头圆、一头尖的酥饺，形似人的眉毛，故名"眉毛酥"。将边沿对齐，捏紧捏薄。从右至左，在弧形部位绞出绳状花边。

（4）炸制：炒锅置火上，倒入精炼油，烧至四成热时，将眉毛酥放入油锅温油炸制成熟，倒入漏勺中沥去油，装入盘中即成。

制作关键

（1）调制干油酥、水油面时的用料比例要恰当，包酥时的两种面团比例要恰当。

（2）馅心要调成黏稠状，便于成型。

（3）油酥面的硬度与水油面的硬度要一致。

（4）控制好炸制时的油温。

制作流程

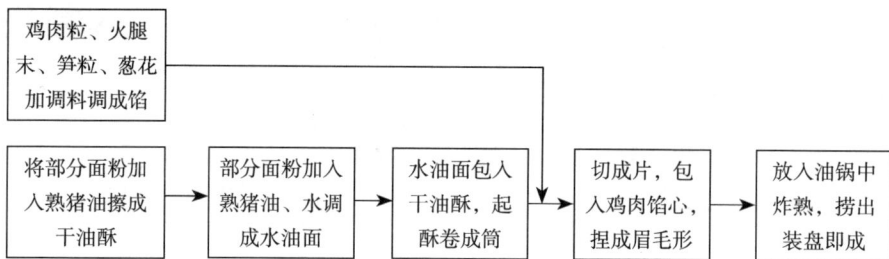

思考题

1. 该面点为什么叫眉毛酥？

2. 制作该面点要注意哪些关键点？

萱化酥

此面点酥层清晰，形状美观，外形完整，质地酥脆。

烹调方法

炸。

原料

面粉250g，硬枣泥馅150g，鸡蛋液15g。

调味料

熟猪油 60g，精炼油 750g（实耗 25g）。

制作要点

（1）整理：将枣泥馅心制成 20 只小圆球。

（2）制面团：取面粉 100g，熟猪油 50g，擦成干油酥。取面粉 125g，加温水 60g、熟猪油 10g，揉成水油面。留下 25g 面粉作干粉。

（3）制酥皮：将干油酥和水油面各摘成 5 个面剂。然后以一个水油面包入一个干油酥面团，折叠后按卷筒酥的方法卷成圆柱体，用快刀从中间一切两截，再把每一截对半剖开，共做成 4 个半圆柱体。按同样的方法将其余的面团也做成半圆形，共 20 只。

（4）制生坯：将半圆形的面坯刀切面朝上，用右手掌将其按扁，尽量使酥纹面扩大，包入枣泥球 1 只，再将收口窝起，涂上少许蛋液，以防散裂。收口捏紧朝下，有纹的一面朝上，稍按扁即成椭圆形生坯。

（5）炸制：锅置火上，倒入精炼油，烧至四成热时，放入 20 只萱化酥生坯炸至成熟，倒入漏勺中沥去油，装入盘中即成。

制作关键

（1）制作该面点最好用小包酥的方法制作。

（2）起酥卷成圆筒形要卷粗些。

（3）包制时，尽量少按酥层，以防止对酥层的破坏。

制作流程

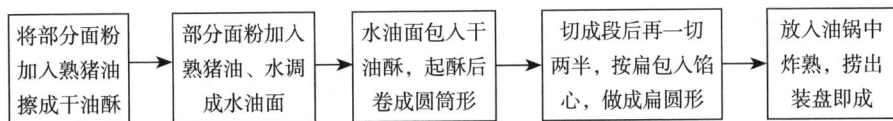

| 将部分面粉加入熟猪油擦成干油酥 | → | 部分面粉加入熟猪油、水调成水油面 | → | 水油面包入干油酥，起酥后卷成圆筒形 | → | 切成段后再一切两半，按扁包入馅心，做成扁圆形 | → | 放入油锅中炸熟，捞出装盘即成 |

思考题

1.什么是小包酥？

2.包制时应尽量少按酥层，这是为什么？

四角风轮酥

此面点形似风轮，酥松甜香，色泽美观。

烹调方法

炸。

原料

面粉 250g，金桔 25g，青梅 50g，猪板油丁 15g，鸡蛋液 20g。

调味料

白糖 5g，熟猪油 60g，精炼油 750g（实耗 25g）。

制作要点

（1）整理：将金桔、青梅、猪板油丁分别切碎，拌入白糖成馅心。取面粉 100g、熟猪油 50g，擦成干油酥。取面粉 125g，加温水 60g、熟猪油 10g，揉成水油面。留下 25g 面粉作干粉。

（2）制生坯：将水油面和干油酥分别摘成 20 只剂子。逐只将水油面剂按扁，包入干油酥面剂，收口捏拢向上，揿扁，擀成长条，顺长对折，再擀成长条，横向对折成正方形，擀平成酥皮。每个酥皮包入 7.5g 馅心，沿边涂上蛋液。坯子四周向上捏拢成 4 只角，用剪刀将表面修平。再在每只角上，剪出 2 根条，将每只角的第 1 根条向上翘起，尖端涂些蛋液，用骨针将其弯向中心并粘起，成四个小环相连，中间有一凹塘。再将每只角的第 2 根条向下向中心弯起，尖端涂上蛋液，向中心处粘牢，成为 4 个小环。

（3）炸制：炒锅置火上，倒入精炼油，待油温升至四成热时，放入生坯。用手勺舀热油往四角风轮酥的中心浇，使酥层变得清晰，炸至上浮，内无含油，倒入漏勺中沥去油，装入盘中即成。

制作关键

（1）金桔、青梅馅心可用莲蓉、枣泥馅等代替。

（2）所做成品要大小一致。

（3）烹调方法既可以炸，又可以烤。

制作流程

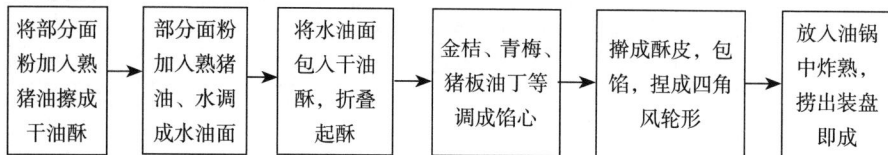

将部分面粉加入熟猪油擦成干油酥	部分面粉加入熟猪油、水调成水油面	将水油面包入干油酥，折叠起酥	金桔、青梅、猪板油丁等调成馅心	擀成酥皮，包馅，捏成四角风轮形	放入油锅中炸熟，捞出装盘即成

思考题

1. 皮面对馅心有何要求？

2. 油锅炸与烤箱烤出来的酥点有何区别？

酥 合

此面点层次分明，酥纹正中，不偏不斜，绞边匀晰，酥香松甜。

烹调方法

炸。

原料

面粉 500g，细沙馅 300g，鸡蛋液 20g。

调味料

熟猪油 120g，精炼油 750g（实耗 35g）。

制作要点

（1）制面团：细沙馅分成 20 等份，搓成圆形。取面粉 200g、熟猪油 100g，擦成干油酥。取面粉 250g，加温水 120g、熟猪油 10g，揉成水油面。留下的 50g 面粉做干粉用。

（2）制生坯：将水油面和干油酥分别摘成 10 只剂子。取一只水油面剂子按扁，包进一只干油酥剂子，收口捏紧朝上，撒上少许干粉，将其按扁，用小擀面杖擀成长方形薄片。然后把它顺长对折，叠成窄长条，再将长条擀薄。用快刀将顶头切齐，由外向里卷紧，卷成圆柱体。然后再用快刀将圆柱体横切成 4 段，将每段的横截面朝上，按扁，轻轻擀成圆皮。然后左手托住一张皮子，右手放入一只馅心。在左手皮子的四周涂上一圈蛋液，再用另张皮子盖上，四边要吻合。馅心要放在皮子的中间，还要将收口处捏薄，用右手拇指和食指绞出绳状花边，接头处用蛋液粘牢，即成生坯。

（3）炸制：炒锅置火上，倒入精炼油，烧至四成热时，生坯入油锅中养熟，重油后即可捞出。

制作关键

（1）细沙馅要稍硬些，这样便于包捏。

（2）酥合的上下面皮大小要一样。

（3）酥层清晰的一面朝上，作为生坯的正面。

制作流程

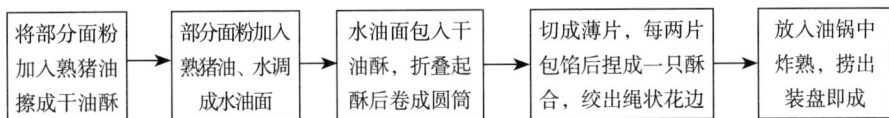

```
将部分面粉      部分面粉加入     水油面包入干     切成薄片，每两片    放入油锅中
加入熟猪油   →  熟猪油、水调  →  油酥，折叠起  →  包馅后捏成一只酥  →  炸熟，捞出
擦成干油酥      成水油面        酥后卷成圆筒     合，绞出绳状花边    装盘即成
```

思考题

1. 为什么制作此制品细沙馅要稍硬些？
2. 怎样使做出来的制品大小一致？

鸳鸯酥合

此面点图案别致，口味多样，松酥可口。

烹调方法

炸。

原料

面粉 300g，豆沙馅 75g，枣泥馅 75g，鸡蛋液 20g。

调味料

熟猪油 70g，精炼油 750g（实耗 25g）。

制作要点

（1）整理：豆沙馅、枣泥馅分别分成 10 份。

（2）制面团：取面粉 120g、熟猪油 60g，擦成干油酥。取面粉 150g，加温水 60g、熟猪油 10g，揉成水油面。留下 30g 面粉作干粉用。

（3）成型、成熟：将水油面和干油酥各摘成 5 只面剂，折叠起酥后卷成圆柱体，用刀横切四截，将每一截按扁，酥纹朝上，分别包入 10 只豆沙馅和 10 只枣泥馅，然后用一只豆沙馅的酥饺生坯和一只枣泥馅的酥饺生坯连起来，形成一幅太极图案。接头的地方用蛋液粘起，防止断裂，再绞出花边，放入油锅炸至成熟，倒入漏勺中沥去油，装入盘中即成。

制作关键

（1）酥纹应按在圆皮的半边。

（2）包制时，将有纹的半边朝上，而且酥纹还要按一定的部位相互配制，如豆沙馅的酥纹在左上角，则枣泥馅的酥纹就应在右下角。

（3）酥饺的生坯一次不能做得过多，否则经风一吹容易干裂。

制作流程

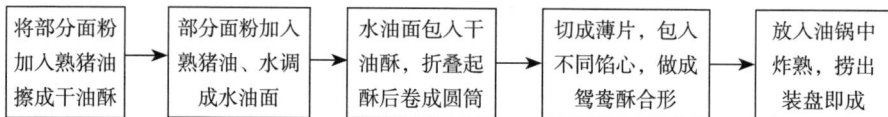

| 将部分面粉加入熟猪油擦成干油酥 | → | 部分面粉加入熟猪油、水调成水油面 | → | 水油面包入干油酥，折叠起酥后卷成圆筒 | → | 切成薄片，包入不同馅心，做成鸳鸯酥合形 | → | 放入油锅中炸熟，捞出装盘即成 |

思考题

1. 制作该面点为什么要小包酥？

2. 生坯成型时应注意哪些事项？

百合酥

此面点酥瓣层层翻出，质地酥香，小巧玲珑。

烹调方法

炸。

原料

面粉 500g，枣泥馅 150g，鸡蛋液 20g。

调味料

熟猪油 110g，精炼油 750g（实耗 35g）。

制作要点

（1）制面团：取面粉 200g、熟猪油 100g，擦成干油酥。取面粉 250g，加温水 120g、熟猪油 10g，揉成水油面。留下的 50g 面粉作干粉用。

（2）制生坯：在水油面中包入干油酥，按扁，擀成长方形薄片，横折叠 3 层，再擀成长方形薄片，再横叠 3 层。擀成长 20cm、宽 16cm 的长方块。用锋利的厨刀将长方块切成 4cm 见方的小方块 20 块。将每只小方块用剪刀修圆，四周涂上蛋液，中间放入馅心包起，收口捏紧向下，成圆球形。用快刀在圆球顶端剞上十字花刀，刀深至不露馅，再将四瓣微开，即为百合酥生坯。

（3）炸制：油锅上火，倒入精炼油，待油温升至三成热时，放入生坯（最好分两次入锅炸制），温火慢炸。炸至酥层清晰，浮上油面，用手勺舀热油，浇在酥心上，至成熟后倒入漏勺中沥去油，装入盘中即成。

制作关键

（1）起酥时要轻擀轻压，撒上的面粉不宜过多。

（2）刀刃要锋利，以便于酥层清晰。

制作流程

将部分面粉加入熟猪油擦成干油酥 → 部分面粉加入熟猪油、水调成水油面 → 水油面包入干油酥，折叠起酥 → 切成 4cm 见方的块，包入馅心，做成百合酥形 → 生坯放入油锅中炸熟，捞出装盘即成

思考题

1.起酥时为什么撒上的面粉不能多？

2.刀刃不锋利，对酥层有影响吗？

荷花酥

此面点花瓣匀称，酥层清晰，形象美观，是夏季时令酥点。

烹调方法

炸。

原料

面粉 250g，豆沙馅 120g，鸡蛋液 20g。

调味料

熟猪油 60g，精炼油 750g（实耗 25g）。

制作要点

（1）制面团：取面粉 100g、熟猪油 50g，擦成干油酥。取面粉 125g，加温水 60g、熟猪油 10g，揉成水油面。留下 25g 面粉作干粉用。水油面和干油酥各摘成 12 只剂子。将每个水油面分别包入一只干油酥，擀成长方形，顺长对叠成两层，擀长擀薄。将一端切齐，由外向里叠成 5cm 见方的酥皮，收口处用蛋液粘起，收边朝上，稍加擀压。

（2）制生坯：将擀好的酥皮四周涂上蛋液，中间放入豆沙馅包起，收口捏拢朝下，成一圆球状。用快刀在圆球顶端划 3 刀，将其平分成 6 瓣，不能划破馅心，即成荷花酥生坯。

（3）炸制：锅置火上，倒入精炼油，待油温升至三成热时，放入生坯，低油温养炸，不断地用热油往中心浇，使酥层放清晰。待制品浮于油面，再提高油温炸一下，即可倒入漏勺中沥去油，装入盘中即成。

制作关键

（1）用刀切出的花瓣，要大小一致。

（2）油酥在养炸的过程中，油温不宜过高，否则生坯中的油和水分不容易炸出来。

制作流程

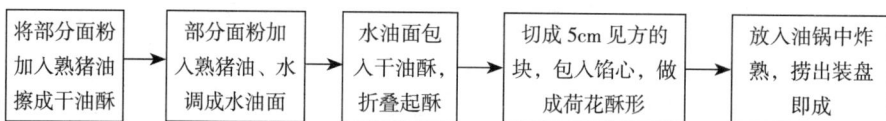

将部分面粉加入熟猪油擦成干油酥	→	部分面粉加入熟猪油、水调成水油面	→	水油面包入干油酥，折叠起酥	→	切成 5cm 见方的块，包入馅心，做成荷花酥形	→	放入油锅中炸熟，捞出装盘即成

思考题

1. 怎样使切出来的花瓣大小一致？

2. 养炸时的油温为何不能较高？

3. 油酥炸制的三步骤是什么？

风车酥

此面点形似风车，表面色泽金黄，四角端正，造型美观，层次分明，馅心正中。

烹调方法

烤。

原料

面粉 220g，莲蓉馅 75g，鸡蛋液 20g。

调味料

白糖 2g，熟猪油 160g，精炼油 15g。

制作要点

（1）制生坯：将 100g 面粉中加入蛋液、白糖、猪油、水调成蛋面皮，醒制。100g 面粉中加入 150g 猪油调成酥心，压成方块，放入冰箱冷冻。将酥心擀成有一定厚度的长方体，放在擀的与之同样大小的蛋面皮上，用擀面杖压紧，两边向中间折起，然后对叠，放入冰箱中冰冻静置。擀成长方体，然后两边向中间折起，对折，放入冰箱中冰冻后再叠一次，擀成厚 1cm 的大片，切成边长 8cm 的正方形，每角正中切一刀至中间位置的一半，将莲蓉馅放在每个皮坯中间，皮坯隔角翻到中间位置折好，压紧，切少许边角料封口，成风车形生坯。

（2）烤制：将生坯放入烤盘，涮上蛋液，用上火 200℃、下火 180℃烤约 20min，取出装入盘中即成。

制作关键

（1）掌握酥心软硬度并及时起酥，酥心过硬起酥时会爆裂，造成分布不均；酥心过软则难起酥。

（2）酥心与蛋面皮硬度一致。

（3）掌握皮的厚薄，过薄酥层边膨胀效果差，过厚成品烤出易变形。

（4）涮蛋液不宜刷到边上，以免影响起酥的层次。

制作流程

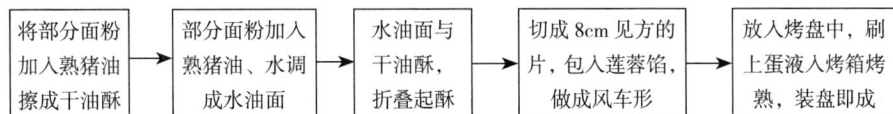

| 将部分面粉加入熟猪油擦成干油酥 | → | 部分面加入熟猪油、水调成水油面 | → | 水油面与干油酥，折叠起酥 | → | 切成 8cm 见方的片，包入莲蓉馅，做成风车形 | → | 放入烤盘中，刷上蛋液入烤箱烤熟，装盘即成 |

思考题

1. 起酥时为什么要放入冰箱中冻一下？

2. 生坯在烤制过程中要注意哪些方面？

藕丝酥

此面点藕段洁白，酥纹清晰，质地酥脆，口味甘甜。

烹调方法

炸。

原料

面粉 250g，鸡蛋液 20g，硬细豆沙馅 100g，发菜 5g。

调味料

熟猪油 60g，精炼油 750g（实耗 25g）。

制作要点

（1）制面团：取面粉 100g、熟猪油 50g，擦成干油酥。取面粉 125g，加温水 50g、熟猪油 10g，揉成水油面。留下 25g 面粉作干粉。

（2）制生坯：将水油面按扁，包入干油酥，收口捏紧向上，擀成长方形薄片，横叠 3 层，再擀成长方形，对叠 2 层，成长 21cm、宽 14cm 的长方形酥皮。用刀修齐四周毛边，再切成边长 7cm 的薄皮 6 片，刷上鸡蛋液，叠在一起，稍加挤压，在其横截面切成片，酥层朝下，抹上鸡蛋液，包入硬细豆沙馅，捏成藕形，藕节处用发菜点缀，两端微弯，即成藕丝酥生坯。

（3）炸制：炒锅置火上，倒入精炼油，待油温升至三成热时，放入生坯。炸至酥层清晰，浮于油面，再升高油温，复炸一次，倒入漏勺中沥去油，装入盘中即成。

制作关键

（1）藕尖处的嫩芽要捏尖捏细，两头要微弯。

（2）藕段不能做得过粗，否则成品的造型不易把握。

制作流程

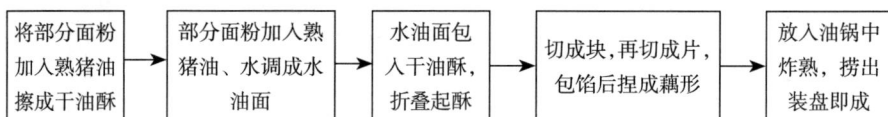

| 将部分面粉加入熟猪油擦成干油酥 | → | 部分面粉加入熟猪油、水调成水油面 | → | 水油面包入干油酥，折叠起酥 | → | 切成块，再切成片，包馅后捏成藕形 | → | 放入油锅中炸熟，捞出装盘即成 |

思考题

1.怎样将藕形做得逼真？

2.藕形能否做得较大？

3.谈谈发菜的特征。

桃丝酥

此面点形似寿桃，酥纹清晰，质酥味香。

烹调方法

炸。

原料

面粉 250g，糖冬瓜 75g，鸡蛋液 20g，熟面粉 25g。

调味料

白糖 5g，熟猪油 60g，精炼油 750g（实耗 25g）。

制作要点

（1）制面团：将糖冬瓜切成末，与熟面粉、白糖拌和成冬瓜馅。取面粉100g、熟猪油50g，擦成干油酥。取面粉125g，加温水60g、熟猪油10g，揉成水油面。留下25g面粉作干粉。

（2）制生坯：水油面中包入干油酥，收口捏紧向上，擀成长方形薄片，横叠3层，再擀成长方形，对叠2层。擀成长21cm、宽14cm的酥皮。切齐四边，用刀切成6cm见方的片，刷上鸡蛋液，叠在一起，稍加挤压，在其横截面切成片，酥层朝下，抹上鸡蛋液，包入冬瓜馅，捏成挑子形状，即成桃丝酥生坯。

（3）炸制：炒锅置火上，倒入精炼油，待油温升至四成热时，放入生坯。炸至酥层清晰，浮于油面，再升高油温，复炸一次，倒入漏勺中沥去油，装入盘中即成。

制作关键

（1）在制作糖冬瓜馅时，要注意糖冬瓜若较甜时，不可加入白糖调味。

（2）捏制成型时，动作要轻，以防将酥层弄乱。

制作流程

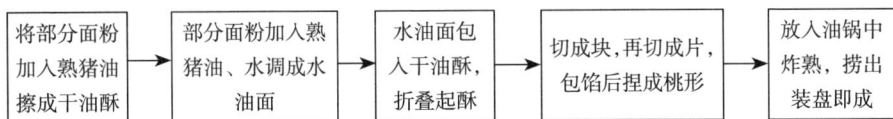

将部分面粉加入熟猪油擦成干油酥 → 部分面粉加入熟猪油、水调成水油面 → 水油面包入干油酥，折叠起酥 → 切成块，再切成片，包馅后捏成桃形 → 放入油锅中炸熟，捞出装盘即成

思考题

1.为什么糖冬瓜有时较甜？

2.捏制桃丝酥生坯时，有哪些关键点？

青蛙酥

此面点形似青蛙，造型逼真，小巧玲珑，质地酥脆。

烹调方法

炸。

原料

面粉250g，鸡蛋液20g，莲蓉馅150g，可可粉5g，青菜汁15g。

调味料

熟猪油60g，精炼油750g（实耗25g）。

制作要点

（1）制面团：取面粉100g、熟猪油50g，擦成干油酥。取面粉125g，加温水60g、熟猪油10g，揉成水油面。留下25g面粉作干粉。

（2）整理：取 80g 水油面，用青菜汁调成绿色面团。另取少许面团，加入可可粉，揉成棕色面团。

（3）起酥：在绿色面团中包进 60g 干油酥，白色面团中包进 90g 干油酥，收口捏紧向上，按扁，擀成长方形薄片。将绿色薄片由两边向中间折叠成 3 层，擀成长方形，再对折叠起，擀为长 8cm、宽 3cm 的长方形，用刀修齐四边。再将白色薄片由两边向中间折叠成 3 层，擀成长方形，再对折叠起，用刀修齐四边，成长方形。

（4）切条：用刀将绿色长方形坯皮切成 24 根长 8cm 的条，涂上蛋液，再将白色方坯皮切成 36 根长 8cm 的条，也涂上蛋液。

（5）制生坯：取 6 根白色条子和 4 根绿色条子，将它们两两相隔，使刀切面朝下分别粘连，按成一个长方形，再切成两个边长 4cm 的方块。用同样的方法拼成 12 块方块，在每块皮上涂上蛋液，包入馅心，收口捏紧、捏长，做成一头圆一头尖的形状。再将尖部按扁，在中间切一刀，在反面涂上蛋液，向下折入生坯，形似青蛙后腿。再在圆部捏出青蛙的头。用棕色面团搓成小圆粒，沾上蛋液，按在额头的两边，做成青蛙眼睛，即成青蛙酥生坯。

（6）炸制：锅置火上，放入精炼油，待油温升至四成热时，放入生坯，炸至酥层清晰，浮于油面，捞出青蛙酥，待油温升至六成热时，复炸一次，倒入漏勺中沥去油，装入盘中即成。

制作关键

（1）可以制成双色青蛙，也可用单色制作成青蛙。

（2）绿色与白色两种面团硬度要一致。

制作流程

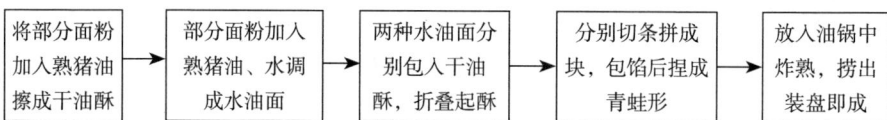

将部分面粉加入熟猪油擦成干油酥 → 部分面粉加入熟猪油、水调成水油面 → 两种水油面分别包入干油酥，折叠起酥 → 分别切条拼成块，包馅后捏成青蛙形 → 放入油锅中炸熟，捞出装盘即成

思考题

1. 用绿色人工合成色素代替青菜汁，可以吗？

2. 制作青蛙坯皮时，应注意哪些关键点？

3. 叙述油炸青蛙酥的程序。

元宝酥

此面点形似元宝，小巧玲珑，逗人喜爱，质地酥脆。

烹调方法

炸。

原料

面粉 250g，鸡蛋液 20g，硬细沙馅 75g。

调味料

熟猪油 60g，精炼油 750g（实耗 25g）。

制作要点

（1）制面团：将面粉 100g、熟猪油 50g，擦成干油酥。取面粉 125g，加温水 60g、熟猪油 10g，揉成水油面。留下 25g 面粉作干粉。

（2）制生坯：在水油面中包入干油酥，按扁，擀成长方形薄片，横折叠 3 层，再擀成长方形薄片，再横叠 3 层。擀成 12cm 见方的方块，再切成 4cm 边长的方块 9 块，每块皮料上抹上鸡蛋液，叠起来，用快刀在它的横截面切成薄片，包入硬细沙馅，按成椭圆形，中间略凸，馅心向中间推挤。然后将两端窝起，涂些蛋液粘在底部，做成元宝形生坯。

（3）炸制：锅置火上，倒入精炼油，烧至四成热，将制好的元宝酥下油锅中，炸至浮起，捞起至油温升至六成热时，放入油锅中复炸，倒入漏勺中沥去油，装入盘中即成。

制作关键

（1）豆沙馅心要稍硬。

（2）用刀切下来的面片不能过厚。

（3）成品大小一致。

制作流程

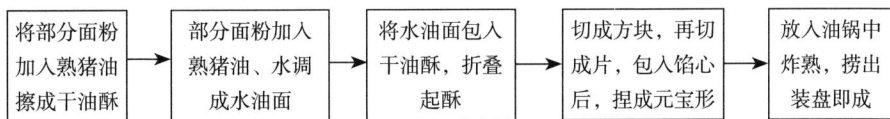

思考题

为何豆沙馅心要稍硬？

海棠酥

此面点造型美观，酥层清晰，甘甜酥脆。

烹调方法

炸。

原料

面粉 250g，鸡蛋液 20g，枣泥馅 75g，樱桃 10 粒。

调味料

熟猪油 60g，精炼油 750g（实耗 25g）。

制作要点

（1）制面团：将面粉 100g、熟猪油 50g，擦成干油酥。取面粉 125g，加温水 60g、熟猪油 10g，揉成水油面。留下 25g 面粉作干粉。

（2）制酥皮：水油面中包入干油酥，收口捏紧向上，擀成长方形薄片，横叠 3 层，再擀成长方形，对叠 2 层。擀成长 25cm、宽 20cm 的酥皮。切齐四边，用刀切成 20 块 5cm 见方的正方形，再修成圆形。

（3）制生坯：将圆酥皮四周刷上蛋液，中间放入枣泥馅。将酥皮分成 5 等份向上捏拢，呈 5 只角，上端捏成 5 条双边，用剪刀将其表面修平，在每只角上剪出 2 根条子，将第 1 根条子向上弯起，尖端沾上蛋液，粘在 5 只角的中心，组成 5 只小环球。每只角上的第 2 根条子表示花瓣。然后将 2 根条子下面的 5 只角各剪去 1 个尖角，以突出花瓣，即成海棠酥生坯。

（4）炸制：炒锅置火上，倒入精炼油，待油温升至四成热时，放入生坯。炸至酥层放开，浮上油面，再升高油温，复炸一下，倒入漏勺中沥去油，用半粒樱桃放在海棠酥中间点缀，装入盘中即成。

制作关键

（1）切出的皮子大小要一致。

（2）制作时要细心。

（3）油炸时要控制好油温。

制作流程

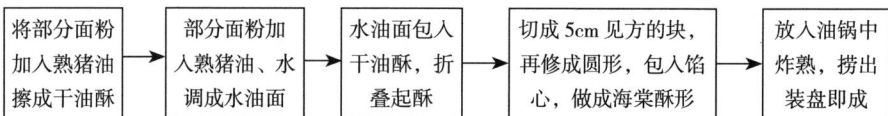

将部分面粉加入熟猪油擦成干油酥	→	部分面粉加入熟猪油、水调成水油面	→	水油面包入干油酥，折叠起酥	→	切成 5cm 见方的块，再修成圆形，包入馅心，做成海棠酥形	→	放入油锅中炸熟，捞出装盘即成

思考题

1.为什么酥心与酥皮硬度一样？

2.制作该面点有哪些关键点？

凤尾酥

此面点色泽鲜艳，造型美观，外脆里嫩。

烹调方法

烤。

原料

酥面皮 250g，凤尾虾 20 只，虾仁 150g，猪肥膘粒 15g，马蹄 25g，鸡蛋黄 1 个，去皮白芝麻 10g。

调味料

精盐 3g，味精 1g，葱花 5g。

制作要点

（1）制馅：将虾仁等切成小粒，与猪肥膘、马蹄、精盐、味精、葱花拌和成馅心。

（2）成型、成熟：酥皮面擀成 2mm 厚的大片，再切成 10 片长方形的皮，包入馅心，并在两端各放入凤尾虾 1 只，将尾壳留在酥皮面外面。从头卷起，结缝处朝下，并刷上蛋液、撒上少许白芝麻，放入 190℃的烤箱，烤成金黄色，取出装入盘中即成。

制作关键

（1）凤尾虾要鲜活，凤尾虾壳颜色才能鲜红。

（2）生坯外形要光滑，馅心不可包得过多，以防成品裂缝。

（3）控制烤制时的温度与烤制时间。

制作流程

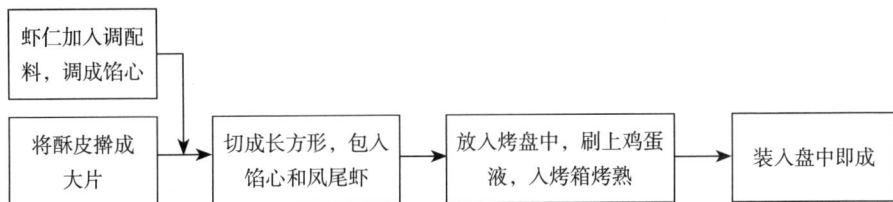

思考题

1. 鲜凤尾虾成熟后，虾壳为什么会变红？

2. 叙述凤尾酥生坯的成型过程。

鲳鱼酥排

酥排是一类点心的统称，用什么主料，就称为什么酥排，如鲳鱼酥排。此面点酥层松酥，层次清晰，造型优美，口味鲜香。

烹调方法

煎或烤。

原料

鲳鱼肉粒 200g，瓜子仁粒 30g，面粉 500g，上浆虾仁 50g，猪肥膘 15g，洋葱粒 10g，鸡蛋 1 个。

调味料

熟猪油 140g，精炼油 10g。

制作要点

（1）制馅：取一部分鲳鱼肉、虾仁和猪肥膘斩成蓉，加入瓜子仁粒、洋葱粒，加精炼油拌成馅心。

（2）成型、成熟：将面粉调成水油面与油酥面，大包酥起酥后，叠两个"日"字后，擀成 2mm 厚的薄片，抹上鸡蛋液，均匀地铺上一层馅心。刮平后撒上鲳鱼肉粒，压紧后切成小块，放入平底锅煎熟，或放入 180℃的烤箱中烤 15min，取出后切成小块装盘。

制作关键

（1）鲳鱼应选择稍大的品种，且较新鲜。

（2）煎制时，要掌握好煎制时的火力。

（3）该点心既可以烤，又可以煎制成熟。

制作流程

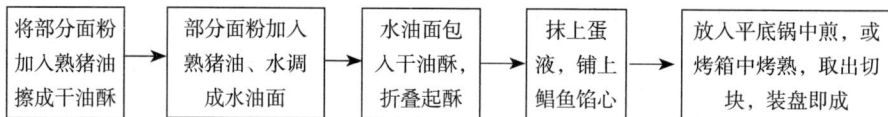

将部分面粉加入熟猪油擦成干油酥 → 部分面粉加入熟猪油、水调成水油面 → 水油面包入干油酥，折叠起酥 → 抹上蛋液，铺上鲳鱼馅心 → 放入平底锅中煎，或烤箱中烤熟，取出切块，装盘即成

思考题

1. 简述酥排一般的操作过程。

2. 除鲳鱼外，还可以用哪些原料代替？

3. 坯皮可以用模具压制吗？

第十二章

米粉面团品种制作

本章内容：米粉面团品种制作

教学时间：12 课时

教学目的：先由教师演示，再由学生练习，通过讲、演、练、评，达到训练目的。

教学要求：1.让学生了解米粉面团的特点。

2.让学生掌握调制米粉面团的技巧。

3.让学生掌握米粉面团一般品种基本制作方法。

4.让学生掌握米粉面团常见品种的烹调方法。

课前准备：准备炉灶、原料（有的需要初加工、预熟处理）、餐具、用具等。

炸糍粑

此面点色泽金黄，糍粑香脆，糯米清香。

烹调方法

炸。

原料

糯米 500g。

调味料

精盐 6g，精炼油 750g（实耗 25g）。

制作要点

（1）泡糯米：将糯米淘洗干净，浸泡 4h，捞起沥干水分。锅内烧开水 250g，加入精盐 6g 至溶化，倒入糯米，搅拌均匀，煮至七成熟离火。

（2）蒸制：取笼 1 只，笼内垫上湿纱布，把锅内糯米饭盛入笼内，上笼锅用旺火、沸水蒸熟。

（3）制生坯：取有底的方木框 1 只，框底垫上干净湿纱布，纱布面积应比框底面积大 2 倍以上。将蒸熟的糯米饭装入木框，用纱布盖上，并用重物压平。待其冷却，饭已发硬时，从木框中取出，用刀切成 10 块长 5cm、宽 4cm、高 1cm 的长方块。

（4）炸制：锅置火上，倒入精炼油，待油温烧至七成热时，将糍粑生坯投入油锅内炸制，炸成表面呈金黄色时，倒入漏勺中沥去油，装入盘中即成。

制作关键

（1）要选择新鲜的糯米。

（2）糯米需要浸泡，但时间不能过长。

（3）不能用动物油脂炸制。

（4）油炸时油温过低，制品不酥脆，反之制品表面易焦。

制作流程

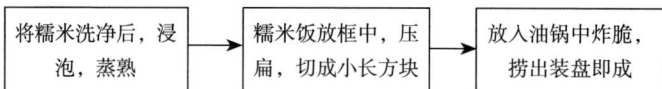

将糯米洗净后，浸泡，蒸熟 → 糯米饭放框中，压扁，切成小长方块 → 放入油锅中炸脆，捞出装盘即成

思考题

1. 糯米为什么要浸泡？

2. 饭蒸熟后，为何冷却后再用刀切成块？

油饺子

此面点外脆里嫩，甜香软嫩，口味甜香。

烹调方法

炸。

原料

糯米粉 200g，面粉 50g，豆沙馅 200g。

调味料

精炼油 750g（实耗 25g）。

制作要点

（1）制面团：将面粉装入盆中，倒入 100g 沸水，烫成熟芡。糯米粉放操作台上，加入熟芡揉成团，揉均匀。

（2）制生坯：粉团搓成长条，摘成 20 只剂子，按成椭圆形坯皮，包入 10g 豆沙馅心。将坯皮对叠，两边对齐按紧，捏成半月形，微弯曲，即成生坯。

（3）炸制：锅置火上，待油温至七成热时，放入生坯，炸至色呈金黄色时，倒入漏勺中沥去油，装入盘中即成。

制作关键

（1）面粉与糯米粉按一定比例掺和在一起。

（2）捏制成型要规格统一，便于成熟。

（3）油炸时要控制好油温。

制作流程

将面粉烫制后与糯米粉揉成团 → 搓条、摘剂，按扁 → 包入豆沙馅心，捏成半月形 → 放入油锅中炸熟，捞出装盘即成

思考题

1. 面粉与糯米粉为何要按一定比例掺和在一起？

2. 怎样控制油炸时的油温？

麻　团

此面点形圆个大，内空饱满，色泽金黄，香脆甜糯。

烹调方法

炸。

原料

水磨糯米粉 800g，芝麻 100g。

调味料

白糖 60g，精炼油 750g（实耗 35g）。

制作要点

（1）制生坯：糯米粉倒在操作台上，加入 400g 温水调成粉团，静置 10min 后揉匀揉透，并揉光滑。搓成长条后摘成 20 只剂子。将每只剂子按扁，捏成酒盅状，包入白糖馅心，收口捏紧，摘去尖端，搓圆后滚上芝麻即成生坯。

（2）炸制：锅置火上，倒入精炼油，烧至六成热时，倒入麻团生坯，养炸 2min，待外壳发硬，转小火养炸，并不断翻动，见麻球全部膨胀后成圆球浮起时，转至大火，炸呈金黄色，外壳发硬起脆时，倒入漏勺中沥去油，装入盘中即成。

制作关键

（1）糯米粉要用温水调制。

（2）油炸时，要根据具体情况调节油温。

制作流程

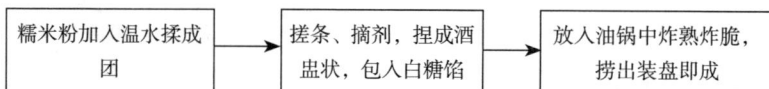

糯米粉加入温水揉成团 → 搓条、摘剂，捏成酒盅状，包入白糖馅 → 放入油锅中炸熟炸脆，捞出装盘即成

思考题

1. 为何调制糯米粉不能用沸水？

2. 油炸麻团时油温怎样调节？

雨花石汤圆

此面点形似雨花石，造型美观，香甜软糯。

烹调方法

煮。

原料

糯米粉 450g，粳米粉 50g，豆沙馅 200g，可可粉 15g。

制作要点

（1）制面团：将糯米粉、粳米粉掺和在一起。先取 150g 粉，加少量清水揉和，入沸水中煮熟成芡。将熟芡和入 350g 米粉擦透成团，擦时须加适量清水。揉至不粘手，面团光滑。

（2）搓条：取 1/8 粉团加入少量可可粉，揉匀擦透，分为 20 份。逐份搓成长条待用。

（3）制生坯：将余下的 7/8 粉团摘成 20 只剂子，逐只加入一份可可粉的粉团，稍加揉捏，再捏成酒盅状，包入豆沙馅，从边缘逐渐合拢收口，形如雨花石状的圆子。

（4）煮制：锅置火上，加入适量清水，烧沸时倒入圆子生坯并不断轻轻搅拌，不使圆子沉入锅底或相互粘连。当圆子上浮至水面时，减小火力，加冷水再焖，约焖6min，装入碗中即成。

制作关键

（1）可可粉用量不宜过多，以免产生失真感。

（2）煮汤圆时，火力不宜过大。

制作流程

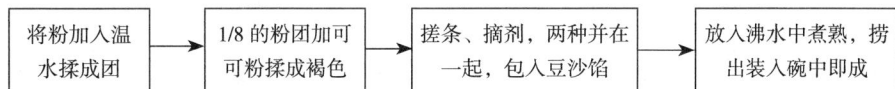

将粉加入温水揉成团 → 1/8 的粉团加可可粉揉成褐色 → 搓条、摘剂，两种并在一起，包入豆沙馅 → 放入沸水中煮熟，捞出装入碗中即成

思考题

1.怎样使捏出来的汤圆形状似天然雨花石？

2.煮汤圆时，火力为何不宜过大？

枣泥拉糕

制作拉糕需用糯米粉、粳米粉，按7∶3或6∶4的比例混合。制作拉糕一般将糯米粉和粳米粉加清水、白糖、精炼油、枣泥混合，调匀成稀糊状，倒入涂有食用油的方盘中，上笼蒸制成熟。此面点枣香扑鼻，软糯肥甜。

烹调方法

蒸。

原料

糯米粉300g，粳米粉200g，红枣300g，瓜子仁10g

调味料

白糖20g，精炼油40g。

制作要点

（1）制面糊：将红枣去核，浸泡半小时，上笼蒸烂，用细眼筛擦去枣皮成枣泥。精炼油、枣泥、白糖和清水入锅烧沸，变稠后稍冷却，放入两种米粉，拌和均匀成厚糊状。

（2）蒸制：取铝合金方形盆，内壁涂油，上面放一些瓜子仁，将拌好的厚糊倒入方盆，上笼蒸熟取出，花形朝上，待凉后切成块，装入盘中再略蒸，取出即成。

制作关键

（1）清水、白糖、米粉、枣泥、精炼油比例要正确。

（2）调制糊时要防止产生面疙瘩，米粉与几种辅料要同时加入，若先加入精炼油与米粉拌和后，再加入清水拌和则不宜拌均匀。同样若先用清水与米粉拌匀后，再加入精炼油也不宜拌匀。

（3）待拉糕蒸制成熟后，才能从笼中取出。若未蒸熟，取出待凉后，再上笼蒸就不易蒸熟。

制作流程

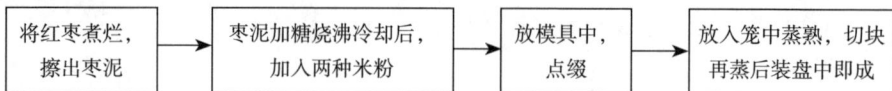

| 将红枣煮烂，擦出枣泥 | → | 枣泥加糖烧沸冷却后，加入两种米粉 | → | 放模具中，点缀 | → | 放入笼中蒸熟，切块再蒸后装盘中即成 |

思考题

1. 调制枣泥拉糕的原料比例为多少？

2. 拉糕为何要一次性蒸熟？

3. 用铝合金方盆蒸拉糕有何优点？

4. 拉糕除用枣泥制作外，还可用哪些原料来制作？

重阳方糕

此面点香甜适口，口味清香。

烹调方法

蒸。

原料

粳米粉300g，白糖150g，青梅25g，金桔25g，瓜子仁25g，红丝25g。

制作要点

（1）整理：粳米粉倒在操作台上，中间扒一小塘，倒入80g温水、125g白糖，拌成雪花状，揉匀揉散。再将青梅、金桔切碎，加入白糖、瓜子仁、红丝，拌和均匀备用。

（2）蒸制：取一中间有20格的木框，放在铺有干净湿布的蒸笼内。用筛将拌好的粉面均匀地筛入20个方格内，上面撒上拌好的果仁，上笼蒸熟。蒸熟后，出笼取去模具，将方糕装入盘中即成。

制作关键

（1）粳米粉掺水量要符合要求。

（2）米粉中加入清水后，要搓搓均匀。

（3）重阳方糕要趁热食用。

制作流程

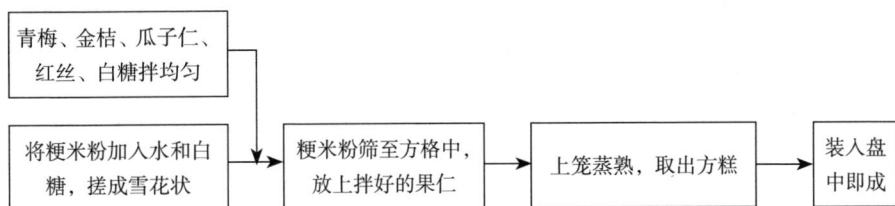

!思考题

1.为何粳米粉调成雪花状就能蒸熟?

2.重阳方糕凉后再食用口感较差,为什么?

松　糕

此面点色泽洁白,质地松软,口味香甜。

烹调方法

蒸。

原料

糯米粉 300g,粳米粉 200g。

调味料

白糖 30g,精炼油 5g。

制作要点

(1)拌粉:将两种米粉放入容器内,倒入白糖、清水、精炼油抄拌均匀,静置 1 ~ 2h,使糖液渗透到粉中。

(2)蒸制:将静置过的米粉过筛。取一只大笼垫上干净湿布,上面放一方形木框,把筛过的粉放入木框内铺平,铺至 3cm 厚,放在沸水锅上,用旺火蒸熟。注意蒸熟后将糕吹至微冷,倒于操作台上,除去笼、方框、湿布,用刀切成 10 块,装入盘中即可。

制作关键

(1)糯米粉与粳米粉的比例要恰当。

(2)铺米粉时,时动作要轻,只能抹平,不能按实。

(3)趁热切成块,容易粘刀。

制作流程

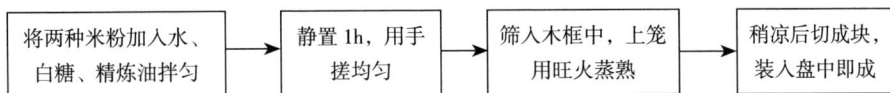

303

思考题

1. 糯米粉与粳米粉的比例如何?

2. 为何铺米粉时动作要轻?

3. 你能设计出一种新颖的制作松糕的模具吗?请画出并说明使用方法。

糯米凉卷

糯米凉卷是夏季时令小吃品种。其颜色黑白分明,口感软、糯、香、甜。

烹调方法

蒸。

原料

糯米 500g,黑芝麻 150g,红豆 250g,白糖 250g,绵白糖 200g,糖桂花 3g,精炼油 150g

制作要点

(1)制馅:红豆放清水中浸泡 2h,淘洗干净,放入锅中加入清水煮烂,捞出待红豆凉后,倒入筛子中,用手擦出豆沙,边擦边洒水,去掉豆壳,倒入布袋中,挤去水分。炒锅复置火上,倒入精炼油、白糖,将糖熬化时,倒入豆沙,炒至豆沙呈棕黑色时,放入糖桂花,拌匀后盛起冷却,待用。

(2)制芝麻粉:黑芝麻淘洗干净,沥净水分,放锅中炒熟,磨成粉待用。

(3)蒸制、成型:糯米淘洗干净,放入热水中浸泡 2h,捞出放笼中蒸熟,取出放入干净的布中,用力揉成团,搓成长条,用擀面杖擀成长方形薄片。先铺上一层绵白糖,再撒上一层黑芝麻屑,两边放上豆沙馅,由两边同时向中间卷起,将卷成的长卷用双手按紧,切成厚片装入盘中即成。

制作关键

(1)豆沙入锅熬制时,要熬得稠一些。

(2)糯米宜选择圆形的,黏性较强的为上品。

制作流程

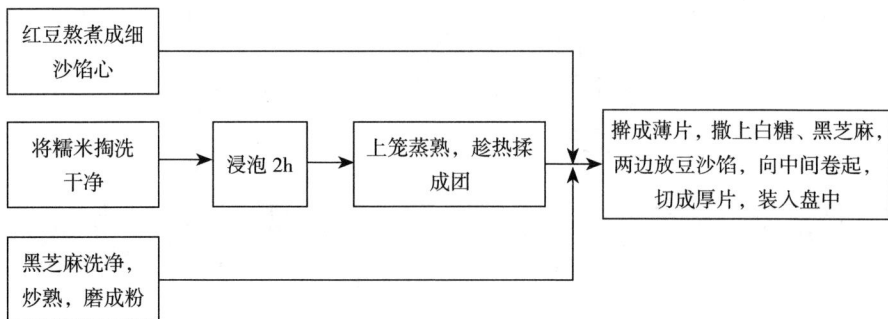

思考题

1. 从糯米形状、香味、品种等方面说明怎样选择糯米?

2. 熟糯米粉团在卷制过程中要注意哪些方面?

艾窝窝

艾窝窝是北京传统小吃,在春秋季节供应较多。其颜色洁白,口感软、糯、香、甜。

烹调方法

蒸。

原料

糯米 250g,豆沙馅 80g,绵白糖 50g,糕粉 200g。

制作要点

(1)制面团:将糯米放冷水中浸泡 2h,上笼蒸熟,放布上,洒上凉水,趁热隔布搓擦成团。白糖与糕粉拌和均匀成甜糕粉。

(2)将糯米团分成 20 只剂,包入豆沙馅,表面滚上甜糕粉,接口向下,放入盘中即成。

制作关键

(1)糯米蒸前要浸泡。

(2)糯米饭揉搓成团,需要洒上凉开水。

制作流程

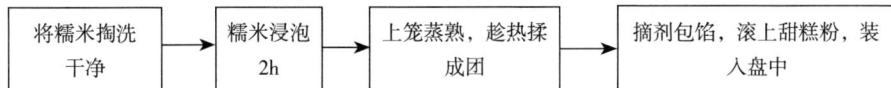

| 将糯米掏洗干净 | → | 糯米浸泡 2h | → | 上笼蒸熟,趁热揉成团 | → | 摘剂包馅,滚上甜糕粉,装入盘中 |

思考题

1. 糯米饭如何蒸制?

2. 熟糯米粉团在包制过程中要注意哪些方面?

小白鹅

此面点形似天鹅,憨态逗人。

烹调方法

蒸。

原料

糯米粉 100g,大米粉 100g,鸡丝馅心 60g,鸡蛋黄 2 个,红曲水 10g, 黑芝麻 20 粒。

调味料

精炼油 5g。

制作要点

（1）制面团：将糯米粉、大米粉混合均匀。取 1/3 粉烫成熟芡，将其余的粉和芡揉和成团，并加入少量精炼油，搓揉均匀；取 10g 粉团加入鸡蛋黄和红曲水，揉成鹅黄色。余下的本色粉团分成 10 只面剂。

（2）制生坯：取 1 个面剂，捏成小凹塘，放入鸡丝馅心，收口成团，捏出白鹅颈，取 1 小块鹅黄色皮坯，做成鹅的额头，装在鹅颈顶部，用船点刀压出鹅头顶部和嘴巴，用剪刀剪开鹅嘴，黑芝麻装在鹅头两侧，在身体两侧剪出两只小翅膀，用木梳压出尾巴毛。取另 1 小块火黄皮坯，捏出两只鹅脚，装在腹部下面，即成 1 只白鹅。依次将所有的小白鹅做好，放入笼中。

（3）蒸制：将小白鹅生坯置小火上蒸 3min，取下，装入盘中即成。

制作关键

（1）注意糯米粉与大米粉之间的比例。

（2）控制粉的掺水量，不宜过软或过硬。

（3）注意色彩要自然。

（4）形态要逼真。

制作流程

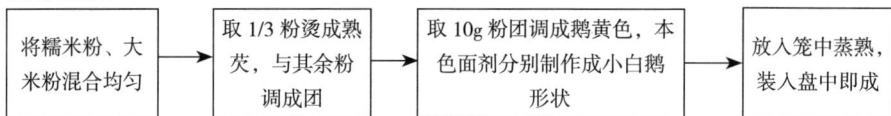

将糯米粉、大米粉混合均匀 → 取 1/3 粉烫成熟芡，与其余粉调成团 → 取 10g 粉团调成鹅黄色，本色面剂分别制作成小白鹅形状 → 放入笼中蒸熟，装入盘中即成

思考题

1. 粉团的调制要点是什么？

2. 怎样使白鹅形态逼真？

白　猪

此面点呈素色，造型可爱，口味香甜。

烹调方法

蒸。

原料

糯米粉 100g，大米粉 100g，叉烧馅心 60g，黑芝麻 20 粒。

调味料

精炼油 5g。

制作要点

（1）制面团：将糯米粉、大米粉混合均匀。取 1/3 粉烫成熟芡，将其余的粉和芡揉和成团，并加入少量精炼油，搓揉均匀，粉团分成 10 个剂。把叉烧馅心分成 10 等份。

（2）包馅：将每只剂子捏 1 个凹塘，包入 6g 馅心，捏紧成团。

（3）制生坯：把团捏成圆形，在圆形上捏出小白猪头来，在头形上捏出 2 只耳朵和 1 个鼻孔，在鼻子两侧挑出 2 只眼眶来，黑芝麻装在眼眶中。在头部用竹板压出纹路，在头部下面捏出 2 只前蹄，在后面两侧捏出 2 只后蹄，在背部后面捏出 1 条小而卷的尾巴，成 1 只小白猪。依次将小猪做完。

（4）蒸制：将小白猪生坯上笼蒸 3min，取出装入盘中即成。

制作关键

（1）面团调制要控制掺水量。

（2）小猪的形态要自然。

制作流程

| 将糯米粉、大米粉混合均匀 | 取1/3粉烫成熟芡，与其余的粉调成团 | 摘成剂，包入馅，制作成小猪形状 | 放入笼中蒸熟，装入盘中即成 |

思考题

1. 怎样调制米粉面团？
2. 捏制小白猪应注意哪些方面？

鹦 鹉

此面点色泽鲜艳，形态逼真，馅心鲜香。

烹调方法

蒸。

原料

糯米粉 100g，大米粉 100g，叉烧馅心 60g，黑芝麻 20 粒，鸡蛋黄 2 个，可可粉 5g，红曲米水 5g，青菜汁 25g。

调味料

精炼油 5g。

制作要点

（1）制面团：大米粉和糯米粉混合均匀，取 1/3 粉烫成熟芡，将其余粉和芡揉成团，加少量精炼油揉成粉团。取 10g 粉团加入可可粉，揉成淡黄色；再取 10g 粉团加入红曲水，揉成红色。余下的本色粉团加入鸡蛋黄和青菜汁，揉成果绿色，分成 10 个剂子。

（2）制生坯：取果绿色面剂，留一小块，做成 2 只鹦鹉翅膀，面剂包入 6g 馅心，收口成团。将粉团捏成鹦鹉的头部和身体、尾巴。取 2 粒黑芝麻装在头部两侧做眼睛。取 1 小块红色坯皮，做成鹦鹉嘴巴，装在 2 只眼睛下面。做好的翅膀，装在身体的两侧。取 1 小块淡黄色皮坯，做成鹦鹉脚爪，在每只鹦鹉腹部底下，装上两只脚爪，成 1 只红嘴绿鹦鹉。

（3）蒸制：将鹦鹉生坯上笼蒸 3min，取出装入盘中即成。

制作关键

（1）粉团中加入少量的精炼油，可以减少操作过程中的粘连，便于捏塑鹦鹉。

（2）制作鹦鹉应小巧玲珑。

制作流程

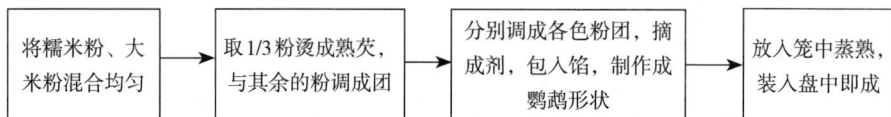

将糯米粉、大米粉混合均匀 → 取 1/3 粉烫成熟芡，与其余的粉调成团 → 分别调成各色粉团，摘成剂，包入馅，制作成鹦鹉形状 → 放入笼中蒸熟，装入盘中即成

思考题

1. 为何粉团制作中，要加入适量的精炼油？
2. 鹦鹉还可以制作成其他什么颜色？

小白兔

此面点色彩自然，造型美观，招人喜爱。

烹调方法

蒸。

原料

糯米粉 100g，大米粉 100g，百果馅心 60g，红曲米水 4g。

调味料

精炼油 5g。

制作要点

（1）制面团：将糯米粉、大米粉混合均匀。取 1/3 粉烫成熟芡，将其余的粉和芡揉和成团，并加入少量精炼油，搓揉均匀，取 8g 粉团加入红曲米水，调成红色。

（2）第 1 种生坯制法：白粉团摘成 10 个剂子，每个剂子包入馅心 6g，收口捏拢向下放，搓成椭圆形，尖端处做嘴，用剪刀剪出三瓣嘴唇。耳朵自后向前剪出,耳朵略长,中间用骨针揿一条槽。腹部捏出 4 只脚,尾部用剪刀剪出短尾,再用红色粉团搓 2 粒眼睛按上面部两侧,即成生胚。

（3）第 2 种生坯制法:还有一种制法是包进馅后将粉团制葫芦形,上部的小头搓尖剪出两只耳朵,然后将小头折成为兔头,剪出嘴巴。

（4）蒸制:将白兔生坯上笼蒸 3min,取出装入盘中即成。

制作关键

（1）粉团调制要稍硬,馅心要在正中。

（2）注意色彩要自然。

（3）形象要逼真。

制作流程

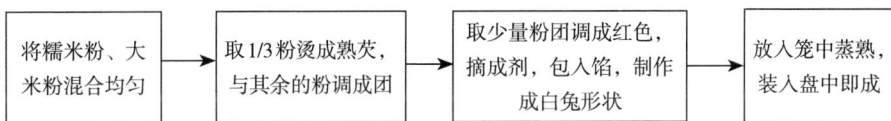

将糯米粉、大米粉混合均匀 → 取 1/3 粉团烫成熟芡,与其余的粉调成团 → 取少量粉团调成红色,摘成剂,包入馅,制作成白兔形状 → 放入笼中蒸熟,装入盘中即成

思考题

1. 为何兔子的造型重点在头部?

2. 形态各异的小白兔怎样制作?

玉 米

此面点为鹅黄色,玉米色泽鲜艳,形态逼真,粒粒分明。

烹调方法

蒸。

原料

糯米粉 100g , 大米粉 100g, 玫瑰糖馅心 60g, 鸡蛋黄 2 个, 青菜汁 15g。

调味料

精炼油 10g。

制作要点

（1）制面团:将糯米粉、大米粉混合均匀。取 1/3 粉烫成熟芡,将其余的粉和芡揉和成团,并加入少量精炼油,搓揉均匀,取 20g 粉团加入青菜汁,调成绿色,其余放入鸡蛋黄调成鹅黄色,摘成 10 个剂子。

（2）分馅:将馅心分成 10 份。

（3）制生坯:取鹅黄色皮坯,捏成凹塘,放入玫瑰糖馅心,收口成团。把团捏成一头圆、一头尖的玉米形状,用竹船点刀压成玉米粒,再将另 1 小块绿色皮坯,分成 10 个小段,每 1 小段捏成 1 瓣玉米叶子和柄,装在玉米圆头中间,成 1 只玉米生坯。

（4）蒸制：将玉米生坯上笼蒸 3min，取出装入盘中即成。

制作关键

（1）鸡蛋黄要选择草鸡蛋的蛋黄，因该蛋黄色泽较好。

（2）青菜汁调成的面团要稍硬，便于捏玉米的叶子、叶柄。

制作流程

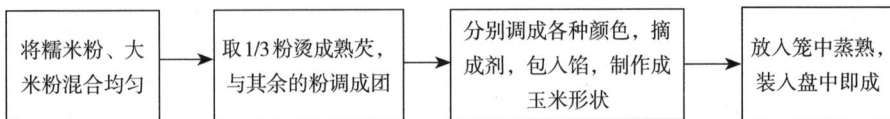

```
将糯米粉、大    →    取1/3粉烫成熟芡，    →    分别调成各种颜色，摘    →    放入笼中蒸熟，
米粉混合均匀          与其余的粉调成团          成剂，包入馅，制作成          装入盘中即成
                                               玉米形状
```

思考题

1.为何要选草鸡蛋的蛋黄？

2.捏制玉米时要注意哪些方面？

柿 子

此面点色泽鲜艳，引人食欲。

烹调方法

蒸。

原料

糯米粉 100g，大米粉 100g，可可粉 15g，枣泥馅 60g。

调味料

精炼油 5g。

制作要点

（1）制面团：将糯米粉、大米粉混合均匀。取 1/3 粉烫成熟芡，将其余的粉和芡揉和成团，并加入少量精炼油，搓揉均匀，取 30g 粉团加入可可粉，调成可可色，其余摘成 10 个剂子。

（2）分馅：把枣泥馅心分成 10 份。

（3）制生坯：将剂子捏成凹塘，放入干枣泥馅心，收口成团，捏成方形柿子形状。取另 1 小块可可色彩的皮坯，分成 10 个小块，做成柿子的盖头和柄，装在柿子方形顶部，即成柿子生坯。

（4）蒸制：将柿子生坯上笼蒸 3min，取出装入盘中即成。

制作关键

（1）可可色面团的颜色要调得鲜艳些。

（2）蒸制时间不宜过长，否则会使柿子瘫塌。

制作流程

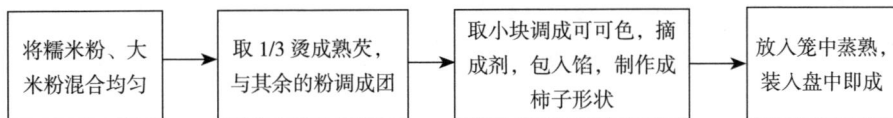

思考题

1. 为何可可色面团的颜色要调得鲜艳些？
2. 为何蒸制时间要稍短？

青　椒

此面点清翠光亮，色泽诱人，馅心甘甜。

烹调方法

蒸。

原料

糯米粉 100g，大米粉 100g，硬豆沙馅心 60g，鸡蛋黄 4 个，青菜汁 30g。

调味料

精炼油 5g。

制作要点

（1）制面团：将糯米粉、大米粉混合均匀。取 1/3 粉烫成熟芡，将其余的粉和芡揉和成团，并加入少量精炼油，搓揉均匀，取 20g 粉团加入青菜汁和少量鸡蛋黄，调成深绿色，其余放入鸡蛋黄和青菜汁，染成绿色，摘成 10 个剂子。

（2）制生坯：绿色粉团摘成 15 个剂子，每只包入 6g 馅心，捏拢后搓成一头尖的细长条形青椒状；另外的深绿色粉团做成青椒的蒂盖，在青椒身上用面挑印上几条印痕，即成生坯。将青椒略弯一些，则形状更逼真。

（3）蒸制：将青椒生坯放入笼中蒸 3min，取出装入盘中即成。

制作关键

（1）面团调制色彩要自然。

（2）调制粉团要稍硬。

（3）制作米粉面点应尽量不用人工合成色素。

制作流程

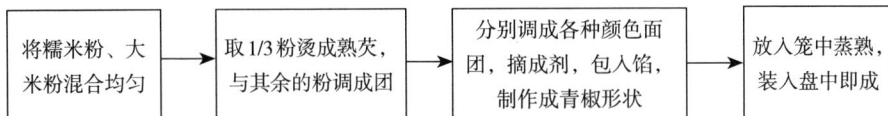

思考题

1.为何面团调制色彩要自然?

2.制作青椒要掌握哪些关键点?

桃　子

此面点色彩自然，造型美观，引人食欲。

烹调方法

蒸。

原料

糯米粉 100g，大米粉 100g，硬豆沙馅心 60g，鸡蛋黄 4 个，可可粉 5g，青菜汁 30g，红曲米水少许。

调味料

精炼油 5g。

制作要点

（1）制面团：将糯米粉、大米粉混合均匀。取 1/3 粉烫成熟芡，将其余的粉和芡揉和成团，并加入少量精炼油，搓揉均匀。取其中 10g 粉团，加入可可粉揉成棕色粉团，做成桃梗；另取 20g 粉团加入青菜汁揉成草绿色，制成 20 片叶子。

（2）制生坯：白色粉团摘成 10 只剂子，每只包入 6g 馅心，捏拢收口向下，再捏出桃尖，用面挑自圆头至桃尖刻出一条印痕，装上两片绿叶、一根桃梗，即成生坯。

（3）点缀：桃尖上刷一点红曲米水溶液，即成桃子生坯。

（4）蒸制：将桃子生坯上笼蒸 3min，取出装入盘中即成。

制作关键

（1）色彩要自然。

（2）形象要逼真，桃尖应搓尖些，桃身应捏长些。

制作流程

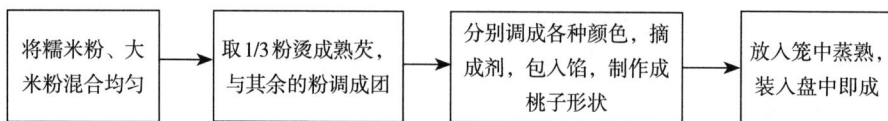

将糯米粉、大米粉混合均匀 → 取 1/3 粉烫成熟芡，与其余的粉调成团 → 分别调成各种颜色，摘成剂，包入馅，制作成桃子形状 → 放入笼中蒸熟，装入盘中即成

思考题

1.怎样使制作出的桃子色彩自然?

2.怎样使制作出的桃子形象逼真?

枇　杷

此面点形似枇杷, 色泽鲜艳, 口味香甜。

烹调方法

蒸。

原料

糯米粉 100g, 大米粉 100g, 硬豆沙馅心 60g, 可可粉 5g, 鸡蛋黄 4 个, 青菜汁 30g, 红曲米水 10g。

调味料

精炼油 5g。

制作要点

(1) 制面团: 将糯米粉、大米粉混合均匀。取 1/3 粉烫成熟芡, 将其余的粉和芡揉和成团, 并加入少量精炼油, 搓揉均匀。取其中 10g 粉团, 加入可可粉揉成棕色粉团, 做成枇杷梗; 其余放入鸡蛋黄和红曲米水, 调成橘黄色, 摘成 10 个剂子。

(2) 制生坯: 橘黄色粉团每只捏成凹塘, 包入 6g 馅心, 收口成圆形, 在圆形基础上捏出 1 个尖头。把另 1 块棕色粉团分成 10 小块, 每小块捏成薄皮, 包在尖头部分, 捏成枇杷柄。在圆形的一面中间撖上 1 个枇杷脐, 即成生坯。

(3) 蒸制: 将枇杷生坯上笼蒸 3min, 取出装入盘中即成。

制作关键

(1) 橘黄色粉团的颜色必须与枇杷的颜色差不多。

(2) 形态要自然、大方。

(3) 形状不宜过大。

(4) 蒸制时间不宜过长。

制作流程

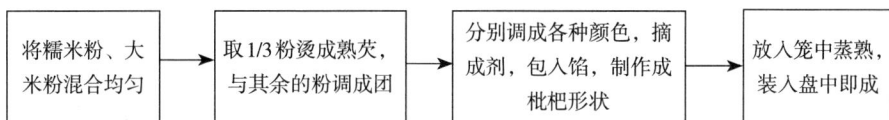

思考题

1.怎样使调制的粉团色泽自然, 符合枇杷固有的颜色?

2.在捏制枇杷时, 要注意哪些关键点?

雏 鸡

此面点为鹅黄色雏鸡，形态可爱。

烹调方法

蒸。

原料

糯米粉 100g，大米粉 100g，硬豆沙馅心 60g，鸡蛋黄 4 个，红曲米水 10g，黑芝麻 20 粒。

调味料

精炼油 5g。

制作要点

（1）制面团：将糯米粉、大米粉混合均匀。取 1/3 粉烫成熟芡，将其余的粉和芡揉和成团，并加入少量精炼油，搓揉均匀，取其中 20g 粉团，加入红曲米水、鸡蛋黄揉成棕色粉团；其余粉团放入鸡蛋黄调成鹅黄色，摘成 10 个剂子。

（2）制生坯：鹅黄色粉团捏成凹塘，包入 6g 馅心，收口成圆形，捏出鸡头、身躯和尾巴，在头部装上棕色鸡嘴，用黑芝麻嵌入头部两侧做眼睛，在背部剪出两只翅膀，用木梳揿出羽毛，于腹部装上两只深黄色脚爪，这样便做出刚孵出来的黄色雏鸡生坯。

（3）蒸制：将雏鸡生坯上笼蒸 3min，取出装入盘中即成。

制作关键

（1）黄色粉团不能调得过深。

（2）掌握好雏鸡各部位大小结构，形态自然。

（3）一盘中的小鸡应基本上一样大，而形态可千姿百态。

制作流程

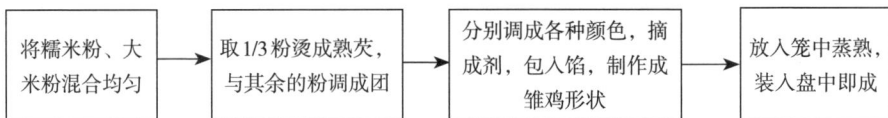

将糯米粉、大米粉混合均匀 → 取 1/3 粉烫成熟芡，与其余的粉调成团 → 分别调成各种颜色，摘成剂，包入馅，制作成雏鸡形状 → 放入笼中蒸熟，装入盘中即成

思考题

1. 怎样使调出的色泽自然美观？

2. 捏制雏鸡过程中应注意哪些方面？

鸽 子

此面点形似鸽子，栩栩如生。

烹调方法

蒸。

原料

糯米粉100g，大米粉100g，鸭脯肉馅心60g，可可粉8g，红曲米水10g，黑芝麻20粒。

调味料

精炼油5g。

制作要点

（1）制面团：将糯米粉、大米粉混合均匀。取1/3粉烫成熟芡，将其余的粉和芡揉和成团，并加入少量精炼油，搓揉均匀，取其中20g粉团，加入可可粉，揉成米黄色粉团；再取20g粉团，加入红曲米水，揉成红色粉团。其余粉团摘成10个剂子。

（2）制生坯：将1个剂子留20%，取80%粉团逐只捏成凹塘，包入6g馅心，收口成团。在团形基础上捏出1个鸽子头，在圆形后捏出1条尾巴，用船点刀压出尾巴毛。在头部两侧装上两粒黑芝麻做眼睛。取1小块米黄色粉团，捻成两头尖嘴巴，装在眼睛下面。再取1小块米黄色粉团搓成两粒小圆圈，装在嘴的上面。把余下的本色粉团做成2只翅膀，装在背部两侧。取红色粉皮分成10小块，把每小块做成两只红爪，装在腹部底下，成1只红脚鸽子生坯。

（3）蒸制：将鸽子生坯置笼中，沸水旺火蒸3min，取出装入盘中即成。

制作关键

（1）掌握好鸽子各方面的比例。

（2）两只眼睛要装在头部的同一水平位置，不可一高一低。

制作流程

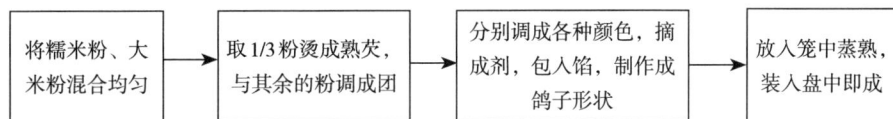

| 将糯米粉、大米粉混合均匀 | → | 取1/3粉烫成熟芡，与其余的粉调成团 | → | 分别调成各种颜色，摘成剂，包入馅，制作成鸽子形状 | → | 放入笼中蒸熟，装入盘中即成 |

思考题

1. 怎样使捏出来的鸽子自然大方？

2. 怎样将两只眼睛装在头部的同一水平位置？

第十三章

杂粮蔬果面团品种制作

本章内容：杂粮蔬果面团品种制作

教学时间：6课时

教学目的：先由教师演示，再由学生练习，通过讲、演、练、评，达到训练目的。

教学要求：1.让学生了解杂粮蔬果面团的特点。

2.让学生掌握调制杂粮蔬果面团的技巧。

3.让学生掌握杂粮蔬果面团一般品种基本制作方法。

4.让学生掌握杂粮蔬果面团常见品种的烹调方法。

课前准备：准备炉灶、原料（有的需要初加工、预熟处理）、餐具、用具等。

香炸土豆饼

此面点呈圆饼状，色泽金黄，外脆里糯，香甜可口。

烹调方法

炸。

原料

土豆 250g，糯米粉 100g，澄粉 50g，虾仁 100g，熟鸡腿粒 75g，熟猪肉粒 100g，鲜冬笋粒 15g，面包糠 100g，鸡蛋 1 个。

调味料

葱花 3g，精盐 3g，味精 1g，白糖 5g，胡椒粉 1g，黄酒 5g，湿淀粉 8g，精炼油 750g（实耗 25g）。

制作要点

（1）制馅：锅置火上，倒入精炼油，放入虾仁、熟鸡腿粒、熟猪肉粒、笋粒、葱花煸炒，加入精盐、白糖、味精、黄酒炒熟，用湿淀粉勾芡，撒入胡椒粉，装入碗中晾凉成馅。

（2）制面团：将土豆去皮、切片，放入笼中蒸熟，取出后拓成泥；澄粉用沸水烫成团；将土豆泥、澄粉团、糯米粉揉成团。

（3）制生坯：将面团搓条、下剂，捏成皮，包上馅心，收口成球形，用拇指按成中间微凹的圆饼形，抹上蛋液，滚上面包糠。

（4）炸制：锅复置火上，倒入精炼油，烧至四成热时，将生坯放入炸至浮于油面，捞出，待油温升至六成热时，复炸至金黄色，倒入漏勺中沥去油，装入盘中即成。

制作关键

（1）坯料的用料比例要得当。

（2）成品大小一致。

（3）控制好油炸温度，复炸油温不超过六成热。

制作流程

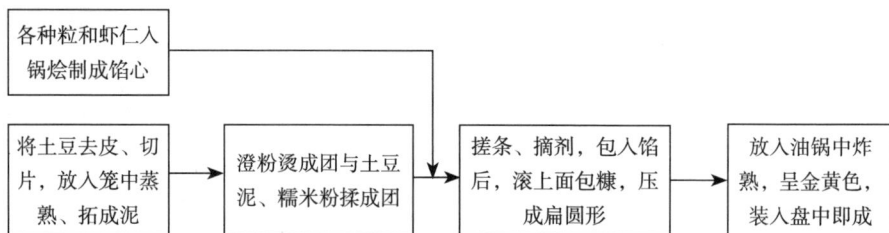

思考题

1. 土豆饼坯料的用料比例如何？
2. 该面点馅心怎样烹制？

油煎南瓜饼

此面点由南瓜泥、糯米粉制作而成，外香脆里甜嫩，南瓜香味浓郁，质地黏糯。

烹调方法

煎。

原料

南瓜 250g，糯米粉 200g，豆沙馅 200g。

调味料

白糖 30g，精炼油 50g。

制作要点

（1）制面团：将南瓜去籽、去皮，切成片，上笼蒸熟，拓成泥，放在操作台上，加入糯米粉、白糖擦匀揉透，和成南瓜面团。

（2）制生坯：将南瓜面团摘成 12 只小剂，压扁后包入豆沙馅心，收口捏拢、捏紧，压成扁圆形。

（3）煎制：平底锅置火上，倒入精炼油，把圆饼依次排入锅中，用中火将其煎熟，煎至两面金黄色时，起锅装入盘中即成。

制作关键

（1）原料比例要准确。

（2）煎制时火力要控制好。

制作流程

| 将南瓜去籽、去皮，上笼蒸熟 | → | 熟南瓜拓成泥，加入白糖、糯米粉，调成南瓜面团 | → | 搓条、摘剂，包入豆沙馅心，压成扁圆形 | → | 放入平底锅煎熟，呈金黄色，装入盘中即成 |

思考题

1. 如何调制南瓜面团？
2. 除用平底锅煎制，还可以用哪些锅来加热？

南瓜团

此面点形似小南瓜，造型优美，味甜香糯。

烹调方法

蒸。

原料

南瓜 250g，糯米粉 150g，百果馅 200g，澄粉 75g。

调味料

白糖 20g，精炼油 10g。

制作要点

（1）制面团：将澄粉倒入碗中，加入沸水拌和均匀，成澄粉团；将南瓜去籽、去皮，切成片，上笼蒸熟，拓成泥，放操作台上，加入糯米粉、白糖、澄粉面团，揉光滑成南瓜面团。

（2）制生坯：将南瓜面团摘成 12 只小剂，压扁包入百果馅心，收口捏拢、捏紧，做成南瓜形状，成南瓜团生坯。

（3）蒸制：将南瓜团生坯放入笼中蒸 5min，取出装入盘中即成。

制作关键

（1）要选择质老、肉粉、味浓的南瓜品种。

（2）南瓜不宜入锅放水煮熟，以防水分进入南瓜中，使南瓜含水量过多，不利于制成南瓜面团。

制作流程

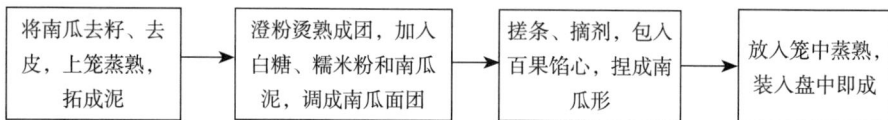

将南瓜去籽、去皮，上笼蒸熟，拓成泥 → 澄粉烫熟成团，加入白糖、糯米粉和南瓜泥，调成南瓜面团 → 搓条、摘剂，包入百果馅心，捏成南瓜形 → 放入笼中蒸熟，装入盘中即成

思考题

1. 为何不选择质嫩的小南瓜？

2. 如何制作出小巧玲珑的南瓜形状？

三鲜雪梨

此面点形似雪梨，外酥里嫩，味道鲜美。

烹调方法

炸。

原料

土豆 150g，澄粉 50g，熟火腿 75g，熟笋 25g，熟鸡肉 50g，虾子 2g，鸡蛋 1 个，面包糠 60g。

调味料

白糖 3g，精盐 2g，味精 1g，胡椒粉 1g，鲜汤 15g，湿淀粉 7g，精炼油 750g（实耗 35g）。

制作要点

（1）制馅：将熟火腿 50g、熟鸡肉、熟笋分别切成 3mm 见方的小丁。炒锅置火上，放入精炼油少许，投入笋丁煸炒后，放入鸡丁、火腿丁、虾子、白糖、精盐和少许鲜汤煮沸，放入味精，用湿淀粉勾芡，倒入盆中冷却后成三鲜馅心待用。

（2）制面团：将土豆洗净去皮，上笼蒸熟，取出拓成泥状。将澄粉放入容器中，放入沸水拌和，揉成面团，放入容器中，加入土豆泥、胡椒粉、少量精盐，揉均匀、揉透，成土豆面团。

（3）制生坯：将土豆面团搓成长条，摘成 10 只面剂。将面剂逐只压扁，包入馅心，捏拢收口向上，插上一根用火腿做成的梨梗，捏紧，再捏成小黄梨形，蘸上鸡蛋液，滚上面包糠，即成三鲜雪梨生坯。

（4）炸制：炒锅置火上，倒入精炼油，待油温升至四成热时，放入三鲜雪梨生坯，逐渐升温，至雪梨浮于油面，炸至金黄色时，倒入漏勺中沥尽油，装入盘中即成。

制作关键

（1）土豆泥与熟澄粉的比例要恰当。

（2）复炸时的温度为六成热。

制作流程

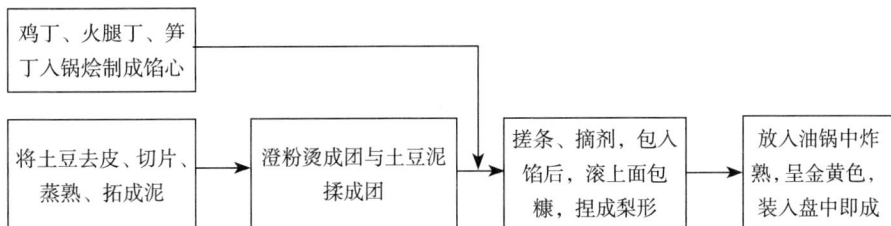

思考题

1.三鲜馅心怎样调制？

2.油炸经过定型、养熟、复炸三阶段，各阶段油温如何？

荸荠饼

此面点香气浓郁，味甜而鲜，清爽可口。

烹调方法

炸。

原料

荸荠300g，糯米粉300g，蜜枣50g，糖板油丁200g。

调味料

白糖5g，糖桂花卤5g，精炼油750g（实耗25g）。

制作要点

（1）制面团：将荸荠洗净，去皮，捣成细泥，倒入糯米粉内，加入适量沸水，拌和揉匀成荸荠面团。

（2）制馅心：将蜜枣去核切碎，加入糖板油丁拌和，再放入少许糖桂花卤，揉匀成蜜枣馅心。

（3）制生坯：将荸荠面团搓条、下剂，压扁后，包入蜜枣馅心，然后包成荸荠形状。

（4）炸制：锅置火上，倒入精炼油，待油烧至五成热时，放入荸荠饼生坯，炸约5min，荸荠饼浮至油面，色呈金黄色时，倒入漏勺中沥去油，装入盘中。

（5）浇汁：锅复置火上，放入白糖和少许清水，用小火溶化，加入糖桂花卤，浇在盘中的荸荠饼上即成。

制作关键

（1）荸荠捣成细泥时不能有粗粒，否则影响包捏和造型。

（2）熬制糖液时要使用中小火，火过大会使糖液熬焦糊。

（3）装盘时，盘内宜涂上少许油，防止糖液粘盘，难以清洗。

制作流程

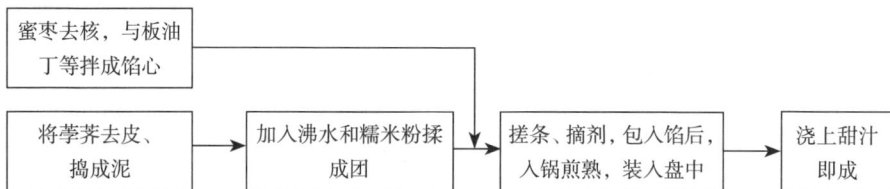

思考题

1.荸荠面团的成团原理是什么？

2.糖桂花卤为何不宜过早放入锅中加热？

三丝炒面

此面点三丝鲜香，面条软韧，味道鲜美。

烹调方法

炒。

原料

面条 200g，熟火腿丝 25g，熟笋丝 100g，熟鸡脯肉丝 100g。

调味料

酱油 8g，精盐 5g，味精 1g，鲜汤 10g，精炼油 50g。

制作要点

（1）蒸制：将面条上笼蒸熟，用开水烫一下，滤干水分，拌入少量精炼油，再下油锅炸至略脆，捞出滤油。

（2）炒制：炒锅置火上，放入精炼油，放入熟笋丝、熟鸡脯肉丝略煸，放入熟火腿丝、鲜汤、酱油、精盐、味精，烧沸后，将炸好的面条下锅，略焖，装入盘中，盖上三丝配料即成。

制作关键

（1）面条上笼蒸制 8min 即可，不能时间太长。

（2）面条下油锅时以八成热油炸略脆即可。

（3）油炸后的面条，要翻锅吸收汤汁。

制作流程

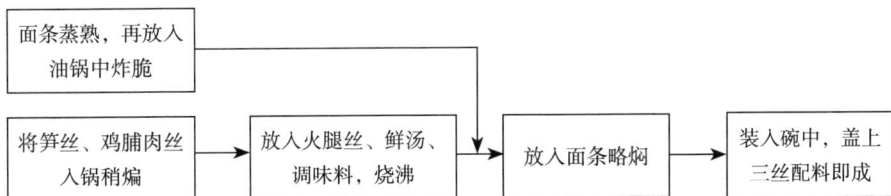

思考题

1.面条蒸熟后为何拌入少量精炼油后，再入锅炸脆?

2.制作该面条应注意哪些方面?

藕粉圆子

此面点外层均匀圆滑，富有弹性，色泽透明，呈深咖啡色，馅心甜润爽口。

烹调方法

煮。

原料

藕粉 300g，瓜子仁 15g，熟芝麻 50g，蜜枣 50g，松子仁 15g，金桔饼 15g，核桃仁 15g，糖板油 125g。

调味料

绵白糖 10g，糖桂花 10g。

制作要点

（1）整理：将藕粉压碎后，用细筛过滤，倒入小匾内。

（2）制馅：将金桔饼、蜜枣切成 3mm 见方的小丁；瓜子仁、松子仁、核桃仁碾碎，放入碗中，加入熟芝麻、金桔饼丁、蜜枣丁、糖板油丁拌匀，做成白果大小的馅心。

（3）制生坯：将馅心放入盛藕粉的小匾内来回滚动，沾上一层藕粉后，放到沸水中轻轻烫一下，迅速取出，再放入藕粉匾内滚动，如此反复四五次滚动、浸烫，至核桃大小时，捞入清水中，即成藕粉圆子，每只约重 25g（在第一、第二次放入沸水中时，手要轻，动作要快，防止馅心溶化，变形脱壳）。

（4）煮制：将做好的藕粉圆子从水中取出，放入温水锅内，沸后改用小火焖熟，使其半透明、滋润。出锅前在碗内放入绵白糖、糖桂花，倒入汤汁，然后再盛入藕粉圆子即成。

制作关键

（1）第一次烫制时间不宜长，否则会变形；随着滚沾次数增多，烫制时间要加长。

（2）要选用质量佳的藕粉。

制作流程

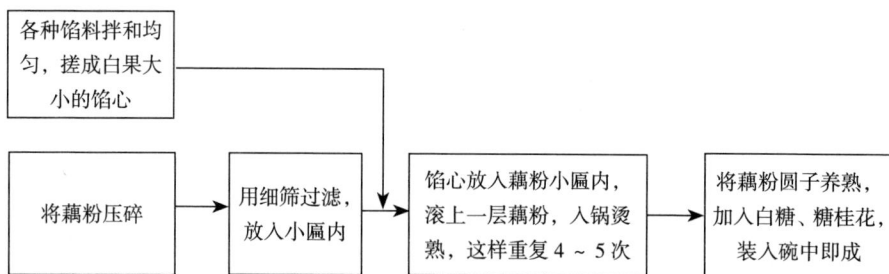

各种馅料拌和均匀，搓成白果大小的馅心 → 将藕粉压碎 → 用细筛过滤，放入小匾内 → 馅心放入藕粉小匾内，滚上一层藕粉，入锅烫熟，这样重复 4～5 次 → 将藕粉圆子养熟，加入白糖、糖桂花，装入碗中即成

思考题

1.怎样鉴别藕粉质量的高低？

2.藕粉圆子在浸烫、滚沾时要注意哪些方面？

藕丝糕

此面点甜糯清香，营养丰富，别具风味。

烹调方法

蒸。

原料

鲜藕 500g，红樱桃 15g，纯糯米粉 100g，青梅 15g。

调味料

白糖 15。

制作要点

（1）刀工：将莲藕洗净，削去外皮，切成细丝，放入清水中泡 5min，捞出沥干水分，与糯米粉拌匀。

（2）整理：将木模具方格上垫上白纱布，再将拌好的藕丝放入，撒入白糖，括平。将青梅、樱桃切成细丝，撒在表面。

（3）蒸制：将其用旺火沸水蒸约 30min，成熟后取出，冷却后划成小块装于深盘中，撒上白糖即成。

制作关键

（1）藕要洗净去皮。

（2）蒸制时要掌握好时间，不能夹生。

制作流程

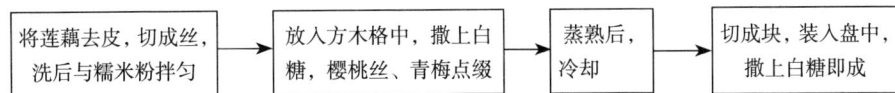

| 将莲藕去皮，切成丝，洗后与糯米粉拌匀 | → | 放入方木格中，撒上白糖，樱桃丝、青梅点缀 | → | 蒸熟后，冷却 | → | 切成块，装入盘中，撒上白糖即成 |

思考题

1. 怎样防止鲜藕变色？

2. 制作藕丝糕的莲藕是用老藕好，还是用嫩藕好？为什么？

山药糕

此面点糕色洁白，用蜜枣、青梅点缀，色彩美观，香糯味甜。

烹调方法

蒸。

原料

淮山药 500g，糯米粉 250g，蜜枣 60g，桂花卤 3g，青梅丝 50g。

调味料

白糖 15g，精炼油 15g。

原料

（1）蒸制：将山药洗净，切成段，入笼中置旺火上蒸熟，取出去皮，放砧板上拓成泥。

（2）拌制：将山药泥与糯米粉、精炼油、白糖拌和均匀。

（3）蒸制：取笼一只，上放湿纱布，将山药泥放上，约 20cm 见方，上放蜜枣、青梅丝、桂花卤，盖上笼盖，上锅蒸约 10min 成熟，取出将山药糕切成小块，装入盘中即成。

制作关键

（1）山药应选择淮山药品种。

（2）桂花卤用量不能过多，多则味浓，为恶味。

制作流程

将山药切段，蒸熟后去皮，拓成泥 → 与糯米粉、精炼油、白糖拌均匀 → 放笼中，用蜜枣、青梅丝点缀，蒸熟 → 切成块，装入盘中即成

思考题

1. 洋山药与淮山药有何区别？

2. 为何桂花卤用量不能多？

栗子糕

此面点栗子味道浓郁，质地软糯，口味甜香。

烹调方法

蒸。

原料

栗子 500g，糯米粉 400g，熟猪板油 50g。

调味料

八角 5g，绵白糖 50g。

制作要点

（1）炒米：锅置火上，放入糯米粉、八角，用中火炒制，炒至米透出香味，倒入盘中晾凉，拣去八角。

（2）整理：将栗子敲破外壳，去壳，加清水煮酥取出，撕去内衣，放砧板上拓成泥，加绵白糖拌和，擦拌均匀成栗泥。熟猪板油加入绵白糖，拌和成膏状。

（3）蒸制：炒熟米粉放操作台上，中间扒一塘，放入白糖，用开水冲在粉上，随即拌揉均匀，用小棒括成1.5cm厚的方块；将栗泥铺在上面，按平；再在上面铺3mm厚的糖油一层，再用刀将其切成边长3cm的菱形块，装入盘中即成。

制作关键

（1）炒制糯米粉时，要用小火，并不停地用手勺搅动，以防焦黑。

（2）成型时要注意卫生。

制作流程

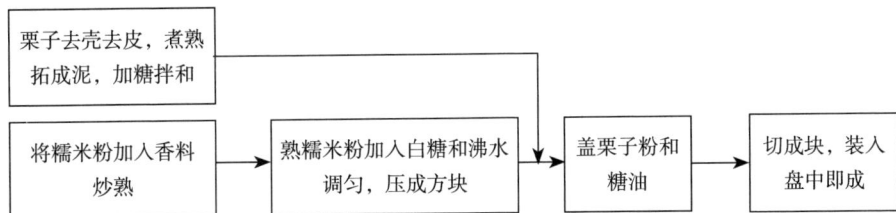

思考题

1.糯米粉除了可用锅炒熟外，还可以用什么工具加热成熟?

2.成型时怎样注意操作卫生?

百合糕

此面点百合清香味浓郁，鲜甜松软，清凉爽口。

烹调方法

蒸。

原料

鲜百合750g，糯米粉400g，蜜枣50g，瓜子仁50g。

调味料

绵白糖50g。

制作要点

（1）整理：将百合除去老瓣，撕去衣膜，洗净，放入笼内蒸至酥烂，取出待用。

（2）制糊：将蒸熟的百合350g与糯米粉250g擦碎，再用粗眼的网筛过滤。

（3）制馅：取熟百合400g、糯米粉150g、糖250g，拌和制成馅心。

（4）蒸制：将一半百合粉放在笼内纱布上，再铺上馅心，再把其余的一半百合粉铺在上面，撒上斩碎的蜜枣、瓜子仁，按平整，盖上盖，上锅蒸熟，取出稍凉，切成长方形小块，装入盘中即成。

制作关键

（1）宜选用瓣大的味甜百合，苦味较重的不应选用。

（2）宜旺火沸水快蒸，糕体更松软。

（3）百合糕粉要求熟百合与糯米粉的比例是 1:1。

制作流程

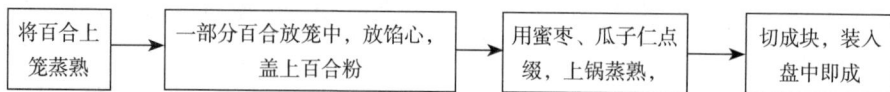

将百合上笼蒸熟 → 一部分百合放笼中，放馅心，盖上百合粉 → 用蜜枣、瓜子仁点缀，上锅蒸熟， → 切成块，装入盘中即成

思考题

1. 百合产于什么季节？

2. 百合糕粉的原料比例如何？

寿桃山药

此面点形如寿桃，甜润可口。

烹调方法

蒸。

原料

淮山药 500g，面粉 150g，瓜子仁 15g，核桃仁 25g，冬瓜条 25g，无核蜜枣 30g，桂圆肉 25g，葡萄干 30g，青丝 10g，红丝 10g，桂花卤 5g。

调味料

白糖 10g，湿淀粉 10g。

原料

（1）蒸山药：将山药洗净，放入笼中，面粉放在盘中，入笼一起蒸熟。

（2）制面团：将蒸熟的山药取出刮去皮，拓成泥，再放入熟面粉，揉成山药面团。

（3）制馅：把瓜子仁、核桃仁、蜜枣、桂圆肉、葡萄干、冬瓜条切成碎粒，加入白糖100g，桂花卤2g，同入盘中，上笼蒸20min至成熟，取出稍冷。

（4）成型、成熟：山药面团摘成小剂，包入馅心，做成桃形生坯，放入笼中，蒸9min，至山药寿桃成熟，取出。

（5）浇汁：锅置火上，加白糖、桂花卤和适量清水，烧沸后用淀粉勾芡，浇在山药桃上即成。

制作关键

（1）山药面团应调得硬些。

（2）包入的馅心应放在寿桃的正中。

（3）寿桃尖要捏尖些，寿桃身捏长些，因蒸熟后会变短些。

制作流程

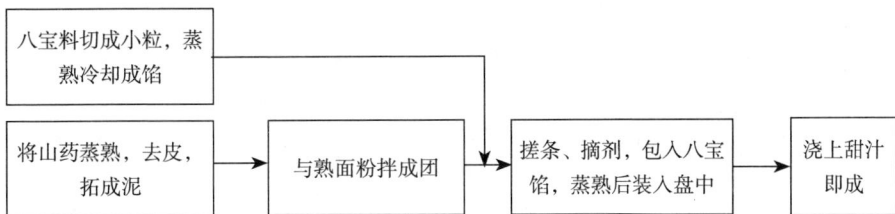

思考题 👕

1.除八宝甜馅外，还可以换其他哪些馅心？

2.为何寿桃尖要捏尖些？

奶黄饺

此面点形态美观，色泽透皮，馅心甜美。

烹调方法

蒸。

原料

澄粉 200g，三花淡奶 50g，玉米淀粉 20g，奶粉 20g，吉士粉 10g，椰浆 30g，黄油 20g，炼乳 30g。

调味料

白糖 20g，精炼油 10g。

制作要点

（1）制面团：将澄粉放入容器中，倒入沸水 230g 拌均匀，倒在案板上，加入白糖、精炼油擦匀成澄粉面团。

（2）制馅：黄油放入笼中蒸软，倒入方盆中，再加入白糖、玉米淀粉、奶粉、吉士粉、三花淡奶、椰浆、炼乳，拌和均匀，上笼蒸熟，成奶黄馅。

（3）制生坯：将澄粉面团搓条后切成小剂，用抹过油的刀面将面剂旋压成圆皮，再将奶黄馅包入圆皮中，先对折成半圆形，再用右手的大拇指和食指将半圆形边推捏成波浪花边，即成奶黄饺生坯。

（4）蒸制：奶黄饺生坯上笼，旺火蒸 5min 即可。

制作关键

（1）澄粉用沸水烫制时，要烫透。

（2）奶黄馅的硬度要适中，过软不便于包捏，过硬口感不佳。

制作流程

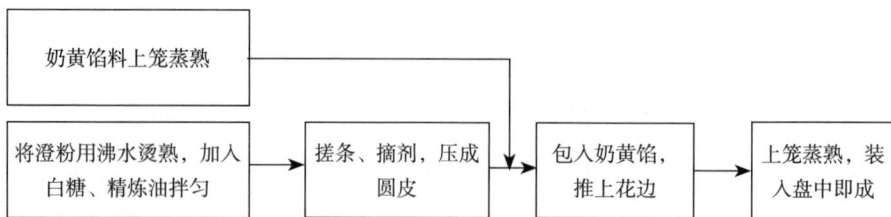

```
┌─────────────────────┐
│  奶黄馅料上笼蒸熟  │────────────────────────────┐
└─────────────────────┘                            │
                                                    │
┌─────────────────────┐   ┌─────────────┐   ┌─────────────┐   ┌─────────────┐
│ 将澄粉用沸水烫熟，加入 │─→│ 搓条、摘剂， │─→│ 包入奶黄馅， │─→│ 上笼蒸熟，装 │
│  白糖、精炼油拌匀     │   │ 压成圆皮     │   │ 推上花边     │   │ 入盘中即成   │
└─────────────────────┘   └─────────────┘   └─────────────┘   └─────────────┘
```

思考题

1.怎样将澄粉用沸水烫透？

2.奶黄饺蒸制时间为何不能过长？

奶黄水晶花

此面点形态美观，色泽透皮，馅心甜美。

烹调方法

蒸。

原料

澄粉 200g，熟面粉 20g，玉米淀粉 20g，奶粉 20g，吉士粉 20g，三花淡奶 50g，椰浆 50g，炼乳 30g，鸡蛋 2 个。

调味料

黄油 40g，白糖 20g，精炼油 10g。

制作要点

（1）制面团：将澄粉放入容器中，倒入沸水烫透，倒在案板上，加入白糖、精炼油擦匀成澄粉面团。

（2）制馅：黄油放入笼中蒸成液体，倒入方盆中，再加入熟面粉、白糖、玉米淀粉、奶粉、吉士粉、三花淡奶、椰浆、炼乳、鸡蛋，拌和均匀，上笼蒸熟，成奶黄馅。

（3）制生坯：将澄粉面团搓条后切成小剂，用抹过油的刀面将面剂压成圆皮，再将奶黄馅包入圆皮中，收口成球形，用不同大小的弧形花夹由上向下夹出由小到大的花瓣，即成生坯。

（4）蒸制：生坯上笼，旺火蒸 6min 即可。

制作关键

（1）澄粉面团要烫得稍硬些，便于夹捏成型。

（2）奶黄馅配比要恰当。

制作流程

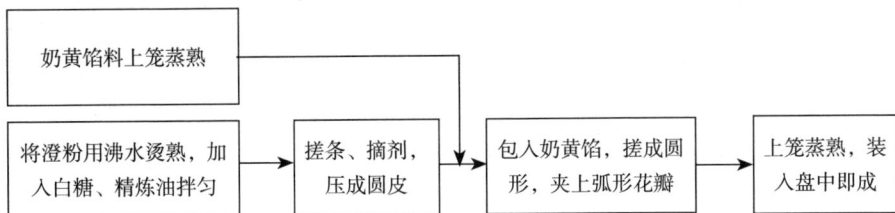

思考题

1. 澄粉面团应怎样调制？
2. 奶黄馅配方如何？

像生核桃

此面点形似核桃，造型美观，吃口软糯，口味香鲜。

烹调方法

蒸。

原料

糯米粉 200g，核桃酱 160g，巧克力粉 10g，核桃仁 150g，澄粉 80g。

调味料

白糖 20g，葱花 3g，精盐 3g，味精 1g，精炼油 15g。

制作要点

（1）制面团：将澄粉用沸水调成团，与糯米粉、白糖、精炼油、核桃酱 100g、巧克力粉揉成核桃面团。

（2）制馅：将核桃仁烤熟碾碎，加入余下的核桃酱、葱花、精盐、味精即成馅心。

（3）制生坯：将核桃面团切成剂，包入核桃馅，捏成扁圆状的核桃形。用骨针在核桃中间环绕按压三条槽痕，然后把两条凸出的边修饰圆滑，再用花钳（抹少量精炼油）轻轻钳出均匀的核桃花纹，即成生坯。

（4）蒸制：将生坯放入笼内，中火蒸 5min 即可。

制作关键

（1）核桃面团中需要加入少量的精炼油，便于包捏成型。

（2）生坯蒸制时间不宜太长。

制作流程

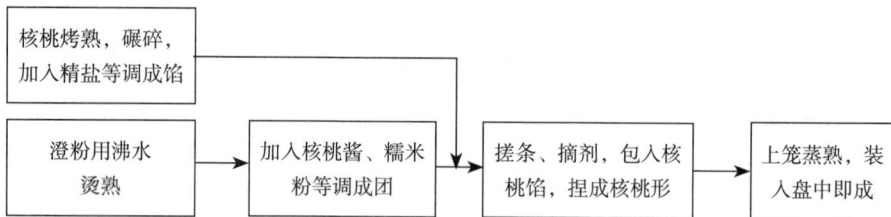

思考题

1. 核桃面团成型原理是什么？
2. 为何像生核桃生坯蒸制时间不宜太长？

椰香红薯球

此面点色泽淡黄，外脆里糯，口味香甜。

烹调方法

炸。

原料

红心山芋300g，吉士粉25g，澄粉100g，豆沙馅300g，椰丝50g，鸡蛋1个。

调味料

白糖20g，精炼油750g（实耗25g）。

制作要点

（1）制面团：将红心山芋（称为红薯）去皮蒸熟，拓成泥；再将澄粉用沸水烫成团，加入白糖、精炼油、吉士粉及山芋泥，揉成山芋面团。

（2）制生坯：将山芋面团搓成条，摘剂，分别捏成窝后，包入豆沙馅，做成球形，抹上鸡蛋液，滚沾上椰丝，成椰香红薯球生坯。

（3）炸制：锅置火上，倒入精炼油，烧至四成热时，将生坯投入油锅中，炸至浮于油面捞出，待油温升至五成热时，倒入薯球，炸至淡黄色，倒入漏勺中沥去油，装入盘中即成。

制作关键

（1）山芋要选择红肉品种，白肉山芋甜味差、香味差。

（2）炸制的温度不宜过高，否则易外焦内不熟，容易炸裂。

（3）山芋用烤箱烤熟，味道更宜人，因烤制时会使山芋水分减少，制作时更方便。

制作流程

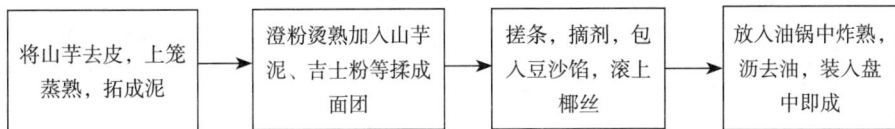

将山芋去皮，上笼蒸熟，拓成泥 → 澄粉烫熟加入山芋泥、吉士粉等揉成面团 → 搓条，摘剂，包入豆沙馅，滚上椰丝 → 放入油锅中炸熟，沥去油，装入盘中即成

思考题

山芋有哪些品种？它们各有哪些特点？

河鲜煎饼

此面点选料讲究，制作精细，色泽金黄，外脆里鲜，营养丰富。

烹调方法

煎。

原料

现剥蟹黄 50g，鲜鲈鱼肉丁 150g，虾仁 80g，面粉 150g，土豆泥 50g，芹菜粒 150g。

调味料

精盐 3g，味精 1g，胡椒粉 3g，精炼油 100g。

制作要点

（1）制面糊：将蟹黄、鲜鲈鱼肉丁、虾仁、面粉、土豆泥、芹菜粒放碗中，加入精盐、味精、胡椒粉和适量清水，调成厚面糊。

（2）煎炸：平底锅置中火上，倒入精炼油，烧热后，倒入面糊，摊成饼，一面结成硬皮后，翻过来煎另一面，至两面煎成金黄色成熟后，出锅切成小角形，排列整齐装入盘中即成。

制作关键

（1）所有原料都必须要新鲜，如蟹黄应现蒸现剥为好。

（2）掌握原料间的比例。

（3）调制的糊稀稠适中。

制作流程

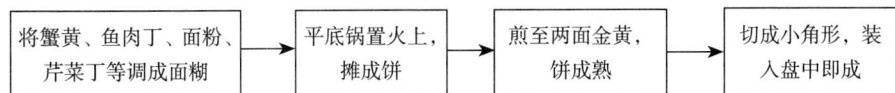

将蟹黄、鱼肉丁、面粉、芹菜丁等调成面糊 → 平底锅置火上，摊成饼 → 煎至两面金黄，饼成熟 → 切成小角形，装入盘中即成

思考题

1. 活螃蟹经过哪些过程才能剔出蟹黄？

2. 煎制时怎样调节火候？

豆沙锅卷

此面点外香脆，内软糯，味香甜。

烹调方法

煎。

原料

面粉 250g，鸡蛋 2 个，豆沙馅 500g。

调味料

精炼油 60g。

制作要点

（1）制面浆：取一只碗将鸡蛋磕入，用筷子调匀，加入面粉拌和，再渐渐加入清水，并边加水边用筷子使劲搅动，搅至面浆起黏性时，即成鸡蛋面浆。

（2）摊皮：平底锅烧热，用油滑锅后，放入鸡蛋面浆入锅，并立即将锅端起转动，使面浆摊成直径 30cm 左右、厚薄均匀的蛋粉皮子。取出后，再摊第二张、第三张，至全部面浆基本摊完。

（3）制生坯：将蛋粉皮子放在工作台上，分成 4 等份，分别在皮子中间放入豆沙馅心后，包成似春卷长短的锅卷，沿边处用少许面浆粘口，以防止入油锅煎炸时散开。

（4）煎制：取平底锅洗净烧热，放少许油，将豆沙锅卷分别排列锅中，用中火煎至两面呈金黄色后，捞出沥油。整齐地排列盘中即成。

制作关键

（1）和蛋粉浆时，要用劲调和起黏性，不能有面粉疙瘩。

（2）摊蛋粉皮子要注意厚薄均匀。

（3）煎制时火候不易过大，以防锅卷焦糊。

制作流程

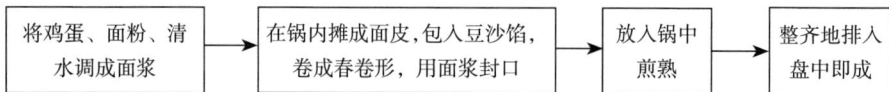

| 将鸡蛋、面粉、清水调成面浆 | → | 在锅内摊成面皮，包入豆沙馅，卷成春卷形，用面浆封口 | → | 放入锅中煎熟 | → | 整齐地排入盘中即成 |

思考题

1.如何调制蛋糊才能使之没有疙瘩？

2.煎制时应注意哪些方面？

韭黄春卷

此面点色泽金黄，韭菜浓郁，外脆里鲜，营养丰富。

烹调方法

炸。

原料

春卷皮 40 张，韭黄 400g，猪前腿肉粒 50g，面粉 20g。

调味料

酱油 10g，白糖 5g，姜末 3g，葱花 3g，精盐 5g，味精 1g，黄酒 5g，精炼油 750g（实耗 30g）

制作要点

（1）制馅：将猪肉粒入锅，加入精炼油、姜末、葱花稍煸炒，放入精盐、味精、酱油、白糖、黄酒烧入味。韭黄切成长 0.5cm 的段，加入精盐搓均匀，挤去水分，与炒好的肉粒拌均匀。面粉加入清水调成稀面糊。

（2）炸制：春卷皮包入韭黄馅，卷起，四周抹上面糊，包成长条形。锅置中火上，倒入精炼油，烧至七成热，倒入春卷，炸至金黄色时，倒出沥去油，排列整齐装入盘中即成。

制作关键

（1）韭黄要挤尽水分。

（2）春卷皮包馅数量要相等，大小一致。

（3）调制的面糊稀稠适中。

制作流程

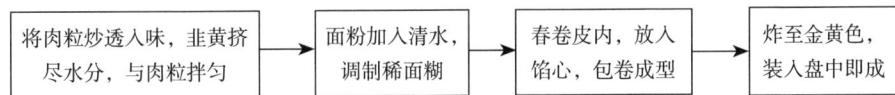

将肉粒炒透入味，韭黄挤尽水分，与肉粒拌匀 → 面粉加入清水，调制稀面糊 → 春卷皮内，放入馅心，包卷成型 → 炸至金黄色，装入盘中即成

思考题

1. 猪肉应选用猪身上的那个部位？

2. 炸制时怎样调节火候？

参考文献

[1] 周晓燕. 烹调工艺学 [M]. 北京：中国轻工业出版社，2001 年.

[2] 陈忠明. 面点工艺 [M]. 北京：中国财政经济出版社，2001 年.

[3] 薛党辰. 扬州名小吃 [M]. 郑州：中原农民出版社，2003 年.

[4] 陈苏华. 大淮扬风味菜 [M]. 上海：上海文化出版社，2006 年.

[5] 郑奇. 烹饪美学 [M]. 昆明：云南美术出版社，1988 年.

[6] 丁耐克. 食品风味化学 [M]. 北京：中国轻工业出版社，1996 年.

[7] 薛党辰. 淮扬风味土菜 [M]. 南京：江苏科学技术出版社，2006 年.

[8] 陈忠明. 江苏风味教学菜点 [M]. 上海：上海科学技术出版社，1989 年.